Dieter Birnbacher
Natürlichkeit

Grundthemen Philosophie

Herausgegeben von
Dieter Birnbacher
Pirmin Stekeler-Weithofer
Holm Tetens

Walter de Gruyter · Berlin · New York

Dieter Birnbacher

Natürlichkeit

Walter de Gruyter · Berlin · New York

∞ Gedruckt auf säurefreiem Papier,
das die US-ANSI-Norm über Haltbarkeit erfüllt.

ISSN 1862-1244
ISBN-13 978-3-11-018554-6
ISBN-10 3-11-018554-7

Bibliografische Information der Deutschen Bibliothek

Die Deutsche Bibliothek verzeichnet diese Publikation in der Deutschen Nationalbibliographie; detaillierte bibliografische Daten sind im Internet über http://dnb.ddb.de abrufbar

© Copyright 2006 by Walter de Gruyter GmbH & Co. KG, D-10785 Berlin
Dieses Werk einschließlich aller seiner Teile ist urheberrechtlich geschützt. Jede Verwertung außerhalb der engen Grenzen des Urheberrechtsgesetzes ist ohne Zustimmung des Verlages unzulässig und strafbar. Das gilt insbesondere für Vervielfältigungen, Übersetzungen, Mikroverfilmungen und die Einspeicherung und Verarbeitung in elektronischen Systemen.

Printed in Germany

Umschlaggestaltung: +malsy, kommunikation und gestaltung, Willich

Satzherstellung: Fotosatz-Service Köhler GmbH, Würzburg

Vorbemerkung

Allen Kolleginnen und Kollegen, mit denen ich in den vergangenen Jahren über Natürlichkeit und Künstlichkeit diskutieren konnte, bin ich für Anregungen dankbar, insbesondere Dorothee Brockhage, Carmen Kaminsky und Holmer Steinfath. Der Deutschen Forschungsgemeinschaft danke ich für zwei Projektförderungen, deren Ergebnisse teilweise in die folgenden Kapitel eingeflossen sind. Kap. 6.4 verdankt viel der Zusammenarbeit mit Jeantine Lunshof, vor allem die Einblicke in die Interna der Diskussion um die Geschlechtsselektion in den Niederlanden. Schließlich danke ich Bernward Gesang, Leonore Kottje-Birnbacher und Felicitas Krämer für die kritische Durchsicht des Manuskripts und wertvolle Hinweise.

Das einigen Kapiteln zugrunde liegende Material ist bereits an anderer Stelle verwendet worden: das von Kap. 6.4 in Dieter Birnbacher und Jeantine Lunshof: „Riguardo ad alcuni argomenti contra la selezione della prole", *Bioetica* 12 (2004), S. 622–633; das von Kap. 6.5 in Dieter Birnbacher: „Human cloning and human dignity", *Reproductive BioMedicine Online* 10 Supplement 1 (2005), S. 50–55; das von Kap. 7.4 in Dieter Birnbacher: „Posthumanity: Conceptual analysis, in Bert Gordijn/Ruth Chadwick (Hrsg.): *Medical Enhancement and Posthumanity*, Dordrecht i. E.

Inhalt

Vorbemerkung V

1. Natürlich und künstlich – Einleitende Unterscheidungen ... 1
   1.1 Natürlichkeit und Künstlichkeit als fundamentale Orientierungen 1
   1.2 Genetische und qualitative Natürlichkeit 7
   1.3 Dimensionen der Natürlichkeit im genetischen Sinn ... 9
   1.4 Dimensionen der Natürlichkeit im qualitativen Sinn ... 13

2. Natürlichkeit als Wert 17
   2.1 Ist Natürlichkeit als normatives Prinzip diskreditiert? .. 17
   2.2 Der Natürlichkeitsbonus in der Alltagsmoral 21
   2.3 Natürlichkeitsargumente in der anwendungsorientierten Ethik 29
   2.4 „Natürlich": positive Konnotationen und ihre Hintergründe 30
   2.5 Die Struktur von Natürlichkeitsargumenten 38
   2.6 Die Aufgabenstellung der folgenden Kapitel 41

3. Natürlichkeit als Norm 42
   3.1 Natur als Grundlage moralischer Normen? 42
   3.2 Trifft der Einwand des „naturalistischen Fehlschlusses"? . 44
   3.3 Ansätze zur Kritik am ethischen Naturalismus 49
   3.4 Der projektive Charakter von normativen Naturbildern . 56
   3.5 Von der Natur lernen 59
   3.6 Schlussfolgerungen 64

4. Natürlichkeit in der Naturethik: Welche Natur ist schützenswert? 65
   4.1 Natürlichkeit und andere Naturwerte 65
   4.2 Überträgt sich die Schutzwürdigkeit auf die notwendigen Bedingungen? 66
   4.3 Natur als Gegenwelt 69
   4.4 Erhaltung von Natürlichkeit im genetischen Sinn: Ursprünglichkeit 73
   4.5 „Faking nature" 79
   4.6 Natürlichkeit im qualitativen Sinn – ästhetisches oder auch ethisches Prinzip? 86

4.7 Erfordert die Anerkennung eines Werts der Natürlichkeit eine nicht-anthropozentrische Ethik? 93
4.8 Schlussfolgerungen 97

5. Wie weit dürfen wir unsere individuelle Naturkontingenz verändern? 99
5.1 Religiöse und andere Gründe für eine Sakrosanktheit des Naturgegebenen 99
5.2 Natürlich und künstlich: Abgrenzungsfragen 102
5.3 Welche verändernden Eingriffe sind ethisch problematisch? 106
5.4 Natürlichkeit im Umgang mit sich selbst – ein eigenständiger Wert? 118
5.5 „Naturalisierung" der Menschenwürde 132
5.6 Schlussfolgerungen 135

6. Natürlichkeitsargumente in der Reproduktionsmedizin 138
6.1 Stufen der Künstlichkeit 138
6.2 Welche Rolle spielen Natürlichkeitsargumente in der Reproduktionsmedizin? 141
6.3 Natürlichkeitspräferenzen versus Natürlichkeitsprinzipien 143
6.4 Geschlechtswahl als Testfall der Biopolitik 148
6.5 Natürlichkeitsprinzipien in der Debatte um das reproduktive Klonen 154
6.6 Gattungswürde und Natürlichkeit 163
6.7 Schlussfolgerungen 167

7. Natürlichkeit als Grenze der Umgestaltung der menschlichen Natur 169
7.1 Die Idee einer Gattungsethik 169
7.2 Was heißt „menschliche Natur"? 171
7.3 „Posthumanismus"? 173
7.4 Die Offenheit der menschlichen Natur 179
7.5 Menschenbilder als intrinsische Werte? 186
7.6 Schlussfolgerungen 190

Literatur 191

Namenregister 201

Sachregister 204

1. Natürlich und künstlich – Einleitende Unterscheidungen

1.1 Natürlichkeit und Künstlichkeit als fundamentale Orientierungen

Unsere Orientierung in der Welt ist abhängig von einigen grundlegenden Unterscheidungen. Um uns in der Welt zurechtzufinden, teilen wir die Vielfalt der uns begegnenden Phänomene in benennbare Kategorien, ordnen sie in verbale Schubladen und machen sie uns auf diese Weise geistig verfügbar. Eine der für unsere Orientierung in der Welt wichtigsten Unterscheidungen ist die zwischen Angehörigen unserer eigenen Gattung und Angehörigen anderer natürlicher Gattungen. Wie grundlegend diese Grenzziehung ist, wird uns immer dann deutlich, wenn diese Grenze in Frage gestellt wird, wenn sich etwa die Möglichkeit der Herstellung von Hybridwesen aus Mensch und Tier abzeichnet, aber auch bereits dann, wenn dezidierte Tierrechtler an uns das Ansinnen stellen, nicht nur bei Haus- und Schoßtieren, zu denen quasi-menschliche Bindungen bestehen, sondern bei allen höheren Tieren die herkömmlich für Personen reservierten sprachlichen Ausdrücke zu verwenden und uns auf Tiere allgemein mit „er" und „sie" statt mit „es" zu beziehen. Auch wenn man dem Widerstreben, das viele bei solchen Ansinnen verspüren, keinen metaphysischen Beweiswert zuschreiben möchte, ist es doch vielleicht ein Symptom für die fundamentale Rolle, die wir faktisch – aufgrund unserer kognitiven Sozialisation, aber möglicherweise auch bloß aufgrund der in unserer Sprache festgeschriebenen Kategorien – der Unterscheidung zwischen der Gattung Mensch und dem Rest der Welt beilegen.

Nicht weniger zentral für unsere Orientierung in der Welt ist die Unterscheidung zwischen dem, was im Rest der Welt auf menschliche Einwirkung zurückgeht, und dem, was auch ohne den Mensch da wäre und so wäre, wie wir es vorfinden: zwischen dem „Gewordenen" und dem „Gemachten". Im idealtypischen Fall ist das „Gewordene" das, was vor und unabhängig vom Menschen da ist und unabhängig vom Menschen eine bestimmte Beschaffenheit hat, das „Gemachte" – wenn wir von Bienenwaben, Termitenhügeln und anderen von nichtmenschlichen Wesen hergestellten Weltdingen absehen – das, was nur durch den Menschen da ist oder nur durch den Menschen eine bestimmte Beschaffenheit hat. Wie wichtig uns diese Unterscheidung ist, spüren wir, wann immer wir uns von weitem einem jener Blumengeschäfte nähern, die sich auf den Verkauf künstlicher Blumen spezialisiert haben. Da der Schein der Natürlichkeit auf dem heutigen Stand der Technik hier vielfach so vollkommen ist, dass sich die Künstlichkeit des Angebotenen oft nur noch aus taktilen Indikatoren erkennen lässt, sind wir uns möglicherweise erst dann, wenn wir das Angebotene berühren, sicher, mit was wir es zu tun haben. Wir bemerken aber an unserer Reaktion, wie wichtig es für uns ist, uns darüber, ob es sich um Natur oder Kunst handelt, im Klaren zu sein. Wir sehen das Natürliche *anders* als das Künstliche. Unsere ganze Perspektive, unsere Einstellung zu den Dingen ändert sich mit dem Wechsel der Kategorie. Deshalb das leicht Schockhafte an dem Erlebnis, dass sich etwas für natürlich Gehaltenes – wie bei einer hyperrealistischen Figur im Museum – als künstlich, oder etwas für künstlich Gehaltenes – wie der erstarrt dastehende Aufseher bei Madame Tussaud's – als natürlich erweist.

Wie grundlegend eine Unterscheidung ist, bemisst sich u. a. daran, wie schwer es ist, sich eine Welt vorzustellen, in der die betreffende Unterscheidung nicht mehr getroffen werden kann. Lässt sich eine Welt denken, die den Menschen enthält, in der jedoch alles Übrige vom Menschen unberührt ist? Lässt sich eine Welt denken, in der alles, was nicht der Mensch selbst ist, vom Menschen hergestellt ist? Beide Extremwelten sind gleichermaßen phantastisch. Solange der Mensch zu seiner Existenz auf Stoffwechselprozesse mit der natürlichen Umwelt angewiesen ist, verändert er seine natürliche Umwelt. Lebewesen sind offene Systeme, die ihre Umwelt nicht unverändert lassen. Auch ohne das Aufstellen der *Stars and Stripes* hätten die Mondfahrer auf dem Mond Spuren hinterlassen, und jede Produktion, die in realen und nicht nur idealen Produkten resultiert, ist auf Ausgangsmaterial angewiesen, das der Mensch nicht aus sich selbst herausspinnen kann, sondern seiner natürlichen Umwelt entnehmen muss. Damit ist allerdings nicht gesagt – darauf hat Richard Norman hingewiesen (Norman 1996: 3) –, dass das, was das Individuum in der Welt vorfindet, um es zum Ausgangspunkt verändernder Eingriffe zu machen, nicht seinerseits wiederum gemacht sein kann. Für das Individuum ist es „gegeben", insofern er es in seiner Umwelt oder seiner eigenen körperlichen Konstitution vorfindet. Aber dieses Vorgefundene kann seinerseits das Ergebnis menschlicher Eingriffe sein, seiner eigenen oder anderer. Selbst die genetischen Wurzeln seiner eigenen Existenz sind nicht ohne menschliche Eingriffe zustande gekommen. Was für das Individuum selbst schiere Kontingenz ist, trägt die Spuren der Partnerwahlen in einer langen Folge von Generationen. Was für das Individuum die schlechthin unabänderliche naturale Basis seines Lebens und seiner Lebensgestaltung ist, ist seinerseits das Ergebnis von Wahlentscheidungen.

1.1 Natürlichkeit und Künstlichkeit

Das heißt: Die Polarität von Gewordenem und Gemachtem, die Grundlage unserer Weltorientierung ist, gilt nur lokal, nicht absolut. Jede Veränderung und jede Wahlentscheidung setzt einen Hintergrund von relativ Gegebenem voraus, der zumindest zeitweilig unverändert bleibt. Eine Veränderung oder eine Wahl ist nur gegen einen Hintergrund vorgegebener Materialien und Alternativen denkbar. Das schließt nicht aus, dass diese ihrerseits aus menschengemachten Veränderungen und vom Menschen bewusst getroffenen Wahlentscheidungen stammen.

Wie grundlegend die Perspektive ist, die die Welt in Gewordenes und Gemachtes aufteilt, zeigt sich auch in den Schwierigkeiten, metaphysische Perspektiven einzunehmen, die das eine auf das andere reduzieren und entweder alles Gemachte als geworden oder alles Gewordene als gemacht erscheinen lassen. Beide Extremperspektiven sind uns so fremd, dass wir sie nur für kurze Zeitspannen, wie passagere Träume, übernehmen (und ansonsten allenfalls simulieren) können. Eine Perspektive, die die Welt „künstlich" auf Gewordenes reduziert, ist die von Schopenhauers „klarem Weltauge" (Schopenhauer 1988a: 219) – ein Standpunkt der reinen Kontemplation, für den sich die Welt als reine Gegebenheit darstellt, als eine durch menschliches Wollen und Handeln nicht zu beeinflussende Größe, vergleichbar der Folge der natürlichen Zahlen, die sich erforschen und beschreiben, aber nicht verändern lässt. Aus dieser „willenlosen", rein rezeptiven Perspektive des Sein-Lassens gerinnen auch die gemachten Dinge und die Handlungen anderer zu bloßen Gegebenheiten. Auch das Kulturelle, Technische und Künstliche erscheinen als bloße Natur, auch Blume und Buch sind, wie in Rilkes Sonett, „ausgeruht" (Rilke 1955: 745). Aber auch die entgegengesetzte Perspektive ist schwer durchzuhalten, die Perspektive des Fichteschen Idealismus und der Sartreschen Existenzphilosophie. Für diese ist auch das, was scheinbar vorgegeben scheint, ein Resultat von Willensentscheidungen, zumindest von Konstitutionsleistungen des Subjekts. Aus dieser Perspektive ist die Kontingenz des in der Welt Vorgefundenen bloßer Schein. Auch das scheinbar Vorgefundene und scheinbar von außen Widerfahrende ist Ergebnis eines Handelns (wenn auch möglicherweise eines unbewussten Handelns) und damit Gegenstand von Zurechnung und Verantwortung. Das scheinbar Natürliche ist letztlich Geist von unserem Geist, das scheinbar Fremde eine Erscheinungsform des Vertrautesten.

Bei beiden Unterscheidungen – der Unterscheidung zwischen Menschenwelt und restlicher Welt und der Unterscheidung zwischen Gewordenem und Gemachtem – verwenden wir den Ausdruck „natürlich", um das dem Menschen Fernere von dem, was dem Menschen näher steht, abzusetzen. Die Identität des Ausdrucks kann allerdings nicht darüber hinwegtäuschen, dass beide Unterscheidungen sehr un-

1. Natürlich und künstlich – Einleitende Unterscheidungen

terschiedlich funktionieren. Das Gegensatzpaar Natur-Mensch funktioniert anders als das Gegensatzpaar Natur-Menschenwerk. Die Unterscheidung zwischen Natürlichem und Menschlichem im Sinne der Gattungszugehörigkeit kennt keinen Zwischenbereich und – zumindest bislang – nur wenig Zweifelsfälle. Auch wenn es biologisch möglich sein sollte, Inter-Spezies-Hybride zwischen Mensch und Menschenaffe zu erzeugen und damit die Eindeutigkeit der Speziesgrenze real aufzuweichen, ist über ein solches Experiment bisher noch nicht berichtet worden. Bei der Xenotransplantation, der Übertragung tierischer Zellen, Gewebe und Organe auf den Menschen, verteilen sich tierische Zellen schon bald nach der Übertragung auf den gesamten menschlichen Organismus. Aber diese fremden Beimischungen fallen quantitativ so wenig ins Gewicht, dass sie die Zuordnung des gesamten Organismus zur Gattung Mensch ebenso wenig in Frage stellen wie die im menschlichen Organismus normalerweise lebenden Parasiten und Symbionten. Einer echten Hybridbildung zwischen Mensch und fremden Gattungen näher kommen die Gebilde, die bei der so genannten Motilitätsprüfung von menschlichen Spermien im Rahmen der Reproduktionsmedizin entstehen, bei der die Befruchtungsfähigkeit der Spermien an Hamstereiern getestet wird. Allerdings wird hier, um der Entstehung von Inter-Spezies-Hybriden zuvorzukommen, der Prozess lange vor einem möglichen Einsetzen von Entwicklungsschritten hin zu einem Misch-Embryo abgebrochen.

Während wir Zweifelsfälle zwischen Mensch und Natürlichem im Sinne des Nicht-Menschlichen nicht kennen (und tunlichst vermeiden), entfällt bei der Unterscheidung zwischen Natürlichem und vom Menschen Hergestelltem eine Vielzahl von Weltdingen auf den Zwischenbereich, darunter nahezu alle Dinge, mit denen wir es in unserer unmittelbaren Lebenswelt zu tun haben. Unter den Dingen, mit denen wir in unserer Lebenszeit in direkten Kontakt kommen, ist das in Reinform Künstliche ebenso rar wie das in Reinform Natürliche. Das „lupenreine" Natürliche und das „lupenreine" Künstliche sind eher gedachte Pole eines Spektrums, von dem wir lediglich den mittleren Bereich kennen. Mehr oder weniger alle uns in der Alltagserfahrung begegnenden Weltdinge fallen in den großen Bereich der Zwischentöne, auch dann, wenn wir sie – fälschlicher- oder unbedachterweise – dem „natürlichen" Pol zuordnen. Für belebte Wesen, bei denen wir uns über den künstlichen Anteil an ihrer Genese täuschen, hat Nicole Karafyllis den Ausdruck „Biofakte" vorgeschlagen. „Biofakte" sind nach dieser Begriffsbestimmung Lebewesen, bei deren Entstehung und Ausgestaltung direkt oder indirekt anthropogene Einflüsse wirksam waren, die jedoch in der Erscheinungsweise dieser Lebewesen nicht mehr entdeckbar sind oder zumindest in der Regel nicht entdeckt werden:

1.1 Natürlichkeit und Künstlichkeit

Man sieht den artifiziellen Anteil nicht und findet ihn womöglich auch nicht einmal auf substantieller, molekularer Ebene, obwohl das lebende Subjekt in weiten Teilen künstlich zum Wachsen veranlasst oder zumindest technisch zugerichtet wurde (Karafyllis 2003: 16).

Nicht nur die künstlichen, auch die natürlichen Blumen, die ich im (echten) Blumengeschäft kaufe, sind nicht im „reinen" Sinn natürlich, sondern nur überwiegend. Die „natürlichen" Blumen sind möglicherweise nicht in der „freien Natur" gewachsen, sondern im „künstlich" beheizten Gewächshaus oder unter einer die Wärme festhaltenden Kunststoffplane. Sie sind möglicherweise nicht in natürlichem Humus gewachsen, sondern in einer Nährstoffampulle und unter Zusatz von Kunstdünger und synthetischen Pflanzenschutzmitteln. Und möglicherweise verdankt bereits die gesamte Gattung ihre Existenz züchterischen Bemühungen um ästhetische Attraktivität, Haltbarkeit und Wirtschaftlichkeit. Auch ohne Gentechnik ist ihre „Natur" durch und durch Kunstprodukt, ihr Genom ein Produkt gezielter menschlicher Manipulation.

Andererseits sind auch die künstlichen Blumen, die ich im „unechten" Blumengeschäft kaufe, nicht im „reinen" Sinn künstlich, sondern nur überwiegend. Der Kunststoff, aus dem sie bestehen, ist zwar nicht in der Natur, wie sie ohne den Menschen wäre, vorzufinden. Aber immerhin setzen sich auch die Polymere, die den Stängeln und Blüten Festigkeit verleihen, aus in der Natur vorfindlichen Bausteinen zusammen. Sie sind nicht vom Menschen aus dem Nichts geschaffen, sondern sind auf ihre Weise bearbeitete Natur. Die Rohstoffe, die vor Jahrmillionen Jahren in ihre Herstellung eingingen, entstammen einer unterirdischen Lagerstätte, die sich ohne Zutun des Menschen gebildet hat. Und nicht zuletzt ist ihre Form der Natur entlehnt. Sie wäre nicht entstanden, gäbe es nicht die „echten" Blumen, deren äußere Erscheinung sie nachahmen. Nur materielos, als bloßer Gedanke könnte die Blume ohne alle Residuen des Natürlichen existieren, und selbst dann wären – aufgrund ihrer Ähnlichkeit mit realen Vorbildern – die Spuren des Natürlichen an ihr nicht gänzlich getilgt. Auch in den fortgeschrittensten Technologien ist die Natürlichkeit ihres Materials nicht vollständig eliminiert, sondern lediglich die Mischungsverhältnisse zugunsten des Künstlichen verschoben. Selbst in Baudelaires Gedicht „Rêve parisien", dem Traum von einer durch und durch „künstlichen" und streng nach Menschenmaß geformten Stadtlandschaft überleben einige natürliche Materialien: „Marmor und Metall und Wasser" (Baudelaire 1963: 87). Selbst die Gentechnologie, der gelegentlich unterstellt wird, mit ihr kündige sich eine „Entdifferenzierung" des technisch Gemachten und des von Natur aus Gewordenen an (Habermas 2001: 83), bedarf des vorgegebenen biotischen Materials, das sie lediglich punktuell verändert. Eine Herstellung der Grundbestandteile der biotischen

Zelle oder gar des Genoms aus nicht-biotischen Materialien ist bis auf weiteres utopisch. Im Übrigen hat auch Francis Bacon, dem es ansonsten an technischer Fantasie nicht fehlte, in seinem „Haus Salomons" lediglich die künstliche Umwandlung einer biologischen Art in eine andere vorausgesehen, nicht die ganz und gar künstliche Herstellung neuer Arten (vgl. Bacon 1960: 207).

Der Ausdruck „natürlich" und seine sprachlichen Verwandten verhalten sich wie semantische Chamäleons: Sie passen ihre Färbung ihrer jeweiligen Umgebung an. Jedes Mal, wenn von „natürlich" die Rede ist, geht es darum, einen Kontrast ins Blickfeld zu rücken und zwischen dem Natürlichen und seinem jeweiligen Gegenteil zu unterscheiden. Inhaltlich kann dieses Gegenteil, das Nicht-Natürliche, sehr verschieden ausfallen, je nachdem, welcher Gegenbegriff intendiert ist: das Übernatürliche, das Widernatürliche, das Kulturelle, das Technische, das Unechte oder das Gezwungene. Und wie das Beispiel des Kontrasts zwischen Mensch und übriger Natur einerseits und des Kontrasts zwischen dem Natürlichen und Künstlichen in der außermenschlichen Welt andererseits gezeigt haben, sind die semantischen Verschiebungen, die mit dem Wechsel des jeweiligen Gegenbegriffs einhergehen, so tief greifend, dass diese Begriffsgegensätze auch logisch ganz unterschiedlich funktionieren: „Natürlichkeit" im ersten Sinn funktioniert als ein klassifikatorischer, „Natürlichkeit" im letzteren Sinn als ein komparativer Begriff. Während das erste Gegensatzpaar die Phänomene so klassifiziert, dass alles Existierende fein säuberlich in einer der beiden Kategorien Platz hat, bezeichnet der zweite Gegensatz eher so etwas wie ein Mischungsverhältnis. Die Frage, ob etwas „natürlich" sei, lässt sich in der Regel nicht mit einem Ja oder Nein, sondern nur mit einem Mehr oder Weniger beantworten.

Freilich ist die Auskunft, dass es zwischen dem Natürlichen und dem Künstlichen Abstufungen gibt, für sich genommen nicht besonders informativ. Sie liegt bereits intuitiv nahe. Was wir wissen wollen, ist, wie sich diese Abstufungen im Einzelnen verhalten und ob die Abstufungen, die wir intuitiv vornehmen, alle auf ein und derselben Dimension liegen. Gibt es nur eine Natürlichkeitsdimension, oder können wir „Natürlichkeit" hinsichtlich mehrerer verschiedener Natürlichkeitskonzepte abstufen? Im ersten Fall wäre jede Aussage von der Art, dass x natürlicher ist als y, hinsichtlich ihrer Bedeutung eindeutig bestimmt. Im letzteren Fall wäre jede Aussage von der Art, dass x natürlicher ist als y, elliptisch. Sie setzte eine nicht ausdrücklich genannte Bezugsgröße voraus. Vollständig müsste sie lauten: „x ist natürlicher als y in der Hinsicht z", wobei dann die Wahrheit dieser Aussage vereinbar wäre mit der Wahrheit der Aussage, dass dasselbe x in einer anderen Hinsicht *weniger* natürlich ist als y.

In der Tat kommen wir um diese Komplikation nicht herum. Der Begriff des Natürlichen ist mehr- und nicht eindimensional. Die Unterscheidung von *Hinsichten*, in denen etwas natürlicher ist als anderes, liegt bereits von der Sprache her nahe, die wir im Zusammenhang mit mehr oder weniger natürlichen Materialien verwenden. So sprechen wir etwa seit längerem von „naturidentischen" Aromastoffen – Stoffen, die künstlich hergestellt, aber ihrer Beschaffenheit nach von in der Natur vorfindlichen Stoffen nicht zu unterscheiden sind. Wüssten wir nicht, dass sie künstlich hergestellt worden sind, wären diese Stoffe – in Analogie zu den „Biofakten" – „Chemofakte". Aber obwohl der naturidentische Aromastoff letztlich wiederum aus natürlichen Grundstoffen hergestellt ist, trägt er doch unverkennbar Züge, die ihn auf der intuitiven Skala der relativen Natürlichkeit und Künstlichkeit sehr weit an den Künstlichkeitspol heranrücken lassen: seine industrielle Erzeugung in großtechnischen Anlagen, die Abhängigkeit dieser Erzeugung von einem fortgeschrittenen Stand der chemischen Analyse und der Chemietechnik, nicht zuletzt die mit der Entwicklung und Erzeugung des künstlichen Aromastoffs auf eine möglichst perfekte Nachahmung des Naturstoffs gerichtete Intentionalität. Ein frühes Analogon der heutigen „naturidentischen" Stoffe und ein Beispiel für ein perfektioniertes „Biofakt" ist etwa der englische Garten, nach einem seiner führenden Protagonisten Christian Hirschfeld „eine von der Kunst nachgebildete Gegend zur Verstärkung ihrer natürlichen Wirkung" (Gaier 1989: 151). Natur wird hier zum Gegenstand einer systematisch geplanten Inszenierung, die u. a. darauf zielt, ihre eigenen Spuren zu tilgen und die künstlich nachgebildete „Gegend" als natürlich gewachsen erscheinen zu lassen. Auch wenn die Gestaltungen, die der englische Garten präsentiert, in der unabhängig von menschlichen Eingriffen entstandenen Natur selten sein mögen, so sind diese doch gewachsenen Gestaltungen hinreichend ähnlich, um zumindest den Schein des natürlich Gewachsenen zu erwecken. Allenfalls das *Übermaß* natürlicher Schönheit, die übermäßige „Verstärkung" der natürlichen Wirkung verrät das Kunstvolle der Anlage – ähnlich wie heute das Übermaß des Aromas im Milchprodukt und die ästhetische Perfektion der künstlichen Blüte deren Künstlichkeit verrät.

1.2 Genetische und qualitative Natürlichkeit

Die Redeweise von einer „künstlichen Natürlichkeit" erweckt den Anschein des Paradoxen. Aber dieser Anschein löst sich auf, sobald wir zwischen zwei Weisen, in denen man Natürliches und Künstliches

1. Natürlich und künstlich – Einleitende Unterscheidungen

voneinander abgrenzen kann, unterscheiden. In Abwandlung einer an anderer Stelle vorgeschlagenen Terminologie (Birnbacher 1995: 714) möchte ich vorschlagen, zwischen einer *genetischen* und einer *qualitativen* Natürlichkeit bzw. Künstlichkeit zu unterscheiden. Im genetischen Sinn sagen „natürlich" und „künstlich" etwas über die *Entstehungsweise* einer Sache aus, im *qualitativen* Sinn über deren aktuelle *Beschaffenheit* und *Erscheinungsform*. „Natürlich" im genetischen Sinn ist das, was einen natürlichen Ursprung hat, „natürlich" im qualitativen Sinn das, was sich von dem in der gewordenen Natur Vorzufindenden nicht unterscheidet. Der naturidentische Aromastoff und der englische Garten sind ihrer Entstehungsweise nach beide gleichermaßen künstlich und ihrer Beschaffenheit nach gleichermaßen natürlich. Sie sind von Menschenhand geschaffen, aber zugleich ihrer Erscheinungsweise und sonstigen qualitativen Beschaffenheit nach von Dingen, die ohne menschliche Einwirkung entstehen, ununterscheidbar. Im genetischen Sinn verstanden, sind Natürlichkeit und Künstlichkeit *historische* Beschreibungsweisen, sie sind vergangenheitsbezogen. Um einer Sache Natürlichkeit zuzuschreiben, bedarf es einer Rekonstruktion ihrer Entstehungsweise. Im qualitativen Sinn sind Natürlichkeit und Künstlichkeit *phänomenologische* Beschreibungsweisen, sie beziehen sich auf die aktuelle Erscheinungsform einer Sache und sind gegenwartsbezogen. Um einer Sache Natürlichkeit und Künstlichkeit in diesem Sinn zuzuschreiben, bedarf es der Prüfung seiner Ähnlichkeit oder Unähnlichkeit mit dem ohne Einwirkung des Menschen Entstandenen. Wenn man will, kann man in dieser Unterscheidung – zumindest was die Natürlichkeit betrifft – einen Nachhall der scholastischen Unterscheidung zwischen *natura naturans* und *natura naturata* sehen. Der genetische Begriff von Natürlichkeit betrifft den Aspekt der *natura naturans*, den der schaffenden Natur, der qualitative Begriff den Aspekt der *natura naturata*, den der Natur als so und so beschaffener Natur.

Dem aufmerksamen Leser wird nicht entgangen sein, dass die beiden unterschiedenen Bedeutungen von „natürlich" und „künstlich" nicht gänzlich unabhängig voneinander sind. Es ist möglich, dass etwas im genetischen Sinn künstlich und zugleich im qualitativen Sinn natürlich ist (siehe den „naturidentischen" Aromastoff), aber es nicht möglich, dass etwas im genetischen Sinn natürlich und zugleich im qualitativen Sinn künstlich ist. Der Grund liegt darin, dass das qualitative Gegensatzpaar von vornherein mit Bezug auf das genetische bestimmt ist. Was natürlich entstanden und insofern im genetischen Sinn natürlich ist, gibt den Maßstab dafür ab, was als im qualitativen Sinn natürlich oder künstlich gelten kann.

Eine weitere Konsequenz dieser begrifflichen Unterscheidung ist die, dass es von dem jeweiligen Stand des *naturhistorischen* Wissens

1.3 Dimensionen der Natürlichkeit im genetischen Sinn

(diesen Terminus im wörtlichen Sinn einer Historiographie der Natur verstanden) abhängt, was als im qualitativen Sinn natürlich und künstlich gilt und dass sich die jeweilige Zuordnung mit dem Fortschritt dieses Wissens ändern kann. So konnte etwa das Verfahren der Spaltung der Atomkerne von bestimmten Isotopen des Urans nur solange als ein „künstliches" Verfahren im qualitativen Sinn gelten, bis man entdeckte, dass physikalisch identische Mechanismen in bestimmten unterirdischen Uranlagern Afrikas bereits in geologischen Zeiträumen abgelaufen sein müssen. Bei anderen im qualitativen Sinn künstlichen Stoffen wie Bronze, Polyäthylen oder Americium und erst recht bei technischen Erfindungen wie Rädern zur Fortbewegung oder des Transfers von Zellkernen in entkernte Eizellen (wie beim Klonen nach der „Dolly-Methode") sind wir ziemlich sicher, dass sie in der vor- und außermenschlichen Natur unbekannt sind. Aber auch hier sind Überraschungen prinzipiell nicht ausgeschlossen.

Bei aller semantischen Verschiedenheit weisen beide Arten von Natürlichkeit und Künstlichkeit eine Reihe von Gemeinsamkeiten auf. Diese betreffen vor allem ihre *Abstufbarkeit* und die Tatsache, dass sich diese Abstufungen auf mehrere unterscheidbare *Dimensionen* beziehen.

1.3 Dimensionen der Natürlichkeit im genetischen Sinn

Dass genetische Natürlichkeit und Künstlichkeit abstufbar sind, haben wir bereits gesehen: Nichts in der äußeren Welt Anzutreffendes ist – im Gegensatz zu reinen Gedankengebilden – ganz und gar künstlich, solange es eines physischen Trägers bedarf. Andererseits ist nur weniges in unserer Lebenswelt ganz und gar natürlich. Selbst die meisten als „Naturlandschaften" bezeichneten Areale sind – zumindest in Europa – vom Menschen nicht gänzlich unberührt. Allerdings fällt es schwer, für das Ausmaß, in dem der Mensch in die Natur eingreift, einen umfassenden und einheitlichen Maßstab anzugeben. Diese Eingriffe betreffen eine Reihe verschiedener Eingriffsdimensionen, und es erscheint fraglich, ob man diese Dimensionen in einer intersubjektiv konsensfähigen Weise gewichten und in ein umgreifendes Maß der relativen Natürlichkeit und Künstlichkeit aggregieren kann.

Eine erste Dimension der Künstlichkeit einer Sache kann in der *Eingriffstiefe* gesehen werden. Die Eingriffstiefe bemisst sich danach, auf welcher *Ebene* der Mensch die natürlichen Strukturen und Prozesse verändert. Züchtung und gentechnische Veränderung von Pflanzen setzen auf einer basaleren Ebene an als der Anbau von Pflanzen zum Zweck der Nahrungsmittelerzeugung und die verbesserte Aufschließung ihrer Inhaltsstoffe durch Erhitzen. In diesem Sinn sind Walderdbeeren „natürlicher" als Gartenerdbeeren und die daraus zubereitete Marmelade „künstlicher" als die unverarbeiteten „rohen" Erdbeeren. Eisenerz ist „natürlicher" als Eisen und dieses wiederum „natürlicher" als Walzstahl und die daraus hergestellten Produkte. Ein Blockhaus aus grob belassenen Fichtenstämmen ist „naturnäher" als ein Holzhaus aus Holzbrettern, diese wiederum „naturnäher" als eine Konstruktion aus Spanplatten, ein Haus aus Naturstein „natürlicher" als ein Haus aus Backsteinen oder Beton.

Eine zweite, von der ersten unabhängige Dimension ist die *Dichte der Wechselwirkungen* zwischen natürlichem Substrat und Kultur. Nutzpflanzen, Zierpflanzen, Nutztiere und Schoßtiere sind typischerweise nicht nur allererst durch menschliche Interventionen auf genetischer Ebene hervorgebracht worden, sie sind in ihrer historischen Entwicklung auch fortwährend weitergezüchtet und auf bestimmte Eigenschaften hin optimiert worden. Ähnliches gilt für technische Werkstoffe und intensiv genutzte Landschaften, etwa durch Tagebau oder Holzwirtschaft. Dabei hat der Mensch nicht nur auf die Natur eingewirkt, er hat die Natur auch auf sich selbst wirken lassen, etwa indem er seine Techniken der Naturnutzung der Beschaffenheit und den Potenzialen der Natur – bzw. den Resultaten seiner Natureinwirkungen – angepasst hat.

Eine dritte Dimension der „Künstlichkeit" oder „Kulturalität" menschlicher Eingriffe in die Natur kann man in dem Ausmaß der *Intentionalität* dieser Eingriffe sehen – in dem Ausmaß, in dem diese Eingriffe bewusst gewollt und angezielt sind. Der Gedanke einer kulturellen Um- und Neugestaltung der Natur lässt zunächst an gezielte Einwirkungen wie Züchtung, Kultivierung, Landschaftsgestaltung und Bebauung denken. Aber ein Großteil der Umgestaltungen der Natur vollziehen sich unwillentlich und ungezielt, als willkommene oder unwillkommene Nebenfolgen intentionaler Eingriffe, etwa indem Kultivierung (willkommenerweise) die Zahl und Vielfalt der biologischen Arten erhöht oder indem Industrialisierung (unwillkommenerweise) die klimatischen und andere Umweltbedingungen ungünstig verändert. Ein großer Teil der pflanzlichen und tierischen Arten, die die uns vertraute natürliche Umwelt ausmachen, setzt sich aus „Kulturfolgern" zusammen, die ohne die menschliche Zivilisation nicht hier wären. Die größte Vielfalt an Arten, Ökosystemen und Landschaften bestand in Mitteleuropa nicht in urgeschichtlichen Zeiten, sondern um das Jahr 1700, zu Zeiten der kleinräumigen intensiven Landwirtschaft und als Nebenfolge einer hoch differenzierten Naturnutzung. Anders als heute brachte die Landwirtschaft nicht nur von sich aus eine Vielzahl unterschiedlicher Biotope (mit einer großen Zahl verschiedener Zuchtpflanzen) mit sich, sondern zog auch eine große

1.3 Dimensionen der Natürlichkeit im genetischen Sinn

Zahl ursprünglich gebietsfremder Neophyten an (vgl. Buderath/ Makowski 1986: 83 f.). Auch die großräumigen Veränderungen in der Biosphäre, die die Industrialisierung seit dem 18. Jahrhundert mit sich gebracht hat, etwa die Zunahme des Kohlendioxidgehalts der Atmosphäre, sind lediglich Nebenfolgen intentionaler Handlungen. Bereits aufgrund ihrer Größenordnung lassen sie sich schwer als direkt intendierte Handlungsziele individueller Subjekte vorstellen. Viele und vielleicht gerade die weitreichendsten Naturveränderungen ergeben sich nicht einmal als Nebenfolgen von intentionalen, sondern aus nicht-intentionalen, spontanen – und in diesem Sinne eher „natürlichen" – Verhaltensweisen, etwa dem Bevölkerungswachstum.

Noch ein weiterer Aspekt der Naturbeeinflussung lässt sich der Dimension „Intentionalität" zuordnen: das Ausmaß, in dem sich intentional-gezielte Naturveränderungen und Naturgestaltungen an spezifisch kulturellen Leitbildern orientieren. Der klassische französische Garten ist ebenso eindeutig am kulturellen Leitbild geometrischer Symmetrien orientiert wie der klassische englische Garten am Leitbild der Landschaftsmalerei. Die Vorbilder für die als harmonisch empfundene Disposition von Naturelementen kamen nicht aus der Natur, sondern aus den Idealisierungen der Geometrie und der Kunst. Das gilt insbesondere auch für den scheinbar naturnah gestalteten englischen Garten: Das Ensemble der kunstvoll angeordneten Bäume, Sträucher und Flächen sollte nicht primär den Naturliebhaber, sondern den mit den entsprechenden kulturellen Motiven vertrauten Kunstliebhaber zufrieden stellen. So ist es nicht überraschend, dass etwa für Fürst Hermann von Pückler-Muskau dieses Ensemble nicht nur die natürlichen Komponenten, sondern auch die Hirten und Landarbeiter umfasste und diese von vornherein in die Komposition einbezogen wurden. Das Modell der Naturgestaltung war nicht die „freie Natur", sondern die von Poussin, Claude Lorrain und anderen gemalte Idylle. So wie dort die Landarbeiter oder Ausflügler mit zur künstlerischen Inszenierung der Natur gehören, sollten auch die Besucher des Parks, die den sorgfältig geführten Wegen folgen, in die Gesamtkomposition integriert werden. Auch wenn er es nicht weiß – der heutige Besucher des Parks ist Teil eines Gesamtkunstwerks (vgl. Gaier 1989: 145).

Die unterschiedenen Dimensionen von Natürlichkeit und Künstlichkeit im genetischen Sinn sind weitgehend unabhängig voneinander. So ergibt sich aufgrund des Kriteriums der Intentionalität eine völlig andere Abstufung der Skala Natürlichkeit-Künstlichkeit als aufgrund des Kriteriums der Dichte der Wechselwirkungen. Die anthropologischen Veränderungen etwa des Klimasystems der Erde liegen in der Dimension Intentionalität nah am Pol der Natürlichkeit, in der Dimension der Dichte der Wechselwirkungen nah am Pol der Künstlichkeit. Ältere Zuchtprodukte und Werkstoffe, die seit langem nicht weiter verändert worden sind, sind hinsichtlich der Dimension der Dichte der Wechselwirkung „natürlicher" als solche, die fortwährend weiterentwickelt worden sind, etwa Dinkel gegenüber Weizen und Mais oder Messing gegenüber Plastik und Stahl, auch wenn sie hinsichtlich der Eingriffstiefe ebenso künstlich sind. Landschaften wie das Wattenmeer sind „natürlicher" als das Braunkohlerevier der Niederlausitz oder das Weinbaugebiet des Kaiserstuhls, insofern sie von menschlichen Eingriffen zwar nicht gänzlich, aber doch in bedeutend höherem Maße unberührt geblieben sind. In demselben Sinn von Natürlichkeit kann der Prozess der „Verkünstlichung" zwar nicht ungeschehen gemacht, aber doch der Tendenz nach umgekehrt werden, etwa durch „Auswildern". „Auswildern" heißt, dass eine ursprünglich auf menschliche Intervention zurückgehende Pflanzen- oder Tierart erneut der natürlichen Evolution überlassen wird, mit der möglichen Folge, dass sie später nur schwer von anderen, nicht auf solche Interventionen zurückgehende Arten zu unterscheiden ist. Ein ursprünglich auf eine parkähnliche Anpflanzung zurückgehendes Waldgebiet wie der Reinhartswald in Nordhessen kann über so lange Zeiträume unbewirtschaftet gelassen sein, dass er späteren Generationen als „Urwald" gilt – ein Merkmal, das ihm allenfalls im qualitativen, nicht aber im genetischen Sinn zukommt.

Das Beispiel des „scheinbaren Urwalds" zeigt, dass ein hohes Maß an Künstlichkeit im genetischen Sinn vereinbar ist mit einem hohen Maß an Natürlichkeit im qualitativen Sinn, d. h. mit einer ausgeprägten Naturähnlichkeit. Ein in dichter Wechselwirkung mit der menschlichen Zivilisation stehende Tierart wie etwa der Schäferhund unterscheidet sich womöglich weniger von der Urform des Wolfs als eine weniger intensiv weitergezüchtete, aber auffälliger von der Urform abweichende und im qualitativen Sinn „unnatürlichere" Hunderasse. Auch muss sich nicht jede intensive anthropogene Veränderung des natürlichen Substrats notwendig im Phänotyp, nach dem sich Natürlichkeit und Künstlichkeit im qualitativen Sinn bemessen, niederschlagen. Eine „tief liegende" Veränderung des natürlichen Ausgangsmaterials, etwa eine durch anthropogene Strahlung bedingte Mutation, kann den Phänotyp einer Pflanze weitgehend unverändert lassen und die Pflanze insofern als nicht weniger natürlich erscheinen lassen als eine zu Züchtungszwecken bestrahlte Pflanze (vgl. Roughley 2005: 145). Vor allem aber kann eine Intervention geradewegs auf die Nachahmung naturbelassener und ursprünglicher Naturbestandteile gerichtet sein, wie etwa bei der Neuanlage eines Hochmoors oder der Renaturierung von Bachläufen. Tief greifende Eingriffe in die Natur zielen in diesem Fall auf die Herstellung oder Wiederherstellung einer neuen oder ursprünglichen, jedenfalls – wenn auch nur im qualitativen Sinn –

vollständig „natürlichen" Natur. Aber ebenso gilt das Umgekehrte: Auch Eingriffe, die auf der Skala der genetischen Künstlichkeit nicht besonders hohe Werte erreichen, können dennoch die Beschaffenheit der Natur massiv und irreversibel ändern. Ein Beispiel dafür ist die Zerstörung der Vegetation der Mittelmeerränder durch übermäßigen Holzeinschlag in der Antike. Dieser menschliche Eingriff war weder besonders tief liegend (Dimension 1) noch kontinuierlich (Dimension 2) noch intentional (im relevanten Sinne) (Dimension 3). Er hat dennoch die Physiognomie der Mittelmeerlandschaft dauerhaft und unverwechselbar geprägt.

1.4 Dimensionen der Natürlichkeit im qualitativen Sinn

Bei vielen anthropogenen Umgestaltungen der Natur sind die Spuren menschlicher Eingriffe nur mit großer Mühe oder gar nicht zu entdecken, vor allem dann, wenn die Verwischung dieser Spuren von vornherein Teil des Unternehmens war und dieses u.a. darauf zielte, das Künstliche nicht nur seiner äußeren Erscheinungsform nach vom Natürlichen ununterscheidbar zu machen, sondern auch darauf, die Rekonstruktion ihrer kausalen Entstehungsgeschichte auch sonst zu erschweren. Doping-Kontrolleure wissen, wie schwierig es angesichts der rapide wechselnden und immer raffinierter werdenden Doping-Techniken geworden ist, die Entstehungsgeschichte der sich weiterhin wundersam vermehrenden Leistungsfähigkeit der Athleten zurückzuverfolgen. Kontrollen kurz vor oder nach dem Wettkampf reichen nicht mehr aus, sondern vielfach sind zur Rekonstruktion der zur „künstlichen" Leistungssteigerung eingesetzten Hilfsmittel auch (unangekündigte) Besuche in der Trainingszeit notwendig, wenn die Fairness der Ausgangsbedingungen gewährleistet bleiben soll. Die sich am Horizont abzeichnende Möglichkeit eines perfektionierten Gendoping, bei dem die „künstliche" Manipulation der sportlichen Leistungsfähigkeit in keiner Weise mehr nachgewiesen werden kann, würde auch die aufwendigsten Kontrollbemühungen ins Leere laufen lassen (vgl. Wehling 2003: 96; Miah 2004). Ein durch Gendoping – die Anwendung der Methoden der somatischen Gentherapie zu nichttherapeutischen, fähigkeitssteigernden Zwecken – perfektionierter Athletenkörper würde sich nur noch „historisch", seinen Entstehungsbedingungen nach, von einem weniger künstlich perfektionierten unterscheiden. Nachweisbar wäre der Unterschied nur noch durch wie immer geartete Spuren der „Verkünstlichung" oder durch ein entsprechendes Geständnis des betreffenden Athleten. Sofern es andere Athletenkörper gibt, die dieselbe Leistungsfähigkeit ohne die künstli-

1. Natürlich und künstlich – Einleitende Unterscheidungen

che Manipulation aufweisen, wäre der Körper des Athleten im phänotypisch-qualitativen Sinn voll und ganz „natürlich".

Unseren alltagssprachlichen Gepflogenheiten nach lassen sich Natürlichkeit und Künstlichkeit im qualitativen Sinn ebenso abstufen wie Natürlichkeit und Künstlichkeit im genetischen Sinn: Etwas ist „natürlicher" als etwas anderes, wenn es dem natürlich, d. h. ohne Einwirkung des Menschen Entstandenen ähnlicher ist. Da sich diese Ähnlichkeit auf eine ganze Reihe von Merkmalen beziehen kann, ergibt sich auch hier wieder eine Vielfalt von impliziten Skalen. Die „täuschend echte" künstliche Nachbildung kann dem Natürlichen in gestalthafter Hinsicht so nah wie möglich kommen, während sie in materieller Hinsicht, etwa wenn sie aus einem „synthetischen" und insofern „künstlichen" Werkstoff angefertigt ist, so „künstlich" sein kann wie nur etwas.

Zu den wichtigsten Aspekten, in denen sich Dinge hinsichtlich ihrer qualitativen Natürlichkeit und Künstlichkeit abstufen lassen, gehören *Form, Zusammensetzung, Funktionsweise* und *raumzeitliche Dimensionalität*. Eine der *Form* nach bizarre Phantasieblüte, etwa als Teil einer Chinoiserie, ist der Form nach „künstlicher", als es die genaue Nachbildung einer in der freien Natur vorkommenden Blüte wäre. Die glatten und rechteckigen Flächen von industriell gefertigten Möbelstücken sind „unnatürlicher" als die „Ecken und Kanten" unbearbeiteten Holzes. Das durch Lifting und Faltenbehandlung „verjüngte" und dadurch maskenhaft wirkende Gesicht einer Achtzigjährigen ist in derselben Dimension ebenso „unnatürlich" wie – ein Extremfall – das Gesicht des „synthetischen" Popstars Michael Jackson, das nicht nur faltenlos und alterslos ist, sondern auch dadurch, dass es wie „ausgeräumt" wirkt, sexuell uneindeutig und entindividualisiert (vgl. Bräunlein 2000: 121). Noch wichtiger als die Form dürfte für die Beurteilung einer Sache als „künstlich" allerdings die *Zusammensetzung* sein. Ein Bonsai gibt sich durch seine Größenverhältnisse ohne weiteres als „künstlich" zu erkennen. Da er aber seiner Zusammensetzung nach aus dem gleichen Lignin besteht wie ein normaler Baum, dürfte er zweifellos immer noch als „natürlicher" beurteilt werden als ein der Form nach mit einem natürlichen Baum stärker übereinstimmender Zierbaum aus Plastik. Ebenso würde ein Fisch, dem durch gentechnische Veränderungen die Fähigkeit zur Fluoreszenz verliehen worden ist, vermutlich als „unnatürlicher" beurteilt als ein Fisch, dem lediglich eine größere Fleischfülle angezüchtet worden ist. Der ausschlaggebende Gesichtspunkt ist hier, dass der Fisch durch den Eingriff mit einer neuen und zusätzlichen, bei Fischen ansonsten nicht vorkommenden Eigenschaft ausgestattet worden ist. Er ist „künstlicher" als andere Zuchtfische, insofern er eine bei natürlich entstandenen Fischen nicht bekannte *Funktion* aufweist. Schließlich wäre eine Hyper-Riesenmaus,

1.4 Dimensionen der Natürlichkeit im qualitativen Sinn

die noch erheblich größere Körpermaße hätte als die vor einigen Jahren durch Integration des menschlichen Gens für das Wachstumshormon in das Mausgenom hergestellte Riesenmaus, hinsichtlich ihrer *physischen Dimensionen* zweifellos noch ein Stück weit „unnatürlicher" als die heute lebenden Exemplare dieser künstlichen Spezies.

Technische Erzeugnisse zeichnen sich typischerweise dadurch aus, dass sie in mehreren Dimensionen der qualitativen Künstlichkeit nahe beim Extremwert des ganz und gar Künstlichen liegen: Sie haben unnatürliche Formen, setzen sich aus unnatürlichen Stoffen zusammen, haben unnatürliche Funktionen und überbieten da, wo sie natürliche Prozesse nachahmen, deren physische Abmessungen. In dieser Künstlichkeit – die sie in der Regel in natürlichen Umgebungen leicht identifizierbar macht – scheint die Ursache der von vielen Autoren beschriebenen Fremdheitsgefühle zwischen dem Menschen und seinen technischen Hervorbringungen zu liegen: Eine Maschine, deren Funktionsweise wir nicht verstehen, scheint uns fremder als eine Pflanze, deren Funktionsweise wir ebenso wenig verstehen. Ernst Bloch spricht an einer Stelle seines frühen Texts *Die Angst des Ingenieurs* von dem „Erschreckenden" der Maschine, das „im Nichts an Natur" wohnt (vgl. Bloch 1965: 351). Auch in einer Zeit wie der unsrigen, in der die Bionik, die technische Übernahme und Nachahmung natürlicher Funktionsprinzipien Hochkonjunktur hat, sind nur wenige technische Geräte ihrer Gestalt nach natürlichen Vorbildern nachempfunden. Technische Gegenstände sind typischerweise – nicht, wie etwa die immer menschenähnlicher werdenden Roboter zeigen, universal – rechtwinklig-geometrisch statt organisch-unregelmäßig, sie bestehen typischerweise aus „synthetischen" Materialien wie in dieser Reinheit in der Natur nicht vorkommenden Metallen oder Kunststoffen, ihre Funktionsweisen sind typischerweise andere als die der natürlichen Mechanismen, die sie ersetzen, und sie unterscheiden sich typischerweise in ihren Größenordnungen. In der Technikphilosophie wird für diese „Unnatürlichkeit" der technischen Gegenstände gelegentlich der Begriff „Technizität" verwendet. Je weiter sich ein technischer Gegenstand von der Natur entfernt, desto höher ist sein Technizitätsindex. Eine Elektrolokomotive ist in diesem Sinn „technischer" als eine Dampflokomotive, da bei dieser (abgesehen vom Schnaufen) die Pleuelstangen immerhin noch Ähnlichkeiten mit trabenden Pferdefüßen haben; eine Fabrikhalle ist „technischer" als ein von Bäumen umgebener Bauernhof mit Stallungen, der Ähnlichkeiten mit einer natürlichen Baumgruppe oder einer Ansammlung von Pilzen hat; Trockenkühltürme und Computerchips sind angesichts ihrer Größenordnungen „technischer" als technische Geräte in Werkzeugdimensionen wie Brotmesser und Nähmaschine. Das gilt freilich nur typischerweise und nicht universal. In vielen Bereichen der Technik ist die Entwicklung gewollt oder ungewollt in die Richtung einer Annäherung der technisch hergestellten, gestalteten oder veränderten Gegenstände an natürliche Formen, Strukturen, Funktionsweisen und Größenordnungen gegangen, etwa bei den Segelflugzeugen, die von fern nicht immer zuverlässig von Raubvögeln zu unterscheiden sind, den Sendemasten, die in einigen südafrikanischen Städten als überdimensionierte Palmen gestaltet sind, oder bei den „intelligenten" medizinischen Prothesen, die sich in ihren Funktionsweisen den natürlichen Vorbildern immer mehr annähern.

Auch bei den Abstufungen der Natürlichkeit und Künstlichkeit im qualitativen Sinn scheint es schwierig, die verschiedenen Dimensionen der Naturnähe und -ferne in eine einheitliche Skala zu aggregieren. Ich vermute jedenfalls, dass die intuitiven Urteile auch in dieser Hinsicht nicht einhellig genug sind und von zu unterschiedlichen impliziten Gewichtungen der einzelnen Dimensionen ausgehen, um eine „objektive" Skalierung der Künstlichkeiten unserer Lebenswelt nach dem Grad ihrer Künstlichkeit zuzulassen. Damit wird allerdings die Unterscheidung zwischen *Natürlich* und *Künstlich* weder als solche in Frage gestellt noch gänzlich der Kontingenz kultureller Sichtweisen oder subjektiver Willkür überantwortet. Insofern muss der These, dass die „Natur-Kultur-Unterscheidung" stets nur „innerhalb einer Kultur" und im Rahmen kultureller (d.h. nicht vollständig objektivierbarer) Interpretationen gezogen werden kann (Vieth/Quante 2005: 211), widersprochen werden. Sowohl die Frage, wie weit ein Gegenstand seine Existenz und Beschaffenheit menschlichen Einwirkungen verdankt, als auch die Frage, welche Eigenschaften er mit natürlich entstandenen Gegenständen gemeinsam hat, sind empirische Fragen, die sich mit wissenschaftlichen Methoden und mit intersubjektiv verbindlichen Resultaten untersuchen lassen, auch wenn diese Resultate stets nur vorläufig ausfallen können und gegen Revisionen nicht gefeit sind. Erst wenn man versucht, diese empirischen Befunde zu einem Globalwert auf der Skala der Natürlichkeit und Künstlichkeit zu aggregieren, machen sich in der Gewichtung der Dimensionen kulturelle und individuelle Relativismen ebenso bemerkbar wie in ihrer ästhetischen und moralischen Bewertung. Auch wenn man die Beurteilung der Natürlichkeit einer Sache sorgfältig gegen die in der alltagssprachlichen Verwendung von „natürlich" damit vielfach vermischte Beurteilung der Sache nach Bekanntheit und Vertrautheit isoliert und lediglich die historisch-genetische und die qualitative Naturnähe zu ermitteln sucht, dürften die einzelnen Dimensionen zu verschiedenartig und in ihrem subjektiven Gewicht intra- und interpersonell zu instabil sein, um auf einen zugleich „objektiven" und intuitiv adäquaten Maßstab zu führen.

2. Natürlichkeit als Wert

2.1 Ist Natürlichkeit als normatives Prinzip diskreditiert?

Vergegenwärtigt man sich die ethische Diskussion des zurückliegenden Jahrhunderts, gewinnt man den Eindruck, dass Natürlichkeit als Bewertungsprinzip – zumindest in der akademischen Ethik – ein für allemal diskreditiert ist. Als Beurteilungsprädikat für menschliches Verhalten spielt Natürlichkeit seit längerem keine nennenswerte Rolle mehr. Statt als Leitlinie menschlichen Verhaltens zu dienen, muss im Gegenteil jeder Versuch, Natürlichkeit als moralisches Kriterium zu etablieren, auf Kritik gefasst sein und mit dem Einwand rechnen, dass jeder solche Versuch die illegitime Ableitung eines Sollens aus einem bloßen Sein involviert und insofern einen „naturalistischen Fehlschluss" begeht. Auch wenn dabei die Keule des „naturalistischen Fehlschlusses" vielfach zu prompt und unbedacht geschwungen wird – die Attacke erreicht zumeist ihr Ziel, nämlich denjenigen, der sich auf die Natur beruft, erfolgreich zum Schweigen zu bringen. Hinzu kommt, dass ein ethischer Rekurs auf die Natur durch eine Reihe diskreditierter Argumentationen an Glaubwürdigkeit eingebüßt hat und unter systematischem Ideologieverdacht steht. Dazu gehört einerseits die an scholastische Denkfiguren anknüpfenden Argumentationen des Lehramts der katholischen Kirche, das – mit eindrucksvoller Festigkeit – Praktiken wie die Geburtenkontrolle mit „künstlichen" Mitteln als „widernatürlich" ablehnt, auch wenn diese seit langem von einer Mehrheit der Gläubigen akzeptiert werden. Dazu gehört andererseits der im 19. Jahrhundert auch politisch folgenreiche Sozialdarwinismus, der das in der Natur – tatsächlich oder vermeintlich – vorherrschende „Recht des Stärkeren" als vorbildlich für die Gesellschaft nahm und in Nietzsches eugenischen Fantasien von einer Auslese von Herrenmenschen durch „Zucht und Züchtung" (Nietzsche 1980: 126) gipfelte.

Die Argumente gegen eine Berufung auf „Natürlichkeit" als Wert- oder Normprinzip sind so vielfältig, dass es sich empfiehlt, sie zunächst in eine systematische Ordnung zu bringen. Es bietet sich an, die Kritikansätze danach zu unterscheiden, auf welche Art von Argumentationsprinzipien sie sich berufen: *Metaethische* Argumente setzen bei logischen und semantischen Defiziten von Natürlichkeitsargumenten an, *ethische* bei deren normativen Grundlagen, *pragmatische* bei den Auswirkungen, die Argumentationen mit Natur und Natürlichkeit in der gesellschaftlichen Praxis nach sich ziehen oder nach sich ziehen können.

Zu den wichtigsten metaethischen Einwänden gegen Natürlichkeitsargumente gehören zwei: der Einwand des „naturalistischen Fehlschlusses", nach dem Sollensforderungen aus bloßen Seinsbeschreibungen nicht ableitbar seien, und der Einwand der Mehrdeutigkeit und Multifunktionalität der Begriffe „Natur" und „Natürlichkeit", die zu Konfusionen und Scheinargumenten förmlich einlüden. Da „Natur" und „Natürlichkeit" je nach Kontext dazu verwendet werden, ganz unterschiedliche Kontrastierungen und Polarisierungen vorzunehmen, sei eine Argumentation mit diesen Begriffen immer nur dann akzeptabel, wenn klargestellt wird, auf *welche* Natur und *welche Art von* Natürlichkeit man sich beruft. Daran fehle es jedoch in den meisten naturalistischen Argumentationen.

Auf das Argument des „naturalistischen Fehlschlusses" werde ich im Zusammenhang mit dem ethischen Naturalismus noch ausführlicher eingehen (Kap. 3.2). Was den Einwand betrifft, dass die Bedeutungsvielfalt von „Natur" und „Natürlichkeit" mehr oder weniger zwangsläufig zu Konfusionen oder Beliebigkeit führt, so lässt sich die Stichhaltigkeit dieses Einwands angesichts des Wildwuchses naturalistischer Argumentationen in der Geschichte der praktischen Philosophie in der Tat schwer bestreiten. Während sich etwa einige der *philosophes* des 18. Jahrhunderts wie d'Holbach auf das „Gesetzbuch der Natur" (d'Holbach 1978: 600) beriefen, um an den Institutionen des *ancien régime* radikale Kritik zu üben, verteidigte zu derselben Zeit Edmund Burke das politische System der konstitutionellen Monarchie gegen die Französische Revolution u. a. mit der Behauptung, dies befinde sich „in genauer Symmetrie und Übereinstimmung mit der Welt- und Naturordnung" (vgl. Burke 1910: 31 ff.). Verbreitet sind bis heute Fehlschlüsse und – gelegentlich durchaus elegant klingende – Paradoxe, die sich der Tatsache verdanken, dass „Natur" einmal im Sinne der außermenschlichen Natur, ein andermal im umfassenden Sinne der den Menschen einschließenden Natur verstanden wird. Typisch dafür sind etwa die apokalyptischen Warnungen in C. S. Lewis' gleichzeitig mit Horkheimer und Adornos *Dialektik der Aufklärung* entstandenen Traktat *The Abolition of Man*: „Man's conquest of Nature turns out, in the moment of its consummation, to be Nature's conquest of Man" (Lewis 1943: 41). Nicht die Natur, die der Mensch sich untertan macht, soll den Menschen sich untertan machen, sondern die Naturseite des Menschen die Kulturseite des Menschen. Ein entsprechendes *quid pro quo* findet sich bereits in Francis Bacons viel zitiertem Paradox „Der Natur bemächtigt man sich nur, indem man ihr nachgibt" (Bacon 1971: 26). Offensichtlich ist die Natur, deren man sich bemächtigt, nicht dieselbe Natur wie die, der man nachgibt. Worüber man

2.1 Ist Natürlichkeit als normatives Prinzip diskreditiert?

siegt, ist die außermenschliche Natur, deren unheilvolle Verläufe man den menschlichen Bedürfnissen und Wünschen gemäß umlenkt, während die Naturgesetze, die man sich dabei zunutze macht (und denen man insofern „nachgibt"), unabänderlich und unverfügbar sind und für außermenschliche und menschliche Natur gleichermaßen gelten.

Aus dieserart Beispielen zu folgern, dass man in der praktischen Philosophie auf den Naturbegriff gänzlich verzichten sollte, wäre allerdings überzogen. Aus ihnen lässt sich lediglich die Lehre ziehen, dass jeder, der mit Natur und Natürlichkeit argumentiert, die nötige Vorsicht walten lassen sollte.

Ein weiteres metaethisches Argument gegen die Berufung auf Natur und Natürlichkeit lautet, dass angesichts der Offenheit des Naturbegriffs die Berufung auf „Natur" und „Natürlichkeit" vielen Ethikern und Moralisten als Freibrief dient, ihre jeweils persönlichen moralischen Intuitionen in die Natur hineinzuprojizieren und aus der Natur genau diejenigen normativen Gehalte herauszulesen, die sie ohnehin und aus möglicherweise ganz anderen Gründen für richtig halten. Ähnlich wie vielfach Gott in der religiösen Ethik dient die Berufung auf die externe Instanz Natur hiernach lediglich als Verstärker und „Durchlauferhitzer" für beliebige Setzungen. Da sich in der außermenschlichen Natur Vorbilder für jedes mögliche Verhalten, das menschenfreundlichste wie das menschenfeindlichste, finden lassen, bietet die Berufung auf „Natur" oder „Natürlichkeit" jeder beliebigen ethischen Meinung die Chance, sich durch die Berufung auf eine scheinbare höhere Instanz Glaubwürdigkeit zu erschleichen. Mit Garrett Hardin gesprochen: „Natur ist eine Fiktion, die sich die menschliche Psyche erschafft, um zu vermeiden, die Verantwortung für Herzensentscheidungen zu übernehmen. Die Stimme der Natur ist eine menschliche Stimme" (Hardin 1976: 16). Aber auch auf dieses Argument trifft das soeben Gesagte zu: Projektive Naturvorstellungen vermögen nur soweit Verwirrung zu stiften oder in die Irre zu führen, als sie nicht als solche durchschaut sind. Beide Übel lassen sich vermeiden, wenn man zwischen den unterschiedlichen Bedeutungen von „Natur" und „Natürlichkeit" pünktlich genug unterscheidet und die in dem jeweiligen Naturbegriff möglicherweise enthaltenen wertend-normativen Bedeutungsgehalte offen legt.

Der von den meisten modernen Ethikern als durchschlagend bewertete Einwand gegen Natürlichkeit als praktische Orientierung ist kein metaethischer, sondern ein normativ-ethischer Einwand: der Hinweis auf die Tatsache, dass die außermenschliche Natur nicht nur moralisch indifferent, sondern so überwiegend zerstörerisch und verschwenderisch ist, dass sie sich denkbar wenig eignet, vom Menschen zum Vorbild seines Handelns gewählt zu werden. Dieses von ansonsten so unterschiedlichen Denkern wie Arthur Schopenhauer, John

Stuart Mill, Albert Schweitzer und William James herangezogene Argument wird u. a. durch die Tatsache gestützt, dass Konzeptionen, die Natürlichkeit zum ethischen Prinzip erheben, dazu tendieren, das Natürliche unangemessen zu idealisieren, und sich dadurch zusätzlich den metaethischen Vorwurf eines mehr oder weniger projektiven Naturverständnisses zuziehen.

Unter diesem Gesichtspunkt war bereits das Naturverständnis der Stoiker hochproblematisch, die bekannteste unter allen philosophischen Schulen, die das *naturam sequi*, das „in Übereinstimmung mit der Natur leben" als ethisches Ideal propagierten. Die Stoiker konnten dieses Ideal allerdings nur deshalb guten Gewissens vertreten, weil sie die Natur von einer Weltvernunft durchherrscht sahen, die aus ihrer Sicht zugleich die Quelle der zweckmäßigen Gestaltung der Naturdinge und Naturverläufe war. Allerdings hatte diese idealisierende Interpretation bereits für die Stoiker selbst heroische Züge: Sie hielten an ihr fest, obwohl sie gleichzeitig nicht müde wurden, die Unvernunft des Weltlaufs zu beklagen. Außerdem war eine Kritik an idealisierenden Naturbildern in der Antike nicht unbekannt. Bereits in der antiken Hirtendichtung ging die Idealisierung des „natürlichen" Lebenswandels zur Idylle des Landlebens einher mit dem ironischen Spiel mit Natürlichkeit als Projektion frustrierter städtischer Intellektueller, die sich angesichts des Lärms und Unfriedens des Stadtlebens nach der scheinbaren Selbstgenügsamkeit, Friedlichkeit und Übersichtlichkeit der Lebensverhältnisse auf dem Lande sehnten. Ähnlich hat die Zivilisationskritik des 18. Jahrhunderts, etwa bei Shaftesbury oder Rousseau Naturnähe und Natürlichkeit idealisiert. Man begab sich auf die Suche nach dem „inspired peasant": dem kunstlos-kunstvollen Dichter, der – wie der Sänger in Goethes gleichnamigen Gedicht – „singt, wie ein Vogel singt", und fand ihn ironischerweise u. a. in den Ossian-Gedichten, die einem mysteriösen Natur-Barden zugeschrieben wurden, aber von dem zeitgenössischen Dichter James Macpherson kunstvoll archaisierend exakt auf die primitivistische Geschmacksrichtung abgestimmt waren.

Idealisierende Naturbilder und Naturmetaphern finden sich insbesondere in der neueren Naturethik: etwa der Topos eines „natürlichen Gleichgewichts", das durch die Eingriffe des Menschen gestört oder gefährdet sei – so, als wäre die Natur ein statisches System, das nicht fortwährend selbst Zerstörungen und katastrophenartige Umbrüche produziert – man denke etwa an den Ausbruch des Vulkans Mount St. Helens im Jahr 1980 oder den Tsunami im Jahr 2004. Quasi als Überreaktion auf die Geringschätzung der Natur in der Haupttradition der westlichen Philosophie wird die außermenschliche Natur vielfach als „Partner" personalisiert, die Natur und die außermenschlichen Lebewesen als „Schöpfung" und „Mitgeschöpfe" theologisiert und Pflanzen dadurch, dass ihnen Begriffe wie „Interesse" beigelegt werden, die ihren ausschließlichen Sinn in der Anwendung auf bewusstseinsbegabte Wesen haben, „zoomorphisiert". Die Natur als ganze wird mit der trügerischen Konnotation einer friedlichen und harmonischen Lebensgemeinschaft ausgestattet. Auch in der verbreiteten Redeweise von „Partnerschaft", „Solidarität", „Frieden" oder „Versöhnung" mit der Natur als Zielen eines ökologischen Bewusstseinswandels stecken problematische Idealisierungen. „Partnerschaft", „Frieden", „Solidarität" bezeichnen strukturell symmetrische Beziehungen, während die Beziehung zwischen Mensch und Natur strukturell asymmetrisch ist. Nur der Mensch ist Subjekt von Handlungen und Verantwortlichkeiten in Bezug auf die Natur. Nur der Mensch ist Erkenntnissubjekt, das seinen „Partner" methodisch erforscht.

Schließlich stoßen Argumentationen, die sich auf natürliche Unterschiede berufen, vielfach auch aus pragmatischen Gründen auf Kritik, insbesondere dann, wenn sie verbreitete Vorurteile zu bestätigen drohen oder zu befürchten ist, dass sie im gesellschaftspolitischen Kontext zu Diskriminierungen führen oder bereits existierende diskriminierende Tendenzen aufrechterhalten oder verstärken. Da aufgrund historischer Erfahrungen begründet mit solchen Wirkungen zu rechnen ist, wird in diesen Bereichen vielfach bereits die Forschung zu möglicherweise bestehenden „natürlichen" Unterschieden zwischen Geschlechtern, Rassen und Ethnien aus Furcht vor gesellschaftlichen Folgewirkungen als politisch inkorrekt abgewehrt. Nicht zufällig sind Vorbehalte dieser Art insbesondere in ausgeprägt gleichheitsorientierten politischen Kulturen wie der der USA verbreitet. Auch wenn der Sache nach aus möglicherweise bestehenden natürlichen Ungleichheiten wenig oder nichts hinsichtlich der Berechtigung etwaiger normativer Ungleichheiten folgt, ist die Furcht doch nicht unbegründet, dass aus deskriptiven Aussagen über bestehende Ungleichheiten normative Schlussfolgerungen über die Rechtmäßigkeit einer Ungleichbehandlung gezogen werden.

2.2 Der Natürlichkeitsbonus in der Alltagsmoral

Diese Befürchtungen sind nicht zuletzt auch deshalb nicht vernachlässigbar, weil sich immer wieder und in den verschiedensten Zusammenhängen zeigt, dass der Unterscheidung zwischen Natürlich und Künstlich im alltagsmoralischen Denken bedeutend mehr legitimierende Kraft zugestanden wird als in der akademischen Ethik. Weder auf der Ebene der außermoralischen Bewertungen (der Einstellungen dazu, was erstrebenswert, wünschenswert, gut ist) noch auf der Ebene der moralischen Bewertungen (der Einstellungen dazu, was richtig, erforderlich, angemessen ist) werden die Kategorien des Natürlichen und Künstlichen als irrelevant betrachtet. Im Gegenteil wird das Natürliche dem Künstlichen, das Vorgegebene dem Gemachten durchweg vorgezogen. Dem von Natur aus Seienden wird gegenüber dem vom Menschen Hervorgebrachten oder Bewirkten ein systematischer Bonus eingeräumt.

Eines der Phänomene, in dem sich dieser „Natürlichkeitsbonus" manifestiert, ist die in der sozialpsychologischen Risikoforschung verschiedentlich beobachtete Tendenz, natürliche Übel und Gefahren eher zu tolerieren als anthropogene Übel und Risiken und die Prävention gegen natürliche Übel und Gefahren für weniger vordringlich zu halten als Vorkehrungen gegen von Menschen ausgehende Übel und Gefahren. Natürliche Übel werden eher hingenommen als vom Menschen bewirkte Übel, Eingriffe zur Verhinderung natürlicher Übel eher unterlassen als Maßnahmen zur Verhinderung anthropogener Übel.

Wie stark sich unsere Beurteilung anthropogener und natürlicher Zustände unabhängig von der Qualität dieser Zustände voneinander unterscheidet, zeigt sich u.a. in der Bewertung psychischer Zustände. Viele tendieren dazu, negative Bewusstseinszustände wie etwa schwere Depressionen, sofern sie natürlich bedingt sind (und nicht z.B. als Reaktion auf anthropogene Traumata verstanden werden können), in einer Weise aufzuwerten, wie sie es bei anthropogen verursachten negativen Bewusstseinszuständen niemals tun würden. Es besteht Einigkeit darüber, dass etwa die Qualen, die Gefolterten durch die Folter entstehen, vor allem wegen der Qualität der Erniedrigung, die in der Folter enthalten ist, zu dem Schlimmsten gehören, was Menschen geschehen kann. Die subjektiven Erlebnisse eines schwer Depressiven sind jedoch ihrer Qualität nach ähnlich – extrem quälend und kaum erträglich. Dennoch werden diese Zustände zumeist völlig unterschiedlich beurteilt. Selbstverständlich können Depressionen wichtige Übergangszustände zur Gewinnung von Einsichten und zur Veränderung von psychischen Strukturen sein, ähnlich wie die schmerzhaften Folgen von Körperstrafen oder der psychische Stress infolge des Entzugs von Sympathie im näheren oder weiteren sozialen Umfeld. Als dauerhaft und unausweichlich erlebte Zustände ersticken beide jedoch in gleicher Weise die Initiative und schränken Freiheitsspielräume ein.

Natürliche Gefahren werden weniger gefürchtet und eher hingenommen als anthropogene Risiken, auch dann, wenn sich die ersteren durch menschliches Eingreifen verhindern lassen. Natürliche Gefahren wie Erdbeben, Lawinen oder Überschwemmungen werden eher hingenommen als Kriege, technische Katastrophen und Kriminalität. Der Vorwurf an die moderne Medizin, „Gott zu spielen", ist regel-

2.2 Der Natürlichkeitsbonus in der Alltagsmoral

mäßig nur dann zu hören, wenn diese aktiv in ein natürliches Geschehen eingreift, nicht dann, wenn sie, obwohl sie eingreifen könnte, einem unheilvollen natürlichen Geschehen seinen Lauf lässt. Während das aktive Eingreifen – insbesondere dann, wenn es um Entscheidungen um Leben und Tod geht – des Öfteren mit dem Verdacht der Hybris belegt wird, wird das Sein-Lassen bevorzugt als Ausdruck von Weisheit und Abgeklärtheit interpretiert. Ein sprechendes Beispiel ist die Impfung von Kindern gegen Infektionskrankheiten. Eine Mehrheit von Eltern zieht es vor, ein Kind nicht impfen zu lassen, wenn die Impfung ein gewisses Todesrisiko mit sich bringt, dieses aber sehr viel niedriger ist als das Risiko, dass das ungeimpfte Kind an der entsprechenden Krankheit stirbt (Jungermann/Slovic 1993: 91).

Warum werden natürliche Schäden und Gefahren so oft als weniger gefährlich eingestuft als anthropogene Schäden und Risiken, auch dann, wenn objektiv gesehen das Schadensausmaß und die Schadenswahrscheinlichkeit gleich hoch sind? Definiert man die Gefährlichkeit einer Sache durch eine wie immer geartete Funktion von Schadensausmaß und Schadenswahrscheinlichkeit, müssen zwei Risiken, von denen das eine natürlichen Ursprungs und das andere vom Menschen geschaffen ist, und für die Schadensausmaß und Schadenswahrscheinlichkeit dieselben Werte haben, zwangsläufig gleich gefährlich sein. Dieserart objektive Gefährlichkeit sagt allerdings nichts darüber, als wie gefährlich beide *empfunden* und in welchem Ausmaß sie *gefürchtet* werden. Es gehört zu den gesicherten Ergebnissen der empirischen Risikoforschung, dass die Neigung von Menschen, Risiken als gefährlich zu empfinden, durch rein objektive Risikomaße nicht zu erfassen ist. Für die subjektive Wahrnehmung von Risiken macht es z.B. einen Unterschied, *wer* ein Risiko verursacht. Wird ein Risiko z.B. von einem Chemiekonzern verursacht, also von einem Unternehmen, das ohnehin intuitiv als bedenklich empfunden wird, wird auch das Risiko als gefährlicher eingeschätzt als wenn dasselbe Risiko (im objektiven Sinne) von Konsumenten (z.B. den Autofahrern) verursacht wird. Für die Wahrnehmung von Risiken ist überdies ausschlaggebend, wie die Risiken verteilt sind, ob sie z.B. alle im gleichen Maße treffen (einschließlich der Risikoproduzenten) oder ob sie in der Wahrnehmung des Beurteilers „ungerecht", z.B. extrem ungleich verteilt sind, etwa so, dass die ohnehin Schlechtergestellten höhere Risiken zu tragen haben als die Bessergestellten.

Auch im Fall der Natur scheint die Identität der Risikoquelle eine wichtige Beurteilungsvariable: Solange es die Natur ist, werden Gefahren eher toleriert als wenn sie aus anthropogenen Quellen kommen. Gibt es überzeugende Gründe dafür? Hansson hat in einem interessanten Beitrag (Hansson 2003) nach möglichen Gründen geforscht. Seine Ausgangshypothese ist, dass sich hinter den spontanen Bewer-

tungen möglicherweise implizite Rationalitäten verbergen: Möglicherweise reagieren wir auf bestimmte Gefahrenlagen adäquater, als es formale entscheidungstheoretische Modelle erfassen können, indem wir eine sehr viel größere Zahl von Situationsvariablen als die formalen Modelle berücksichtigen. Eine solche Variable wäre z. B. die Gefahr, dass sich ein bestimmter Schadensfall wiederholt. Wäre es tatsächlich so, dass bei einer zivilisatorischen Risikoquelle eher zu erwarten wäre, dass sich ein durch sie verursachtes Schadensereignis wiederholt als bei einer objektiv gleich gefährlichen natürlichen Schadensquelle, wäre die zivilisatorische Risikoquelle zu Recht mehr zu fürchten als die natürliche. Die Frage ist nur: Gibt es solche „verborgenen Variablen"?
Hansson prüft drei mögliche Gründe, warum natürliche Gefahren weniger zu fürchten sein könnten, Gründe der *evolutionären Anpassung*, der *leichteren Vermeidbarkeit natürlicher Risiken* und der *Additivität zivilisatorischer Risiken*. Bezeichnenderweise kommt er jedoch zu dem Resultat, dass keine dieser drei Begründungen stichhaltig ist. Sie reichen nicht aus, die faktische Bevorzugung natürlicher Gefahren gegenüber gleich schwerwiegenden zivilisatorischen Risiken zu legitimieren.

Nach dem Argument der *evolutionären Anpassung* sind wir aufgrund unserer evolutionären Entwicklungsgeschichte an natürliche Gefahren besser angepasst als an zivilisatorische. So sind wir von der Evolution her auf synthetische Stoffe sehr viel weniger vorbereitet als auf natürliche Gifte und Schadstoffe. Während die Menschheit über Jahrtausende Zeit hatte, sich evolutionär an ihre natürlichen Lebensbedingungen anzupassen, wird sie durch die rapide Verkünstlichung von Umwelt und Ernährung seit dem 19. Jahrhundert mit stets neuen und immer nur kurzfristig überprüften Risiken konfrontiert. Durch die „Ersetzung der Langfristigkeit natürlicher Evolution durch die die relative Kurzfristigkeit menschlichen Planhandelns" (Jonas 1979: 71) kommen Unsicherheiten ins Spiel, die uns den Vertretern dieses Arguments zufolge zwingen sollten, mit künstlichen Faktoren unserer Umwelt umsichtiger und risikoscheuer umzugehen als mit natürlichen. Während sich die natürlichen Lebensgrundlagen des Menschen insofern „bewährt" haben, als der Mensch als Gattung Zeit genug hatte, sich in einer über Äonen erstreckenden Koevolution an sie – und sie an sich – anzupassen, stehe der Beweis der langfristigen Ungefährlichkeit der vom Menschen geschaffenen Lebensgrundlagen stets noch aus.

Hansson weist – m. E. überzeugend – nach, dass dieses verbreitete Argument ungeeignet ist, eine Privilegierung natürlicher Gefahren zu begründen, einerseits mit einem empirischen, andererseits mit einem logischen Argument. Das *empirische* Argument lautet, dass nach der „Logik" der Evolution eine evolutionäre Anpassung nur insoweit be-

2.2 Der Natürlichkeitsbonus in der Alltagsmoral

stehen kann, als etwaige natürliche Gefahren die menschliche Fortpflanzung betreffen. Für Krankheiten, die typischerweise erst nach der Fortpflanzungsperiode auftreten, etwa für Krebs und Herz-Kreislauf-Erkrankungen, sind keine evolutionär entstandenen Schutzmechanismen zu erwarten. Außerdem hat sich die Natur, in der wir heute leben, gegenüber derjenigen, in der unsere entfernten Vorfahren lebten, erheblich verändert. Die meisten Pflanzen, von denen wir uns heute ernähren, waren nicht Teil der Diät der Urmenschen, von denen wir abstammen. Das *logische* Argument besagt, dass derartige empirische Überlegungen, auch wenn sie erfolgreich wären, die im Großen und Ganzen höhere Gefährlichkeit zivilisatorischer Risiken zu erweisen, die Frage nach den Gründen für die höhere Toleranz für natürliche Risiken nicht beantworten könnten. Denn was zu erklären ist, ist, dass wir natürliche Gefahren auch dann eher tolerieren, wenn sie objektiv ebenso gefährlich sind wie zivilisatorische Gefahren und wir uns dieser objektiven Gefährlichkeit in demselben Maße sicher sind. Auch wenn wir gegen natürliche Risikoquellen evolutionär besser gewappnet wären als gegen zivilisatorische, wäre damit nicht erklärt, warum wir gegen die verbleibenden natürlichen Risiken – etwa gegen die Risiken der natürlichen Radioaktivität im Gegensatz zu den Risiken der vom Menschen in die Welt gebrachten Radioaktivität – toleranter sind als gegen objektiv gleich gefährliche zivilisatorische Risiken. Die möglicherweise bestehenden Unterschiede in der Gefährlichkeit der *Risikoquellen* begründen keinen entsprechenden Unterschied in der Gefährlichkeit der *Risiken*.

Auch die Korrelation zwischen der Natürlichkeit von Risiken und der *Vermeidbarkeit* von Risiken scheint nicht hinreichend eindeutig, um natürliche Risiken für ungefährlicher zu halten. Es trifft nicht zu, dass natürliche Risiken im Allgemeinen eher vermieden oder durch technische Vorkehrungen eher gemindert werden können als zivilisatorische Risiken. Lassen sich die Gefahren aus Erdbeben und Überschwemmungen eher vermeiden als die Gefahren des Autoverkehrs? Um den Gefahren von Erdbeben zu entgehen, könnte man erdbebengefährdete Gebiete unbesiedelt lassen oder erdbebensichere Häuser bauen. Aber es ist fraglich, ob der dazu notwendige Aufwand (einschließlich der Opportunitätskosten) nicht ebenso hoch wäre wie der einer Geschwindigkeitsbeschränkung im Autoverkehr, die ausreichend wäre, das Unfallrisiko zu minimieren.

Auch das Argument der *Additivität von Risiken* trifft auf zivilisatorische Risiken nicht so eindeutig zu, dass es die höhere Toleranz gegen natürliche Risiken erklären könnte. Das Argument besagt, dass die zivilisatorischen Risiken in der Summe sukzessiv anwachsen, während die natürlichen Risiken gleich bleiben. Aber abgesehen davon, dass die meisten neueren Technologien, die im Zuge des technischen

Fortschritts ältere ersetzen, risikoärmer sind als die älteren, an deren Stelle sie treten, entspricht den meisten zivilisatorischen Risiken ein Nutzen, dem zuliebe sie eingegangen werden, während dies bei natürlichen Risiken nur selten der Fall ist. Falls das Risiko zunimmt, nimmt in der Regel auch der Nutzen zu, damit aber auch die Akzeptabilität des Risikos.

Sind wir vielleicht deshalb berechtigt, gegen natürliche Risikoquellen toleranter zu sein als gegen künstliche, weil die natürlichen besser bekannt sind als die künstlichen? Zweifellos gelten natürliche Risiken gemeinhin als bekannter als die sich fortwährend ändernden zivilisatorischen Risiken, aber ist das wirklich der Fall? Immerhin werden risikobehaftete technische Vorrichtungen zumeist sehr viel genauer und gründlicher auf ihre Risiken und Nebenwirkungen getestet als altbekannte natürliche Mittel. Während etwa die Zusammensetzung synthetischer Arzneimittel zumeist vollständig bekannt ist und auf dieser Grundlage eine durch theoretische Berechnungen und praktische Erprobung fundierte Optimierung des Verhältnisses von angezielten Haupt- und in Kauf genommenen Nebenwirkungen möglich ist, fehlen für viele Naturheilmittel – u. a. aufgrund der Vielfalt und Unregelmäßigkeit ihrer Inhaltsstoffe – entsprechende Kenntnisse. Das Gemachte ist gerade deshalb, weil es gemacht ist, vielfach auch das Bekanntere und in höherem Maße (wenn auch nicht völlig) Durchschaute. Das Wissen um seine Funktionsweise geht in den Prozess seiner Hervorbringung wesentlich ein. Dagegen sind auch auf dem heutigen Stand des Wissens viele natürliche Prozesse – auch solche, von denen potenziell Risiken für den Menschen ausgehen – undurchschaut.

Wenn schon keine rationale, so kommt den genannten Faktoren doch möglicherweise erhebliche *psychologische* Erklärungskraft zu. Psychologisch hängt die Wahrnehmung von Risiken nicht nur von Schadensausmaß, Eintrittswahrscheinlichkeit und Wiederholungswahrscheinlichkeit eines Schadensfalls ab, sondern auch von so genannten „qualitativen Risikofaktoren". Zu ihnen gehört u. a. auch die *Neuartigkeit* und *wahrgenommene Unbekanntheit* von Risiken. Möglicherweise werden natürliche Risiken u. a. deshalb als akzeptabler beurteilt, weil die Menschheit zumeist schon seit Jahrtausenden mit ihnen umgeht, während der Fortschritt der Technik stets neue Risiken hervorbringt. Das würde erklären, dass den meisten die natürliche Radioaktivität als sehr viel weniger gefährlich gilt als die technisch bedingte Radioaktivität, die sich zu der ersteren hinzuaddiert, auch wenn diese im Vergleich zu jener geringfügig ist. Das psychologische Privileg des Natürlichen wurzelt möglicherweise in nichts anderem als der Trivialität, dass wir uns an das Natürliche gewöhnt haben, während uns Kultur und Technologie immer wieder überraschen.

2.2 Der Natürlichkeitsbonus in der Alltagsmoral

Man muss sich jedenfalls wundern, wie sehr der Natur trotz aller Enttäuschungen, die sie dem Menschen bereitet, gemeinhin eine überwiegend wohltätige Tendenz unterstellt wird und als wie lebenskräftig sich auch noch in einer durch und durch rationalen und technologischen Kultur das Leitbild einer wohltätigen „Mutter Natur" erweist. Beobachtern fällt immer wieder auf, wie schnell nach einem Vulkanausbruch die zerstörten Gebiete wiederbesiedelt werden, so als schriebe man der Natur eine Art Monte-Carlo-Fehlschluss zu, nach dem die Eintrittswahrscheinlichkeit eines seltenen Ereignisses desto geringer ist, je weniger Zeit seit seinem letzten Eintreten vergangen ist. Umgekehrt wird die Verwirklichung positiv bewerteter Zustände im Zuge des Naturverlaufs als günstiges Schicksal oder Gottesgeschenk begrüßt, während gezielte menschliche Interventionen zur Verwirklichung derselben Zustände, wo sie möglich sind, abgelehnt werden. Nicht nur bei unwillkommenen, auch bei willkommenen Ereignissen wird dem „Gewährenlassen", dem Walten-Lassen der Natur ein Bonus eingeräumt.

Auffällig ist dies insbesondere in zwei Bereichen der Biomedizin, die eine am Lebensende, die andere am Lebensbeginn: Sterbehilfe und Auswahl von Nachkommen mithilfe pränataler Diagnostik. Es gibt viele Gründe, der passiven Sterbehilfe normativen Vorrang vor der aktiven Sterbehilfe zu geben. Aber zumindest eines der Motive für die Bevorzugung passiver Methoden ist eine unrealistisch idealisierende Vorstellung von einem „natürlichen Tod", in dessen Verlauf nicht „künstlich" eingegriffen wird. Was dabei übersehen wird, ist dass das Sterben auch dann für den Sterbenden ausgesprochen quälend verlaufen kann, wenn er *nicht* mit den Mitteln der modernen Medizin hinausgeschoben oder künstlich verlängert wird (vgl. Nuland 1994). Eine noch eindeutigere Bevorzugung des Natürlichen gegenüber dem Künstlichen zeigt sich bei der – technisch zunehmend möglich gewordenen – Auswahl der Merkmale von Nachkommen. Der Zufall, der im Zuge der natürlichen Befruchtung bei der Vereinigung von Ei- und Samenzelle über die Zusammensetzung des Genoms des Kindes bestimmt, wird hier – etwa bei der Festlegung des Geschlechts des Kindes – so eindeutig bevorzugt, dass die Möglichkeit einer künstlichen Geschlechtswahl von den allermeisten nicht nur für sich selbst abgelehnt, sondern auch als allgemeine Norm postuliert wird (vgl. Solter u. a. 2003: 197f.). Wie Umfragen zeigen, geht diese Ablehnung sogar so weit, dass eine Mehrheit für ein gesetzliches Verbot votiert (Rathenau Instituut 1996). Insofern ist es kein Zufall, dass ein solches in einigen Ländern, etwa in Deutschland (außer für den Fall geschlechtsgebundener Erbkrankheiten) auch tatsächlich besteht.

Insgesamt zeichnet sich im Zuge der Ausweitung der biotechnischen Möglichkeiten im Alltagsbewusstsein eine Renaissance der positiven Konnotierung des Natürlichen ab. Die rapide zunehmenden Möglichkeiten steuernder Eingriffe in die natürlichen Abläufe zu Beginn und am Ende des Lebens haben – anders als im Bereich der kurativen Medizin – nicht durchweg zur Akzeptanz der neuen Möglichkeiten geführt, sondern gerade im Gegenteil zur Errichtung neuer Tabugrenzen für technische Eingriffe und zu einer Aufwertung des Naturwüchsigen. Die Gefühle, die der Anbruch des „Goldenen Zeitalters" der Biotechnologie (President's Council on Bioethics 2003: 5) auslöst, sind gemischte Gefühle. Einerseits werden die durch die Gentechnik eröffneten therapeutischen Chancen allgemein begrüßt; andererseits melden sich, was alle nicht- oder nicht eindeutig therapeutischen Anwendungsfelder betrifft, Vorbehalte und Ängste. Ein Einsatz biomedizinischer Mittel zu nicht eindeutig medizinischen Zwecken, wie etwa in der Reproduktionsmedizin, zur Lebensverlängerung oder zur Leistungssteigerung, stößt verbreitet auf Skepsis und Ablehnung. Die zunehmende Steuerbarkeit des Lebensschicksals mit künstlichen Mitteln ist ambivalent besetzt. Wie Slogans wie „Recht auf Zufall" oder die „Respektierung der basalen Naturwüchsigkeit des Menschen" zeigen, werden zumindest da, wo neuartige Möglichkeiten der steuernden Intervention als diffus bedrohlich empfunden werden, positive Besetzungen von Natürlichkeit, passivem Gewährenlassen und Interventionsverzicht erneut virulent.

Eine klare Bevorzugung natürlich statt menschlich gesteuerter Entwicklungen zeigt sich auch auf anderen, von der Öffentlichkeit weniger beachteten Feldern der Biopolitik, etwa auf dem Feld des *Artenschutzes*. Auch hier stoßen aktive Eingriffe in das natürliche Geschehen gemeinhin auf Skepsis, wenn sie Zustände herbeiführen sollen, die, von der Natur selbst realisiert, als wünschenswert gälten und begrüßt würden. Der Ablehnung von Eingriffen in das natürliche Geschehen, die natürliche Arten direkt oder indirekt vernichten, steht keine entsprechende Befürwortung von Eingriffen gegenüber, die geeignet sind, von der Vernichtung bedrohte Arten mit „künstlichen" Mitteln zu erhalten. Auch wenn die Bevorzugung des Natürlichen gegenüber dem Künstlichen nicht der einzige motivierende Faktor für diese Haltung sein dürfte – Eingriffe zum aktiven Artenschutz sind nicht immer aussichtsreich und vielfach ausgesprochen aufwendig –, scheint dieser Haltung doch auch ein normatives Prinzip der Nicht-Intervention, ein ins Ökologische übertragener „therapeutischer Nihilismus" (Hargrove 1989: 138) zugrunde zu liegen.

2.3 Natürlichkeitsargumente in der anwendungsorientierten Ethik

In der theoretischen Ethik haben sich diese in der Alltagsethik verbreiteten Werthaltungen nur vereinzelt niedergeschlagen. Der Mainstream der akademischen Moralphilosophie verhält sich gegenüber einer Aufwertung des Natürlichen weiterhin vorwiegend indifferent bis skeptisch. Ansätze zu einer Aufnahme der in der öffentlichen Debatte spürbaren Renaissance von Natürlichkeitsprinzipien finden sich allerdings in der anwendungsorientierten Ethik, und hier vor allem in Beiträgen von Autoren, die sich dem Paradigma der rekonstruktiven Ethik verpflichtet fühlen, ihre Aufgabe also primär darin sehen, bestehende moralische Einverständnisse systematisierend zu rekonstruieren.

Eine Aufwertung bzw. Wiederaufwertung des Natürlichen ist charakteristisch für die bio- und physiozentrischen Denkrichtungen in der Naturethik der letzten dreißig Jahre – „Naturethik" verstanden als die Gesamtheit der Ansätze, die sich mit den normativen Grundlagen des Umwelt-, Natur- und Tierschutzes beschäftigen. *Physiozentrische* Ansätze in der Naturethik (vgl. z. B. Meyer-Abich 1997, Sitter-Liver 2002) sprechen natürlichen Individuen, aber zumeist auch natürlichen Kollektiven wie Biotopen, Ökosystemen, Landschaften oder biologischen Arten einen intrinsischen Wert zu, *biozentrische* Ansätze (vgl. z. B. Altner 1991, Attfield 1997, Taylor 1986) zumindest allen lebendigen natürlichen Individuen und/oder Kollektiven. In vielen dieser Entwürfe, vor allem denen, die dem nordamerikanischen *wilderness movement* nahe stehen (vgl. Nash 1973), wird darüber hinaus der Ursprünglichkeit natürlicher Entitäten und Strukturen, also der Natürlichkeit im *genetischen* Sinne, ein intrinsischer Wert zugesprochen. Auf der Handlungsebene entspricht diesem Wert ein deontologisches Prinzip der Nicht-Intervention, wie es beispielhaft in der biozentrischen Naturethik von Paul W. Taylor postuliert wird (vgl. Taylor 1986: 173). Mit der hohen Wertschätzung von Ursprünglichkeit und Unberührtheit, die sich bei dem Biozentriker Taylor allerdings nur auf die lebendige Natur, also auf Organismen bezieht, repräsentiert Paul W. Taylors Ethik des „respect for nature" einen Typ der Umweltethik, der insbesondere in Weltgegenden wie den USA, Australien und Neuseeland vertreten wird, die anders als Europa noch über ursprüngliche Natur verfügen. In der deutschsprachigen Ethik findet sich ein Versuch, der Natürlichkeit nicht nur im Bereich des Natur- und Tierschutzes, sondern auch im Bereich der Biomedizin und der Lebensführung einen intrinsischen Wert zuzusprechen, zum ersten Mal in der – methodisch als rekonstruktive Ethik angelegten – *Konkreten Ethik* von Ludwig Siep (Siep 2004). Siep versteht dabei Natürlichkeit nicht nur als intrinsischen – von allen anderen Werten unabhängigen –, sondern auch als objektiven – in seiner Geltung von menschlichen Wertschätzungen unabhängigen – Wert. Ähnliche Auffassungen, diesmal allerdings weniger mit Bezug auf die äußere Natur, sondern in Bezug auf die Naturseite des Menschen, wird in dem Bericht *Beyond therapy* des von Präsident George W. Bush eingesetzten *President's Council on Bioethics* vertreten (President's Council on Bioethics 2003). Das ist nicht weiter überraschend angesichts der Tatsache, dass der Vorsitzende des Council, Leon Kass, seit längerem zu den eloquentesten Verfechtern der Anerkennung eines Eigenwerts des Natürlichen gehört. Der Titel eines seiner einschlägigen Artikel, „The wisdom of repugnance" (Kass 1997) ist für diejenigen, die sich auf intuitiv-gefühlsmäßige Bedenken gegen bestimmte Formen der Manipulation am Natursubstrat des Menschen berufen, zu einer Art Leitmotiv geworden. Zur öffentlichkeitswirksamen Verbreitung dieser auf einem normativen Natürlichkeitsbegriff fußenden Skepsis gegen mögliche zukünftige Anwendungen der Biotechnologie auf den Menschen haben nicht zuletzt auch die Bücher des Sachbuchautors Francis Fukuyama beigetragen (vgl. Fukuyama 2002).

2.4 „Natürlich": positive Konnotationen und ihre Hintergründe

Die implizite Bevorzugung des Natürlichen vor dem Künstlichen, die sich im spontanen Verhalten und vor allem in der größeren Bereitschaft zeigt, natürliche Gefahren eher hinzunehmen als vom Menschen geschaffene Risiken, spiegelt sich nicht zuletzt auch in der Sprache wider. Das *Natürliche* hat durchweg eine positive, einige Gegenbegriffe, insbesondere die des *Widernatürlichen*, des *Gekünstelten*, des *Verfälschten* und des *Entarteten* eine negative Konnotation. Soweit man die sprachlichen Tatsachen als Indikatoren für entsprechende mentale Heuristiken deuten kann, scheint für unser spontanes Denken und Empfinden das Vorurteil leitend, dass die Natur letztlich gut und wohltätig ist, während alles Schlechte und Böse vom Menschen kommt. Äußerungen, die den Ausdruck „natürlich" enthalten, werden zunächst einmal in einem positiven Sinne verstanden, und von diesem Verständnis scheinen wir nur dann abzugehen, wenn es sich als mit anderen unserer Überzeugungen offenkundig unvereinbar erweist. Hört oder liest man etwa bei einem Soziobiologen einen Satz wie: „Ein ausgebauter Wohlfahrtsstaat ist unnatürlich, Vergewaltigung dagegen natürlich" (Beispiel bei Keil 2004: 78), versteht man diesen Satz zunächst in einem rechtfertigenden oder normativen Sinn, auch wenn man danach stutzt und auf den zweiten Blick geneigt ist, ihn entweder rein deskriptiv, als rein biologische Aussage über die in unserem tierischen

2.4 „Natürlich": positive Konnotationen und ihre Hintergründe 31

Erbe angelegten Tendenzen, oder aber in einem provokatorischen oder ironischen Sinn zu interpretieren. Die positive Konnotation des Ausdrucks „natürlich" (möglicherweise verstärkt durch den begütigend-verständnisvoll klingenden Zusatz „ganz": „ganz natürlich") rastet ein, aber nicht so fest, dass sie nicht durch entsprechende Erläuterungen und Klarstellungen bzw. durch eine Besinnung auf den Redekontext gelöst werden könnte. Auffällig ist dennoch, dass wir uns im Allgemeinen besonderer sprachlicher Mittel bedienen müssen, um die spontan mitverstandene positive Konnotation zu tilgen – soweit wir nicht von vornherein, wenn wir auf die Schattenseiten der Natur zu sprechen kommen wollen, „natürlich" durch „naturwüchsig", „rohe Natur" oder ähnliche negativ konnotierte Wendungen ersetzen.

Ein Gutteil der positiven Konnotation von „natürlich", soweit es im Sinne der im ersten Kapitel unterschiedenen genetischen und qualitativen Natürlichkeit verwendet wird, mag ein Import aus den zahlreichen anderweitigen Verwendungsweisen von „natürlich" sein, in denen die positiv wertende Konnotation noch eindeutiger ist. Die Liste dieser Verwendungen ist erstaunlich lang:

1. Am intensivsten ist die positive Besetzung bei jener heute leicht antiquiert wirkenden Verwendung von „natürlich", bei der dieser Ausdruck eine rein moralisch wertende Bedeutung annimmt. Diese Verwendung findet sich zumeist nur noch in der katholischen Kirche, im Volksmund und als seltener Ausdruck moralischen Abscheus. Das „Natürliche" in diesem Sinn ist der Gegenbegriff zum Widernatürlichen, Abartigen, Degenerierten oder Perversen. Das „Widernatürliche" ist hier das Ekelhafte und Widerwärtige, das zugleich so intensiv tabuiert ist, dass es lediglich über seine moralische Anmutungsqualität angedeutet wird und nicht inhaltlich beschrieben werden darf. In älteren englischen Lexika wird etwa „sodomy" regelmäßig als „unnatural vice", „unnatürliches Laster" paraphrasiert – mit der Folge, dass derjenige, die sie konsultiert, zwar über die moralische Qualität des betreffenden Verhaltens informiert wird, nicht aber darüber, um was es sich eigentlich handelt.

2. Als „natürlich" bezeichnen wir auch das Vertraute, Selbstverständliche und Normale – mit der paradoxen Folge, dass „natürlich" bei dieser Verwendungsweise jeden Bezug auf eine allen kulturellen Festlegungen vorgelagerte Naturordnung verliert. „Natürlich" in diesem Sinn meint gerade nicht das von Natur aus so und so Beschaffene, sondern das von kulturellen Normen und sozialen Erwartungen Bestimmte. Die „natürliche" Ordnung ist die etablierte, vertraute, durch Tradition und Herkommen gesicherte und insofern als Orientierung möglicherweise unverzichtbar gewordene Ordnung. In diesem Sinn kann im Einzelfall gerade auch das ausgeprägt „Künstliche" als normal, erfordert, unaufgebbar und in diesem Sinne „natürlich" gelten. So

vertritt etwa das katholische Lehramt gegen die Forderung von Sterbehilfeverbänden die Auffassung, die künstliche Ernährung bei irreversibel bewusstlosen Patienten müsse als „natürlich" gelten und dürfe deshalb auch bei Aussichtslosigkeit einer Wiederkehr der Bewusstseinsfähigkeit nicht abgebrochen werden. Hier wird also die Künstlichkeit und die Natürlichkeit einer Maßnahme gleichzeitig bejaht, was der Sache nach nicht widersprüchlich – und allenfalls der Formulierung nach irreführend – ist, solange man „künstlich" in einem rein deskriptiven und „natürlich" in einem rein normativen Sinn versteht.

In diesem normativen Sinn ist „natürlich" mit seinen Gegenbegriff „anormal", „abnorm", „pathologisch" usw. nicht nur ein Standardtopos konservativer Rhetorik, sondern auch eine der Hauptursachen von Hypostasierungen kultureller Konventionen zu vermeintlichen Naturtatsachen und der Objektivierung von begrifflichen Festlegungen zu vermeintlich in den Sachen selbst liegenden Wesensbestimmungen. Die durch bestimmte sprachliche Konventionen konstituierte „Natur der Sache" wird aufgefasst, als sei sie Teil einer vom Menschen unabhängigen und allen menschlichen Festsetzungen vorgegebenen Naturordnung. Ähnlich wird das „Naturrecht", das ursprünglich und im eigentlichen Sinn das nicht-positive, also nicht durch Setzung, sondern aufgrund von Vernunfteinsicht geltende Recht bedeutete, gelegentlich als „natürliches Recht" im Sinne einer „von Natur aus" bestehenden Ordnung missverstanden, so als gelte es nicht nur für den Menschen, sondern, da es aus der Natur kommt, auch für die außermenschliche Natur (so etwa bei Sitter-Liver 2002).

Auch wenn der Ausdruck „natürlich" bei dieser Verwendungsweise etwas Kulturelles und insofern „Künstliches" bezeichnet, besteht zwischen der Bedeutung von „natürlich" als Gegenbegriff zum Anormalen und der Bedeutung von „natürlich" als Gegenbegriff zum Künstlichen und Kulturellen eine enge Beziehung. Das Künstliche im Sinne des vom Menschen Gemachten ist nicht immer auch das Anormale im Sinne des Normwidrigen, aber das Anormale im Sinne des Normwidrigen ist zumindest häufig das, was sich als Ausnahme aus einer ansonsten bestehenden Regelmäßigkeit heraushebt. In der Natur werden diese Regelmäßigkeiten durch Naturgesetze beschrieben, in der Gesellschaft durch kulturelle Regeln. Das „Unnatürliche" im Sinne des Anormalen hebt sich aus der Normalität der Routinen und habitualisierten Erwartungen heraus wie das „Unnatürliche" aus dem sonstigen Gang der Natur. So ist es zwar richtig, dass eine Lungenentzündung bei vorgeschwächtem Organismus *natürlicherweise* zum Tod führt, aber nur dann, wenn „natürlicherweise" in einem rein biologischen Sinn verstanden wird. Genau so richtig ist es, dass eine Lungenentzündung bei vorgeschwächten Organismus natürlicherweise *nicht* zum Tod führt, nämlich insofern es eine ärztliche – und das heißt: mo-

2.4 „Natürlich": positive Konnotationen und ihre Hintergründe

ralisch motivierte – Routine gibt, dem natürlichen Verlauf durch die Gabe von Antibiotika Einhalt zu gebieten.

3. „Natürlich" nennen wir auch das Authentische, Unverfälschte, Echte und Spontane, und auch in dieser Bedeutung ist das Natürliche überwiegend positiv konnotiert, während die Gegenbegriffe: das Unechte, Gekünstelte, Affektierte, Manierierte, Modebewusste, übermäßig Angepasste usw. überwiegend negativ konnotiert sind – was wiederum nicht heißt, dass diese Konnotationen nicht durch entsprechende qualifizierende Zusatzäußerungen getilgt werden können. In dieser Bedeutung ist Natürlichkeit eng mit der Vorstellung von Freiheit, Ungezwungenheit und Individualismus assoziiert, insbesondere mit der Freiheit, seine Meinung zu sagen und unbekümmert um gesellschaftliche Konventionen und Erwartungen sein ureigenstes Leben zu leben – eine Assoziation, die immer dann zu Irritationen führt, wenn es für jemanden durchaus „natürlich" ist, sich diesen Erwartungen anzupassen und, ohne dass er sich verbiegen müsste, mit den Wölfen zu heulen. Rousseaus „Naturzustand", in dem der „edle Wilde" ganz auf sich gestellt, nach seiner eigenen Façon und unbelastet von gesellschaftlichen Zwängen lebt, beutet diese Bedeutung von Natürlichkeit ebenso ausgiebig aus wie die aus der nordamerikanischen Literatur bekannte Tradition des Primitivismus, die den Indianer als Menschen feiert, der die Zwänge der europäischen Zivilisation nie kennen gelernt hat und deshalb all denen ein Vorbild sein kann, die sich aus diesen Zwängen mühsam zu befreien versuchen.

In diametralem Gegensatz zu dem zweiten positiv konnotierten Natürlichkeitsbegriff hat dieser Natürlichkeitsbegriff eine ausgeprägt antikonventionalistische Stoßrichtung. Er dient nicht mehr primär der Anpassung an gegebene gesellschaftliche Normen, sondern eher zur Legitimation von Nonkonformismus. „Natürlich" fungiert nicht mehr als konservierender, sondern als „Emanzipationsbegriff" (Forschner 1986: 14). In diesem Sinn setzten bereits die antiken Sophisten in kritischer Absicht das Natürliche, das *physei* Geltende dem Nomos, dem Tradierten und bloß Gesetzten, entgegen, das Allgemeinmenschliche dem historisch kontingent Entstandenen, die „natürlichen" Bedürfnisse den kulturinduziert-künstlichen Bedürfnissen.

Auch bei dieser positiv konnotierenden Verwendung von „natürlich" ist die enge Beziehung zum Gegensatzpaar Natürlich/Künstlich im Sinne des Gewordenen und Gemachten offenkundig. Viel spricht sogar dafür, dass es hauptsächlich die assoziative Verknüpfung mit dieser Verwendung ist, aus der die Verwendung von „natürlich" im Sinne des Gewordenen ihre positive Färbung bezieht. Das Künstliche im Sinne des Gemachten ist dadurch, dass es sich menschlichen Eingriffen in die Natur verdankt, eben dadurch auch das in bestimmter Hinsicht Unfreie: Die natürlichen Abläufe werden einer fremden Macht unterworfen und zu fremden Zwecken zugerichtet, meist nachdem diese fremde Macht zunächst – und oft „gewaltsam" – in ihr innerstes Wesen eingedrungen ist. Der Mensch stört das „freie Spiel" der Natur, zwingt die Spontaneität der Natur unter die Knute der Zweckrationalität und des Leistungsdrucks, diszipliniert, verbildet sie und entfremdet sie damit ihrem Wesen (vgl. Böhme 1989: 42). Die sprachliche Assoziation ist hier der Reflex einer Sichtweise der Natur als eines dem Menschen bedingungslos ausgelieferten und vom Menschen gnadenlos ausgebeuteten Sklaven. Der „Aufstand für die Natur" (Meyer-Abich 1990) ist eine Art Sklavenaufstand.

4. Ergänzend sei noch eine weitere werthaft aufgeladene Bedeutung von „natürlich" erwähnt, aus der der Gegensatz zwischen Natürlich und Künstlich möglicherweise ebenfalls einen Teil seiner bewertenden Konnotation importiert: das „Natürliche" als das Stimmige, Organische, Harmonische, Proportionierte im Gegensatz zum Unstimmigen, Unorganischen, Dissonanten und Deformierten. Künstliche Eingriffe werden vielfach auch in einem ästhetischen Sinn als deformierend und entstellend gesehen: Das Prokrustesbett der Zivilisation hinterlässt nicht nur moralische, sondern auch ästhetische Deformationen. Das Resultat der Unterjochung der Natur durch den Menschen sind nicht nur charakterliche, sondern auch sichtbare Verbiegungen. Auch die assoziative Verbindung zwischen Natürlichkeit und Reinheit, Künstlichkeit und Verunreinigung könnte zu der positiven Konnotierung des Natürlichen im Sinn des vom Menschen unabhängig Entstandenen beitragen. Unreinheit, Gefährlichkeit und Schäden für die Gesundheit werden – wenn nicht in allen Kulturen, so doch in unserer Kultur (vgl. Douglas 1988) – eher mit den „künstlichen" Verarbeitungsschritten (etwa den Konservierungsstoffen) und der Belastung durch zivilisatorische Aktivitäten assoziiert als mit von Natur aus bestehenden Verunreinigungen und Gefahren. Nicht zufällig war „naturrein" bereits lange vor der Hochkonjunktur der Bio- und Öko-Labels ein verbreiteter Werbeslogan. Dass vielfach erst menschliche Interventionen die ursprünglich unreinen Natursubstanzen für die menschliche Nutzung erschließen, bleibt dabei unterbelichtet.

Von einem „Import" sprachlicher Konnotationen aus semantischen Verwandten der Bedeutungsfamilie „natürlich" zu sprechen, ist jedoch allenfalls die Hälfte der verlangten Erklärung. Es lässt unerklärt, woher diese verwandten Begriffe ihre positiv bewertenden Konnotationen beziehen und warum wir überhaupt dazu neigen, die Natur als überwiegend wohltätig zu sehen und ihre Fehler und Schwächen zwar nicht zu leugnen, aber durch ihre Vorzüge mehr als aufgewogen zu empfinden und sie ihr deshalb nachzusehen. Um eine grundlegendere Erklärung zu finden, müssen wir weiter ausholen, einerseits in die Geistesgeschichte, andererseits in die Psychologie.

2.4 „Natürlich": positive Konnotationen und ihre Hintergründe

Charles Taylor hat in seinem monumentalen Werk *Quellen des Selbst*, in dem er die geistesgeschichtlichen Ursprünge des menschlichen Selbstverständnisses untersucht, die positive Wertigkeit der Naturvorstellung im westlichen Denken auf dessen primäre geistige Ahnherrn zurückgeführt: „Der Standpunkt, der die Güte der Natur bejaht, ist ... so tief in unserer Zivilisation verwurzelt, wie es dem vereinigten Gewicht von Christentum und Platonismus entspricht" (Taylor 1994: 776). Beide Traditionen gehen nicht nur von einer prinzipiell positiven Wertschätzung der Natur aus, beide weisen der natürlichen Welt auch einen gewissen Eigenwert unabhängig von ihrer Funktion als Lebensgrundlage des Menschen zu. Darin unterscheiden sie sich grundlegend etwa von der Sichtweise des Buddhismus und einiger Strömungen des Hinduismus, für die die natürliche Welt ohne eigentliche metaphysische Substanzialität ist, sondern vielmehr Teil des Schleiers, der das letzte Ziel der Abfolge der Wiedergeburten verdeckt. Auch wenn im Christentum das Reich Gottes „nicht von dieser Welt" ist und im Platonismus das „Reich der Ideen" in einer Sphäre der Unwandelbarkeit thront, himmelhoch über der sinnlich erfahrbaren Natur, sind doch in beiden Denkschulen die Naturdinge und die Gesetze ihres Seins und Wirkens von der höchsten Instanz legitimiert und mit einer gegenüber dem „eigentlichen" Sein zwar eindeutig nachgeordneten, aber doch eigenständigen Bedeutung ausgestattet.

Der alttestamentarische Schöpfungsmythos lässt keinen Zweifel daran, dass die Schichten der natürlichen Welt unterhalb der Schwelle zum Menschen nicht nur im Hinblick auf den Menschen, sondern auch um ihrer selbst willen von Gott erschaffen werden. Zwar wird die Natur entsakralisiert und damit für die menschliche Nutzung freigegeben, aber die Entheiligung geht nicht mit einer Entwertung der Natur, etwa als bloße Zwischenstufe auf dem Weg zum Menschen oder als bloße menschliche Lebensgrundlage einher. Die Pflanzenwelt wird nicht nur im Hinblick auf den Menschen, sondern auch im Hinblick auf die Nahrungsbedürfnisse der Tiere erschaffen (Gen. 1, 30), und auch die Tiere werden in den Bund mit Noah aufgenommen (Gen. 6, 9). Auch das zum Ende jedes Schöpfungstags wiederholte „Und Gott sah, dass es gut war" lässt sich im Sinn einer eigenständigen Wertschätzung der vor- und außermenschlichen Natur deuten.

Dieselbe positive Wertschätzung der Natur ist für nahezu die gesamte abendländische Tradition der Metaphysik kennzeichnend, selbst da, wo die Welt nur als Abglanz des Ewigen (die allerdings oft mit einer „Teilhabe" am Ewigen einhergeht) gedeutet wurde, wie etwa in der platonischen Ideenlehre. Eine zusätzliche Aufwertung erfährt die Natur bei Platon durch den Mythos vom Demiurgen in Platons naturphilosophischem Dialog *Timaios*, der die natürliche Welt nach dem Vorbild der Ideen und mit Blick auf die Ideen gestaltet. Auch die aristotelische Tradition, die zusammen mit der platonischen das Weltbild der christlichen Welt geprägt hat, geht von einer durchweg positiven Wertung des natürlichen Geschehens aus. Historisch wirkmächtig wurde insbesondere die enge Verknüpfung, die Aristoteles zwischen der „Natur" eines Lebewesens im formalen Sinne (seinem *Wesen*) mit den Kräften vornimmt, die das Lebewesen in seiner natürlichen Entwicklung seinem Reifestadium, seiner Vollendung (ökologisch: seiner Klimax) entgegentreiben. Naturdinge haben im Gegensatz zu den Produkten menschlicher Erfindungskunst und Arbeit in der aristotelischen Tradition ein eigenes innewohnendes Prinzip der Bewegung oder des Wachstums, die „Entelechie", das unweigerlich werthaftpositiv aufgeladen ist: Jedes Lebewesen strebt nach seiner Vollendung, und diese Vollendung ist nicht für dieses Lebewesen selbst ein Gut, sondern es ist auch „an sich" gut.

Eine radikal negative Deutung der Natur als blindes Geschehen in einer gottverlassenen Welt haben erst Denker vorzutragen gewagt, die sich die Freiheit nahmen, von den überlieferten Denkweisen abzuweichen: im 18. Jahrhundert Voltaire, der in seinem Roman *Candide* den „Panglossismus", die Tendenz, in allem Natürlichen einen Sinn zu finden, mit beispiellosem Zynismus der Lächerlichkeit preisgab, im 19. Jahrhundert Schopenhauer, der sich ostasiatischem Denken näher fühlte als der abendländischen Tradition und in der Natur die Objektivierung eines teuflischen Prinzips, des „Willens", sah, das die Leiden der von ihm hervorgebrachten fühlenden Kreaturen sinnlos perpetuiert. Noch schwärzer als beide hat John Stuart Mill in seinem Essay *Natur* die Schrecken der wilden, vom Menschen noch nicht domestizierten Natur gemalt. Anders als Schopenhauer – und ähnlich wie Voltaire – sah Mill die Rettung aus der Naturverfallenheit für den Menschen allerdings nicht im philosophischen Rückzug, sondern in einer verstärkten Förderung von Bildung, Wissenschaft, Technik und Medizin.

Für den gegenwärtigen Zusammenhang ist interessant, dass Mill Psychologe genug war, um zu wissen, dass seine tiefschwarz eingefärbte Sicht der Natur nur von wenigen geteilt werden würde. In einem Nebensatz seines Essays, der der Aufmerksamkeit des Lesers leicht entgeht, lässt er durchblicken, dass er sich der verbreiteten Neigung durchaus bewusst ist, die Natur für letztlich und trotz allem gerecht und wohltätig zu halten und aktiven Eingriffen in das Naturgeschehen mit größerem Misstrauen zu begegnen als einem Waltenlassen natürlicher Kräfte:

> Niemand, sei er religiös oder areligiös, glaubt, dass die verderblichen Kräfte der Natur, als Ganzes betrachtet, in irgendeiner anderen Weise guten Zwecken dienen, als indem sie vernünftige menschliche Geschöpfe dazu anreizen, sich dagegen zu wehren. Glaubten wir, dass jene Kräfte von einer gütigen Vorsehung als

2.4 „Natürlich": positive Konnotationen und ihre Hintergründe 37

ein Mittel zu weisen Zwecken ausersehen wären, die ohne jene Mittel nicht erreicht werden könnten, müßte alles, was die Menschheit tut, um diese Naturkräfte zu bändigen, bzw. ihre schädlichen Wirkungen in Grenzen zu halten – vom Austrocknen eines pestilenzialische Dünste verbreitenden Sumpfes bis zum Kurieren des Zahnwehs oder dem Aufspannen eines Regenschirms –, als gottlos gelten, wofür es doch sicherlich niemand hält, *auch wenn eine dahin neigende Empfindung gelegentlich unterschwellig spürbar wird* (Mill 1984: 33 f., Hervorhebung D. B.).

Dass diese von Mill ins Unbewusste verbannte Sicht der Natur wenig realistisch ist, kann nicht ernsthaft bezweifelt werden. Nur wenige Jahre nach der Gründung des Verbands der Naturfreunde mit der durch den Volksschullehrer Georg Schmiedl ausgegebenen Losung: „Liebe zur Natur, Bewunderung ihrer Schöpfungen, Andacht vor ihren Denkmalen und Ehrfurcht vor ihrem geheimnisvollen Walten" (Grober 2005: 76), forderte dieselbe Natur mit der *Spanischen Grippe* von 1918 mit über 20 Millionen Todesfällen mehr Todesopfer als der gesamte Erste Weltkrieg. Erklären lässt sich die Idealisierung der vom Menschen unbeeinflussten Natur nur psychologisch, etwa mithilfe der Theorie der kognitiven Dissonanz (vgl. Festinger 1957) bzw. mit der daraus abgeleiteten Theorie der „just world hypothesis" (Lerner 1980). Unsere fundamentalen Sichtweisen sind evolutionär in Zeiten entstanden, in denen die meisten natürlichen Übel nicht nur als unabänderlich galten, sondern auch tatsächlich für menschliche Eingriffe unerreichbar waren. Eine positive Bewertung des Natürlichen bzw. eine Weltsicht, die davon ausgeht, dass es in der Welt im Großen und Ganzen gerecht zugeht, war deshalb im Sinne der Minderung von kognitiver Dissonanz funktional. Da man den Lauf der Dinge ohnehin nicht ändern konnte (und auch heute vielfach nicht ändern kann), war und ist es für das seelische Gleichgewicht günstiger, auch das scheinbar Unwillkommene aufzuwerten, als mit einem unaufgelösten Konflikt zwischen eigenen Wünschen und naturgegebenem Schicksal leben zu müssen. Das Naturgegebene in seiner Ambivalenz zu akzeptieren und sich selbst dann noch, wenn es absurd, ungerecht oder in anderer Weise unerträglich scheint, mit ihm im Bild einer „wohltätigen Natur" auszusöhnen, dürfte eine lebensdienlichere psychische Strategie sein als eine Haltung ohnmächtigen Protests.

Eine andere, weniger alternative als vielmehr komplementäre psychologische Erklärung für die positive Wertung des Natürlichen, die, soweit ich weiß, in der Psychologie bisher noch nicht diskutiert worden ist, folgt einem anderen Modell: dem Modell einer Übertragung der „natürlichen" Wertschätzung unserer Eltern und Vorfahren auf die Vorgeschichte der Menschheit. Der Mensch ist aus der vormenschlichen Natur hervorgegangen, so wie jedes menschliche Individuum aus der Mischung der Genome seiner Eltern hervorgeht. Der Prozess, dem die Menschheit ihre Existenz verdankt, ist Jahrmilliarden lang ohne sie abgelaufen und setzt sich gegenwärtig in demjenigen Teil des Kosmos, der außerhalb des Wirkungskreises des Menschen liegt, weiterhin ohne den Menschen fort. Auch wenn sich der Mensch energisch und nachhaltig in den Ablauf dieses Prozesses eingemischt hat, ist er weiterhin, wie es der englische Biologe und Systemtheoretiker Eric Ashby formuliert hat, „embedded in the process" (Ashby 1980: 29). Er ist Teil eines Prozesses, der ohne den Menschen begonnen hat und dessen späte Hervorbringung er ist. Und von der Erkenntnis, dass wir uns der Natur als gemeinsamer „Urmutter" verdanken, ist es kein weiter Weg zu einem Gefühl basaler Loyalität.

2.5 Die Struktur von Natürlichkeitsargumenten

Natürlichkeitsargumente kommen in sehr verschiedenen Bereichen der ethischen Diskussion ins Spiel und unterscheiden sich in ihren Funktionsweisen signifikant (vgl. Rolston 1997).

Natürlichkeit kann einmal als *Norm* verstanden werden, also in einem deontischen Sinn, ein andermal als intrinsischer oder eigenständiger *Wert*, also in einem axiologischen Sinn. Als Normaussagen fungieren Natürlichkeitsargumente als Handlungsprinzipien, die ein bestimmtes menschliches Verhalten vorschreiben oder empfehlen. Als Wertaussagen postulieren sie bestimmte Weltzustände als wertvoll, erhaltungswürdig oder erstrebenswert. Normaussagen und Wertaussagen unterscheiden sich in der Direktheit oder Indirektheit der Verhaltensregulierung. Werden Natürlichkeitsargumente als *Norm* verstanden, richten sie sich unmittelbar an das menschliche Handeln und bestimmen, welche Richtung dieses Handeln einschlagen soll. Sie implizieren unmittelbar Sollensurteile. Werden Natürlichkeitsargumente als axiologische Argumente verstanden, richten sie sich unmittelbar nur an das Wertbewusstsein und die Wertüberzeugungen des Adressaten und nur indirekt an den Adressaten als Akteur. Natürlichkeitsargumente in diesem Sinn postulieren zunächst nicht mehr als die Werthaftigkeit von Natürlichkeit, gleichgültig, ob der jeweilige Adressat die Verwirklichung dieses Werts durch sein Verhalten beeinflussen kann oder ob diese überhaupt durch menschliches Verhalten beeinflusst werden kann. Als Wertaussagen haben Natürlichkeitsargumente auch dann einen guten Sinn, wenn es um Wertqualitäten geht, die für menschliches Handeln in keiner Weise erreichbar sind, etwa kosmische Werte wie die Geordnetheit der Planetenbahnen oder die Symmetrien im Aufbau des Universums. Aber auch dann, wenn Natürlichkeit als Wert für das Handeln relevant wird, postulieren Argumente, die Natürlichkeit als Wert postulieren, zunächst nicht mehr als die Be-

2.5 Die Struktur von Natürlichkeitsargumenten

rücksichtigungswürdigkeit von Natürlichkeit im Handeln. Sie lassen offen, in welcher Weise und mit welcher Dringlichkeit dieser Wert im Handeln erhalten, geschützt oder verwirklicht werden soll. Wertpostulate allein begründen noch keine Sollensforderungen. Um Sollensforderungen zu begründen, die ein bestimmtes Verhalten gebieten oder verbieten bzw. anraten oder davon abraten, bedarf es weiterer Prämissen – die allerdings in der Praxis vielfach als mehr oder weniger selbstverständlich vorausgesetzt werden. So wird etwa derjenige, der die Natürlichkeit der menschlichen Fortpflanzung als Wert postuliert, zumeist so verstanden, dass er damit auch fordert – oder zumindest empfiehlt –, bestimmte künstliche Eingriffe in die menschliche Fortpflanzung zu unterlassen. Je nach Kontext wird er möglicherweise auch so verstanden, dass er vom Adressaten dieser Forderung nicht nur fordert, diese künstlichen Eingriffe bei sich selbst zu unterlassen, sondern auch dafür Sorge zu tragen, dass *andere* diese Eingriffe unterlassen, etwa durch die Unterstützung entsprechender für alle geltender Verbote.

Im Folgenden wird eine weitere Unterscheidung wichtig werden: die zwischen axiologischen Natürlichkeitsargumenten, die Natürlichkeit im *genetischen* Sinn und solchen, die Natürlichkeit im *qualitativen* Sinn als Wert postulieren. Diese Arten von Natürlichkeitsargumenten unterscheiden sich zuallererst in der Möglichkeit, den jeweiligen Wert zu verwirklichen.

Natürlichkeit im genetischen Sinn kann nicht aktiv geschaffen werden, sondern lediglich erhalten werden, nämlich durch einen Verzicht auf aktive Eingriffe. Die aus der Anerkennung dieses Werts – sowie weiterer Prämissen – abgeleiteten Pflichten werden primär negative Pflichten, also Unterlassenspflichten sein: Das natürlich Entstandene oder Gewachsene soll nicht zerstört, manipuliert, gestört oder in Unordnung gebracht werden. Deshalb begründet die Anerkennung von Natürlichkeit im genetischen Sinn Normen der Unantastbarkeit und Unverfügbarkeit. Sie zu respektieren bedeutet, das natürliche Gewordensein als Grenze menschlicher Verfügung zu respektieren. Natürlichkeit fungiert als zu achtende Grenze der Gestaltung und Umgestaltung. Nur sekundär lassen sich aus der Anerkennung von Natürlichkeit im genetischen Sinn als intrinsischem Wert auch positive Pflichten ableiten, etwa die Pflicht, andere daran zu hindern, gegen die betreffenden Schutzpflichten zu verstoßen.

Natürlichkeit im qualitativen Sinn als Wert zu postulieren, lässt dem handelnden Eingreifen dagegen sehr viel mehr Spielraum. Die Anerkennung eines Werts der Natürlichkeit in diesem Sinn bedeutet nicht nur, Natürliches, wo immer es anzutreffen ist, zu schützen, sondern auch, Natürliches, wo es verloren gegangen ist, wiederherzustellen bzw. neu zu schaffen. Der Grund dafür liegt in der Tatsache, dass die Frage, ob eine Sache in diesem Sinne natürlich ist, gänzlich unabhängig von ihrer Genese bestimmt ist und es lediglich auf ihre qualitative Übereinstimmung oder Ähnlichkeit mit dem im genetischen Sinn Natürlichen ankommt. Für eine Natürlichkeitsaxiologie, die ausschließlich Natürlichkeit im qualitativen Sinn als Wert postuliert, kann insofern nicht von zentraler Bedeutung sein, was für eine Natürlichkeitsaxiologie, die ausschließlich Natürlichkeit im genetischen Sinn als Wert postuliert, von Bedeutung ist, nämlich Echtheit, Authentizität und Identität der jeweiligen Gegebenheiten und die Ungestörtheit ihres Entstehungsprozesses. Im Rahmen einer rein qualitativen Natürlichkeitsaxiologie können Verfälschungen, Manipulationen und andere technische Eingriffe keine Werteinbuße bedeuten, solange die Resultate von dem im genetischen Sinn Natürlichen ununterscheidbar sind. Solange sich das „Echte" vom „Unechten" ausschließlich seiner Entstehung nach unterscheidet, ist ein „faking nature", eine „Verfälschung" der Natur uneingeschränkt unbedenklich.

Selbstverständlich muss eine Norm der Natürlichkeit im genetischen Sinn nicht so rigoros formuliert sein, dass sie sämtliche Arten von Eingriffen verbietet. Natürlichkeit ist vielfältig abstufbar, und entsprechend differenziert können die Normen sein, die erlaubte von unerlaubten Eingriffen abgrenzen. Als „widernatürlich" und insofern inakzeptabel gelten dann nur ganz bestimmte menschliche Manipulationen, im Bereich der Tierzucht etwa „Qualzüchtungen", aber nicht andere Formen der Züchtung, im Bereich der Reproduktionsmedizin gezielte Veränderungen an der Keimbahn, aber nicht die Ersetzung der natürlichen Fortpflanzung durch die Befruchtung *in vitro*. Als unbedenklich gelten für viele Vertreter von Natürlichkeitsargumenten in diesem Sinne insbesondere Eingriffe, mit denen der Mensch lediglich den *Anstoß* zu Entwicklungen gibt, die dann spontan und ohne weitere Eingriffe und Kontrollen weiterlaufen, etwa durch das Anpflanzen eines Waldes, das Aussetzen einiger weniger Exemplare einer Tierart oder die Einpflanzung eines Embryos in den Uterus, nachdem man ihn aufgrund einer Präimplantationsanalyse zur Austragung bestimmt hat. Jedes Mal wirkt der menschliche Eingriff lediglich als Auslöser, der eine autonome und im Einzelnen nicht vorhersagbare Entwicklung in Gang setzt, ohne ihren weiteren Verlauf im Einzelnen zu beeinflussen oder sich für weitere Eingriffe in Bereitschaft zu halten. Die Kontingenz der Natur, ihre Unberechenbarkeit und ihr Überraschungsmoment bleiben gewahrt. Lediglich der Spielraum der natürlichen Variationsmöglichkeiten wird durch die künstlich gesetzten Anfangsbedingungen begrenzt.

2.6 Die Aufgabenstellung der folgenden Kapitel

Damit ist die Aufgabenstellung der folgenden Kapitel angedeutet. Die leitende Frage der folgenden Diskussion ist eine *ethische*: Wie weit und in welchen Anwendungsbereichen sind welche Arten von Natürlichkeitsargumenten plausibel? Wie weit können Natürlichkeitsnormen, wie weit können Natürlichkeitswerte, sei es als prozessorientierte oder als ergebnisorientierte Werte, für das Handeln Verbindlichkeit beanspruchen? Dabei ist im Vorfeld die Frage zu klären, wie weit Argumente, die sich auf „Natürlichkeit" berufen, überhaupt als Natürlichkeitsargumente im eigentlichen Sinn zu verstehen sind, d.h. wie weit sie Natürlichkeit als intrinsischen Wert oder eigenständige Norm postulieren und wie weit sie lediglich Stellvertreterfunktionen für anders geartete Argumente übernehmen, die in der Debatte u.a. nur deshalb nicht ausdrücklich benannt werden, weil ihre Vertreter sich für sie weniger Akzeptanz ausrechnen. In der gegenwärtigen Debatte um die neuen Reproduktionstechnologien etwa drängt sich immer wieder der Eindruck auf, dass der Hinweis auf die „Unnatürlichkeit" bestimmter technischer Eingriffsmöglichkeiten wesentlich auch Ausdruck des Bedürfnisses ist, gegen den vielfach als zu rasch empfundenen Wandel der Lebensformen und der Machbarkeiten bestimmte Bereiche der Unverfügbarkeit festzuhalten und gegen weitere Eingriffe zu immunisieren – nicht weil diese technischen Eingriffe für sich genommen als unvertretbar bewertet werden, sondern weil es als problematisch gesehen wird, fundamentale und gefestigte Orientierungen ohne Not in Frage zu stellen. Für eine solche Immunisierung bietet sich die Polarisierung von „natürlich" und „unnatürlich" förmlich an. Denn eine Tabuierungsfunktion hat der Ausdruck „unnatürlich" traditionell immer schon übernommen.

3. Natürlichkeit als Norm

3.1 Natur als Grundlage moralischer Normen?

Die Natur ist aus mehreren Gründen als Berufungsinstanz zur Rechtfertigung moralischer und anderer sozialer Normen in besonderer Weise attraktiv. Erstens erfüllt sie in eminenter Weise die Bedingungen, die eine universalistische Ethik – das dominante Ethikmodell der abendländischen Philosophie – an begründete moralische Normen stellt: Die Natur ist von *universal* und ausnahmslos geltenden Gesetzen beherrscht, sie ist – anders als die Menschenwelt – in ihren Verlaufsformen *unwandelbar*, ihre Teilelemente – Ereignisse, Prozesse, Gesetzmäßigkeiten – sind *objektiv* und unabhängig von bestimmten kulturell geprägten Perspektiven und Deutungen, und sie ist – anders als die Menschenwelt – in einer grundlegenden Weise *egalitär*, indem sie für alle im Prinzip in gleicher Weise kognitiv zugänglich ist und niemanden von ihrer Kenntnis und Erforschung ausschließt.

Kraft der *Universalität* ihrer Gesetze bietet sich die Natur als idealer Nachfolger für verloren gegangene religiöse und andere kulturelle Gemeinsamkeiten an. In Zeiten, in denen religiöse und andere kulturelle Instanzen ihre Autorität weitgehend eingebüßt haben und nicht mehr davon ausgegangen werden kann, dass sich die Mitglieder einer Moralgemeinschaft durch den Appell an tradierte Autoritäten erreichen lassen, müssen Natürlichkeitsnormen als funktionaler Ersatz hochwillkommen sein. Tatsächlich haben sie diese Rolle im Späthellenismus, vor allem im Epikureismus und Stoizismus, ebenso gespielt wie in der Philosophie der Aufklärung und in Teilen der Philosophie des 19. Jahrhunderts. Das „Gesetzbuch der Natur" sollte – implizit im Stoizismus, explizit in d'Holbachs *System der Natur* (d'Holbach 1978: 600ff.) – Orientierungsfunktionen übernehmen, die bis dahin lokale Götter, der Dekalog oder die christliche Ethik übernommen hatten. Insbesondere in säkularen und hochgradig pluralisierten Kulturen sollten Natur und Natürlichkeit die vormals durch geteilte religiöse Orientierungen verbürgten Integrationsfunktionen übernehmen. Während die christliche Ethik universale Geltung lediglich beanspruchte, faktisch aber weitgehend nur von Christen akzeptiert wurde, versprach eine Orientierung an den Naturgesetzen und an der „Natur des Menschen" wahrhaftige Universalität. Darüber hinaus ist die Natur in ihren Gesetzmäßigkeiten *unveränderlich* und deshalb in höchstem Maße verlässlich. Kulturen, Religionen und Staaten entstehen und ver-

3.1 Natur als Grundlage moralischer Normen?

gehen, mit ihnen Normen, Regeln und Gesetze; nur die Gesetze der Natur haben Bestand. Dank ihrer *Objektivität* begründet die Natur Hoffnungen auf ein über jeden Zweifel erhabenes und schlechthin vorgegebenes Fundament moralischer Normen, das gegen Willkür, Suggestion und Manipulation stärker gefeit ist als interpretationsbedürftige überkommene Morallehren. Mit einer Verankerung in der Natur scheint der Moral ein *fundamentum in re*, eine genuin sachliche Fundierung zuzuwachsen, die sie von allen kontingenten Wertungen unabhängig macht. Die Natur bietet, wie es der Stoiker Chrysipp ausdrückte, der Moral „unverrückbare Anhaltspunkte" (Diogenes Laertius 1967: II, 49). Nicht zufällig sind deshalb die fundamentalsten Wertungen vieler Verfassungen in einer scheinbar naturalistischen Sprache ausgedrückt: „Tous (sont) nés égaux et libres" (Rousseau), „All men are created equal" (amerikanische Unabhängigkeitserklärung), „Die Würde des Menschen ist unantastbar" (Grundgesetz, Art. 1). Sie sind so formuliert, dass sie diesen fundamentalen Wertungen den Anschein der deskriptiven Unbezweifelbarkeit geben, auch wenn sie sich, sobald man sie ernstlich als deskriptive Aussagen versteht, als entweder falsch oder unsinnig erweisen. Schließlich bedürfen wir einer *Norm* der moralischen und der Rechtsgleichheit nur deshalb, weil Menschen faktisch nicht gleich, sondern ungleich geboren sind. Und auch Würde ist kein Merkmal, das einem Menschen „von Natur aus" anhaftet, sondern etwas Zugesprochenes – zugesprochen durch dieselbe Grundgesetznorm, die den Anschein der bloßen Konstatierung einer Naturtatsache erweckt. Wäre Würde etwas Natürliches, bedürfte es keiner Würdenorm. Sie wäre eine anthropologische Selbstverständlichkeit wie der Besitz von Augen und Ohren.

Schließlich hat die Fundierung von Normen in Natur und Natürlichkeit den weiteren Vorteil, dass sie Moral und Recht für die „demokratische", auf Intersubjektivität und Überperspektivität angelegte Methodik der Naturwissenschaften öffnet. Die Moral ist kein Herrschaftswissen mehr, sondern im Prinzip für jeden gleichermaßen zugänglich. Die Entscheidung über die Richtigkeit von Normen wird den Priestern und Philosophen aus der Hand genommen. Damit erfüllt der ethische Naturalismus nicht nur das für viele Moralsysteme konstitutive ethische Prinzip der fundamentalen *Gleichheit* aller Menschen, sondern auch den für jede universalistische Moral charakteristischen Anspruch auf *Allgemeingültigkeit*. Ist erst einmal die Frage nach der „richtigen" Moral umformuliert in die Frage nach der „natürlichen" Moral, ist sie eine Sache der Wissenschaft. Ihre Beantwortung wird einer Methodik zugänglich, die – anders als Offenbarung und Autorität – von allen gleichermaßen akzeptiert werden kann und jedem, der sich die erforderlichen

Fertigkeiten aneignet, eine Chance zu Mitwirkung und Mitsprache eröffnet.

Attraktiv muss eine Einsetzung der (außermenschlichen) Natur als Normgebungsinstanz auch insofern sein, als sie in Zeiten fehlenden religiösen und metaphysischen Konsenses die Aussicht eröffnet, als eine Art „Gottersatz" zu fungieren. Die Natur kann nicht nur als „Mutter Natur", aus deren Schoß der Mensch geschlüpft ist, als funktionales Äquivalent zur Schöpfer- und Vaterfigur, als die Gott in den monotheistischen Religionen gedacht wird, dienen, ihr kommen auch eine Reihe weiterer traditionell mit dem Gottesbegriff verknüpfte Prädikate zu: in *ontologischer* Hinsicht die „Ewigkeit" ihrer Gesetze, die „Unendlichkeit" ihrer die menschliche Existenz um unermessliche Größenordnungen übersteigenden Ausdehnung in Raum und Zeit, und die Tatsache, dass sich alle Kraft und alle energetischen Ressourcen, von denen die Vorgänge im Mikrokosmos der Menschenwelt zehren, der Natur verdanken. Selbst unser Innerstes – Wille, Selbstbewusstsein, Gedanken – ist angewiesen auf die Nutzung eines Teils der bereits seit unvordenklichen Zeiten im Kosmos vorhandenen Energie. In *epistemischer* Hinsicht gleicht die Natur Gott darin, dass sie in ihren Tiefenstrukturen so „chiffrenhaft" und „unergründlich" ist, dass sie lediglich Mutmaßungen und kein sicheres Wissen zulässt und die Naturwissenschaften zu einem prinzipiell unabschließbaren, niemals ans Ende gelangenden Unternehmen macht. In *emotionaler* Hinsicht eignet sie sich wie Gott als Gegenstand und Zielpunkt einer Vielfalt von Quasi-Beziehungen unterschiedlichster affektiver Qualität: in ihren erhabenen und grandiosen Momenten als Gegenstand von Ehrfurcht und Bewunderung, in ihren freundlichen Momenten als Gegenstand von Liebe und Partnerschaft, in ihrer Verlässlichkeit als Gegenstand von Treue und Anhänglichkeit und in ihren erotisch-sinnlichen Momenten als Gegenstand von Nähe und Intimität. Anders als Gott, der sich in seiner Transzendenz allen Verifikationen und Falsifikationen entzieht, liegt die Natur jedoch zumindest ausschnitthaft offen zutage. Bei allen Geheimnissen, die sie birgt, ist sie anschaulicher, greifbarer, offenbarer und unangefochten in ihrer Realität. Anders als die Zweifler an der Existenz Gottes haben es die Zweifler an der Existenz der Natur stets schwer gehabt, ernst genommen zu werden.

3.2 Trifft der Einwand des „naturalistischen Fehlschlusses"?

Dennoch ist der ethische Naturalismus – der Versuch, moralische Werte und Normen mit Bezug auf die Natur zu begründen – einem heftigen Störfeuer ausgesetzt. Verbreitet ist die Annahme, eine Be-

3.2 Trifft der Einwand des „naturalistischen Fehlschlusses"?

gründung moralischer Werte und Normen mit Bezug auf Natur und Natürlichkeit sei bereits deshalb ausgeschlossen, wie sie zwangsläufig einem „naturalistischen Fehlschluss" erliege oder zumindest dem Einwand des „naturalistischen Fehlschlusses" in besonderer Weise ausgesetzt sei – in höherem Maße jedenfalls als alternative, nicht-naturalistische Begründungsansätze. Diese Annahme beruht jedoch auf einem mehrfachen Missverständnis.

Erstens ist eine naturalistische Begründung moralischer Normen dem Argument des „naturalistischen Fehlschlusses" nicht mehr und nicht weniger ausgesetzt als andere Moralbegründungen, die ihre axiologischen oder normativen Postulate mit Bezug auf bestimmte deskriptive Aussagen rechtfertigen. Das von G. E. Moore 1903 entwickelte Argument des „naturalistischen Fehlschlusses" (Moore 1996: 79ff.) besagt nicht mehr, als dass Wert- und Sollensaussagen aus rein deskriptiven Prämissen nicht schlüssig ableitbar sind. Diese vorausgesetzten deskriptiven Aussagen müssen sich aber nicht notwendig auf die außermenschliche Natur beziehen. Sie können sich auch auf kulturelle Tatsachen, psychologische Gesetze, positive Rechtsnormen oder göttliche Offenbarungen beziehen. Das Argument besagt nicht, dass eine Ableitung moralischer Normen aus *Naturtatsachen* fehlerhaft ist, sondern dass eine Ableitung moralischer Normen aus beliebigen rein deskriptiven Aussagen fehlerhaft ist, gleichgültig ob es sich um Aussagen über Natürliches oder Übernatürliches handelt und gleichgültig, ob es sich um Tatsachenbehauptungen oder um bloße Hypothesen handelt.

Zweitens trifft das Argument des „naturalistischen Fehlschlusses" auf naturalistische Normenbegründungen nur dann zu, wenn diese den Anspruch erheben, rein deduktiv, also aufgrund rein logisch-semantischer Beziehungen gültig zu sein. Aber nur wenige ethische Naturalisten sind so leichtsinnig, sich auf einen derart starken Geltungsanspruch einzulassen. Zwar ist es einsichtig, dass ein Argument, das rein logisch-semantisch gültig zu sein beansprucht und lediglich Aussagen über natürliche Sachverhalte als Voraussetzungen annimmt, fehlerhaft sein muss, wenn es wie immer geartete axiologische oder normative Konklusionen zum Ergebnis hat. Aber in der Regel sind ethische Argumentationen weder in diesem starken Sinne rein logisch-semantische Argumentationen noch erheben sie den Anspruch, als solche zu gelten. In der Regel sind ethische Argumentationen lediglich Plausibilitätsargumentationen, die nicht mit deduktiven, sondern mit schwächeren Prinzipien argumentieren. Dies ist sinnvoll, solange die nicht-deduktiven Schlussprinzipien, auf die sie zurückgreifen, ihrem Inhalt und ihrer Reichweite nach allgemeiner sind und unproblematischer akzeptiert werden als die Prinzipien, für die jeweils argumentiert wird. So schließt ein Arzt aus dem Vorliegen bestimmter Symptome bzw. der Diagnose einer bestimmten Krankheit auf bestimmte therapeutische Maßnahmen, die „indiziert" sind und deshalb ausgeführt werden müssen oder sollen. Aber selbstverständlich ist ein derartiger Schluss nicht deduktiv gültig, sondern bedient sich eines seinerseits normativ gehaltvollen Schlussprinzips, nach dem bei Vorliegen bestimmter Symptome bestimmte Maßnahmen „medizinisch notwendig" sind. Entsprechend schließt ein Sicherheitsingenieur bei Vorliegen bestimmter Risiken, dass bestimmte Sicherheitsvorkehrungen getroffen werden „müssen", wobei diese Konklusion wiederum nicht deduktiv aus den entsprechenden Tatsachen folgt, sondern lediglich dann, wenn zusätzlich bestimmte allgemeine Normen über die Erforderlichkeit von Sicherheitsvorkehrungen bei Vorliegen bestimmter Risiken in die Schlussfolgerung eingehen.

Das heißt, dass ein ethischer Naturalismus, der Natürlichkeit als Wert oder Norm postuliert, solange nicht unter das Verdikt des naturalistischen Fehlschlusses fällt, als er lediglich einen Anspruch auf Plausibilität erhebt. Nur dann würde er sich diesem Verdikt aussetzen, wenn er beanspruchte, Aussagen über den (intrinsischen) Wert einer Entität oder Aussagen über die moralische Richtigkeit eines Verhaltens aus Aussagen über deren Natürlichkeit oder deren wie immer geartete „Übereinstimmung mit der Natur" deduktiv ableiten zu können. Diesen Anspruch erhebt er aber in der Regel nicht. Für den ethischen Naturalisten ist der Naturalismus in der Regel keine logisch-semantische, sondern eine axiologische bzw. normative Position, der zufolge die Tatsache, dass ein Wesen oder ein Vorgang „natürlich" ist, zu seinem Wert bzw. zu seiner Erhaltungswürdigkeit beiträgt – nicht aus Gründen der Logik oder Semantik, sondern aufgrund einer normativen Setzung. Hinsichtlich der Ableitbarkeit eines Sollens bzw. eines Gut-Seins aus dem Sein befindet er sich damit in keiner anderen Lage als Moore, der Erfinder des Arguments des „naturalistischen Fehlschlusses" selbst, der in seiner Werttheorie Wertprädikate als *supervenient* in Bezug auf deskriptive Prädikate auffasste, d.h. als einseitig abhängig von bestimmten deskriptiven Prädikaten. Wie für Moore das axiologische Prädikat „gut" supervenient war in Bezug auf bestimmte deskriptive Prädikate, etwa das Prädikat „ein organisches Ganzes sein" (vgl. Moore 1903: 65ff.), ist für den ethischen Naturalisten das Prädikat „gut" supervenient auf das deskriptive Prädikat „natürlich" (in einer seiner verschiedenen Bedeutungen). Bei allen Verschiedenheiten ihrer axiologischen Konzeptionen sitzen Moore und der Naturalist in metaethischer Hinsicht „in demselben Boot". Unter metaethischen Gesichtspunkten haben sie sich wechselseitig nichts vorzuwerfen.

Ob es unter den Ethikern, die dem ethischen Naturalismus nahe stehen, einen Vertreter gegeben hat, der sich einen „naturalistischen

3.2 Trifft der Einwand des „naturalistischen Fehlschlusses"?

Fehlschluss" hat zuschulden kommen lassen, ist fraglich. Einem von Moore in dieser Beziehung kritisierten Naturalisten, Herbert Spencer, lässt sich ein naturalistischer Fehlschluss wohl kaum in die Schuhe schieben. Spencers nebulöse Schreibweise, die dazu geführt hat, dass er als Stichwortgeber einerseits für philanthropische Positionen, andererseits für den Sozialdarwinismus vereinnahmt werden konnte, steht auch einer klaren Zuordnung seiner Thesen und einer schlüssigen Diagnose seiner Argumentation im Weg (vgl. Richards 1987: 308). Unter den Interpreten besteht jedoch Einigkeit, dass Spencer kein geeigneter Kandidat für den „naturalistischen Fehlschluss" ist und dass seine Aussagen darüber, dass das im Sinne der Evolutionstheorie „höher Evoluierte" auch das „Bessere" ist, konsistent interpretiert werden können, ohne ihm zu unterstellen, die Ausdrücke „evolutiv höher" und „wertmäßig höher" als logisch äquivalent verwendet zu haben (vgl. Birnbacher 1991b: 66; Engels 1993: 272).

Dass der ethische Naturalismus dennoch so hartnäckig mit dem Knock-down-Argument des „naturalistischen Fehlschlusses" konfrontiert wird, erklärt sich u. a. daraus, dass von dieser ethischen Konzeption eine besondere Verführungswirkung ausgeht, die in den Augen der Gegner besonders massive Gegenmaßnahmen erfordert. Diese Verführungswirkung liegt in den oben genannten besonderen Attraktoren des ethischen Naturalismus und insbesondere in seiner scheinbaren Wissenschaftlichkeit. Historisch wirksame Ausprägungen des ethischen Naturalismus wie der Sozialdarwinismus oder der der Eugenikbewegung zugrunde liegende Biologismus bezogen daraus, dass sie sich an einem erfolgreichen wissenschaftlichen Erklärungsmodell wie dem darwinistischen der natürlichen Zuchtwahl orientierten, eine Suggestivität, die alternativen Ethikansätzen nicht zur Verfügung stand. Indem sie die wissenschaftlichen Grundlagen dieser Varianten des ethischen Naturalismus in den Vordergrund stellten, und die Wertvoraussetzungen, die in diese Konzeptionen zusätzlich eingingen – und von denen ihre Überzeugungskraft in gleicher Weise abhing –, herunterspielten, wurde ihnen der Anspruch einer „wissenschaftlichen Ethik" allzu leicht geglaubt und das Problematische der Wertprämissen verdrängt.

Hinzu kommt, dass die Illusion einer „wissenschaftlichen Ethik" von einigen ethischen Naturalisten ganz bewusst erzeugt bzw. aufrechterhalten wurde. So beutete insbesondere die Eugenik den Objektivitäts- und Wissenschaftsanspruch der Evolutionstheorie zu ihren Gunsten aus und gab sich vielfach als reine Wissenschaft aus, obwohl die von ihr empfohlenen Strategien wesentlich von kulturgeprägten Wertvorstellungen abhingen. Bereits der Begründer der Eugenik, Francis Galton, hatte 1883 die Eugenik definiert als die „Wissenschaft" von den Faktoren, die die Qualität des Genoms verbessern können, und Alexander Tille gab seinem einflussreichen Buch *Von Darwin bis Nietzsche* von 1895 den Untertitel *Ethik auf dem Boden der Entwicklungslehre* (vgl. Weingart u. a. 1988: 142). Bei diesem Autor ist im Übrigen gut beobachtbar, wie sich die Begriffsinhalte von „Tüchtigkeit" und „Untüchtigkeit", „Gesundheit" und „Krankheit" nach und nach von den deskriptiven Bedeutungen, wie sie von der Evolutionstheorie definiert werden, ablösen, zunehmend mit normativen Gehalt anreichern und schließlich als Bausteine einer Nietzsche'schen Geniemoral fungieren. Während die Darwinsche Evolutionstheorie *fitness* im Wesentlichen durch den Fortpflanzungserfolg bestimmt sieht, führt Tille gerade Klage darüber, dass aufgrund des liberalen Egalitarismus und Sozialdemokratismus in der modernen Gesellschaft auch die Kranken und Schwachen, die Anfälligen und Untüchtigen eine Chance zur Fortpflanzung haben. Das Ziel der evolutionären Moral sei nicht eine möglichst fortpflanzungsstarke Menschheit, sondern eine „Höherentwicklung" im Sinne vitalistisch-elitärer Ideale: „An die Stelle des Wohles aller Menschen, die heute auf der Erde wohnen, muss hier [in der Entwicklungslehre] eine glänzende Zukunft der am höchsten entwickelten Rasse treten" (Tille 1993: 59). Das „sittliche Ideal" sei identisch mit dem „Ziel der Entwicklung", nämlich der „Hebung und Herrlichergestaltung der menschlichen Rasse" (Tille 1993: 65). Das evolutionär Höhere soll gleichzeitig das moralisch Höhere sein, das in der Evolution Erfolgreichere auch das im moralischen Sinn Überlegene. Aber diese Umdeutung ist paradox. Denn was ist das in der Evolution Erfolgreichere? Nach der darwinschen Evolutionstheorie das Fortpflanzungsfähigere, also gerade nicht die „höheren" Lebewesen wie die vom Aussterben bedrohten Menschenaffen und der sich selbst und sein Überleben durch Vernichtungskriege, ungebremstes Bevölkerungswachstum und Übernutzung von Ressourcen gefährdende Mensch. Eher schon die überaus anpassungsfähigen und allen medizinischen Vernichtungsfeldzügen widerstehenden Schnupfen-, Grippe- und AIDS-Viren (vgl. Ruse 1993, 158). Zwar ist die naturalistische Ethik keineswegs die einzige, die sich einen „wissenschaftlichen" Anspruch angemaßt hat – eine ähnliche Scheinobjektivität kennzeichnete den „wissenschaftlichen Sozialismus", der sich dabei auf eine bestimmte für objektiv verbürgt ausgegebene Geschichtsinterpretation stützte. Aber im Gegensatz zum Historischen Materialismus stellt die Evolutionstheorie das bis heute überwiegend als erfolgreich anerkannte Paradigma der wissenschaftlichen Biologie dar.

3.3 Ansätze zur Kritik am ethischen Naturalismus

Dass die außermenschliche Natur für das menschliche Verhalten kein geeignetes Vorbild ist, braucht heute nicht mehr eigens hervorgehoben zu werden. Dazu haben „Entzauberer" der Natur – Voltaire im 18., John Stuart Mill im 19. Jahrhundert – zu gründliche Desillusionierungsarbeit geleistet. Dabei kommt Mill das Verdienst zu, in seinem Essay *Natur* nicht nur die gründlichste, sondern auch die differenzierteste Desillusionierung betrieben zu haben, indem er verschiedene Bedeutungen von „Natur" unterscheidet, in denen man die Anweisung, „der Natur zu folgen" verstehen kann (und verstanden hat), und zeigt, dass die Natur in keiner von ihnen als Modell menschlichen Verhaltens ernsthaft in Frage kommt – weder in Bezug auf das Verhalten zu seinesgleichen noch in Bezug auf das Verhalten zur außermenschlichen Natur.

Versteht man unter „Natur" – im Sinn des anfangs explizierten Sinns von „natürlich" – die Gesamtheit der außermenschlichen Natur, so sprechen nahe liegende moralische Gründe dagegen, das in diesem Sinn „natürliche" Verhalten zum Vorbild zu nehmen. Die Natur geht weder mit ihren nichtmenschlichen noch mit ihren menschlichen Geschöpfen so um, wie wir es von einem moralisch qualifizierten Verhalten erwarten. Unter der Annahme, dass es sich bei der außermenschlichen Natur um ein moralfähiges Subjekt handelt, müssten wir ihr vorwerfen, dass sie gegenüber ihren eigenen Geschöpfen mit äußerster Willkür und grandioser moralischer Gleichgültigkeit verfährt, einmal wohltätig, dann wieder grausam und sadistisch:

> Sie pfählt Menschen, zermalmt sie, wie wenn sie aufs Rad geflochten wären, wirft sie wilden Tieren zur Beute vor, verbrennt sie, steinigt sie wie den ersten christlichen Märtyrer, lässt sie verhungern und erfrieren, tötet sie durch das rasche oder schleichende Gift ihrer Ausdünstungen und hat noch hundert andere scheußliche Todesarten in Reserve, wie sie die erfinderischste Grausamkeit eines Nabis oder Domitian nicht schlimmer zu ersinnen vermochte (Mill 1984a: 31).

Angesichts dieses Befunds wäre es abwegig, ausgerechnet die Natur zum Modell menschlichen Handelns zu machen:

> Entweder ist es richtig, dass wir töten, weil die Natur tötet, martern, weil die Natur martert, verwüsten, weil die Natur verwüstet; oder wir haben bei unseren Handlungen überhaupt nicht danach zu fragen, was die Natur tut, sondern nur danach, was zu tun richtig ist. Wenn es überhaupt so etwas wie eine reductio ad absurdum gibt, dann haben wir es hier mit einer zu tun (Mill 1984a: 33).

Aber auch in anderen Bedeutungen von „Natur" wäre eine Orientierung an der Natur für die Moral untauglich. Versteht man unter „Natur" die Naturseite des Menschen, also den Menschen unter Absehung von allen Erziehungs- und Kultivierungsleistungen, wäre eine Orientierung an der so verstandenen Natur ebenso wenig annehmbar.

Es würde vielmehr der Bock zum Gärtner gemacht. Moralische Motive haben u. a. die Aufgabe, die „natürlichen" Triebregungen zu domestizieren, sie zu kultivieren und zu verfeinern, nicht, sie hinzunehmen oder noch zu verstärken. Eine Moral, die das „Gesetz des Dschungels" zu ihrem eigenen Gesetz machte, würde ihre Zwecke, die Sicherung von sozialer Kohäsion, die friedliche Konfliktlösung und die Ermöglichung von Kooperation, zwangsläufig verfehlen.

Versteht man drittens „Natur" in einem umfassenden Sinn, also so, dass die Natur dem Menschen nicht gegenübersteht, sondern ihn umgreift, wäre eine Orientierung an der Natur ebenso wenig akzeptabel. Sie liefe schlicht leer. Soweit der Mensch, seine Handlungen und Werke Teile der Natur sind, gehören noch die schlimmsten Verbrechen zur Natur und sind die ihnen zugrunde liegenden Motive ebenso „natürlich" wie die Motive der Tugendhaften. In dieser umfassenden Bedeutung verstanden, macht aber eigentlich schon die Aufforderung, der Natur zu folgen bzw. sich „naturgemäß" oder „natürlich" zu verhalten, keinen Sinn, da eine Aufforderung nur dann sinnvoll sein kann, wenn es möglich ist, ihr auch nicht zu folgen. Diese Bedingung ist jedoch im Falle des umfassenden Naturbegriffs nicht erfüllt. Ein Zuwiderhandeln gegen die Natur im umfassenden Sinn ist logisch unmöglich. Jedes Handeln würde der Natur gehorchen, gleichgültig, in welche Richtung es weist und wie es im Einzelnen motiviert ist.

Als Mill seine Attacke auf die ethischen Naturalisten veröffentlichte, konnte er noch nicht voraussehen, dass die von ihm kritisierten ethischen Naturalisten durch Darwins Theorie der Evolution durch natürliche Selektion gewaltigen Auftrieb erhalten würden. Bereits im Jahre 1893 hatte Thomas H. Huxley Anlass, die Konfusionen zurückzuweisen, mit denen die „evolutionären Ethiker" der ersten Stunde versucht hatten, Kategorien zur Beschreibung der natürlichen Evolution auf die Ethik anzuwenden. Eine der Quelle von Konfusionen war für Huxley die Mehrdeutigkeit des Ausdrucks „fitness": „Der ‚Tauglichste' erinnert an den ‚Besten'; und den Begriff des ‚Besten' umweht ein gewisser Hauch von Sittlichkeit" (Huxley 1993: 68). Aber einerseits hänge Tauglichkeit im biologischen Sinne in erheblichem Maße von den äußeren Bedingungen ab, und zweitens sei dieserart Tauglichkeit für die Moral schlicht irrelevant:

> Sozialer Fortschritt bedeutet Außerkraftsetzen des kosmischen Prozesses und Dafüreinsetzen von etwas anderem, das man den ethischen Prozess nennen kann. Dessen Endergebnis ist aber nicht das Überleben derer, die hinsichtlich der Gesamtsumme der gerade vorhandenen Bedingungen die Tauglichsten sind, sondern das der *ethisch Besten*. Wie schon bemerkt, schließt die Ausübung des ethisch Besten – was wir als Güte oder Tugend bezeichnen – eine Weise des Verhaltens ein, die nach jeder Richtung hin das Gegenteil von dem ist, was im kosmischen Kampf ums Dasein zum Erfolg führt. Anstelle unbarmherziger Selbstbehauptung verlangt sie Selbstbeschränkung, anstelle des Beiseiteschie-

3.3 Ansätze zur Kritik am ethischen Naturalismus

bens oder Niedertretens aller Mitbewerber verlangt sie vom Einzelnen nicht nur Rücksichtnahme auf seine Mitmenschen, sondern sogar Hilfe für sie. Ihr Einfluß richtet sich weniger auf das Überleben der Tauglichsten als darauf, so viele wie möglich zum Überleben tauglich zu machen (Huxley 1993: 69).

Die Moral ist wie die Gesellschaft und die sie tragenden Institutionen etwas Künstliches, etwas der Natur Abgerungenes. Sie ist nicht einfach die Fortsetzung des Natürlichen mit anderen Mitteln, sondern setzt sich dem bloß Natürlichen entgegen, gestaltet es um und verwandelt es in etwas Neues:

> Die Geschichte der Zivilisation berichtet von den Schritten, durch die es den Menschen gelungen ist, eine künstliche Welt innerhalb des Kosmos zu errichten. ... Wo eine Familie, eine Gemeinschaft begründet worden ist, da ist auch der kosmische Prozeß im Menschen durch Gesetz und Sitte zurückgedrängt und sonst umgebildet worden (Huxley 1993: 71).

Mit deutlichen Anklängen an Schopenhauers Mitleidsethik hat einige Jahre später Albert Schweitzer das „Fressen und Gefressenwerden" in der Natur als Kontrastfolie gegen seine „Ethik der Ehrfurcht vor dem Leben in allen seinen Erscheinungsformen" aufgespannt und die außermenschliche Natur zu einem unerbittlichen Moloch stilisiert. Auch bei Schweitzer wird der Mensch mit seiner Fähigkeit zu Mitleid, Schonung und Lebenserhaltung scharf gegen die Mitleidlosigkeit der übrigen Natur profiliert:

> Die Natur kennt keine Ehrfurcht vor dem Leben. Sie bringt tausendfältig Leben hervor in der sinnlosesten Weise. Durch alle Stufen des Lebens hindurch bis in die Sphäre des Menschen hinan ist furchtbare Unwissenheit über die Wesen ausgegossen. Sie haben nur den Willen zum Leben, aber nicht die Fähigkeit des Miterlebens, was in anderen Wesen vorgeht: sie leiden, aber sie können nicht mitleiden. ... Die Natur ist schön und großartig, von außen betrachtet, aber in ihrem Buch zu lesen, ist schaurig. Und ihre Grausamkeit ist so sinnlos! Das kostbarste Leben wird dem niedersten geopfert. Einmal atmet ein Kind Tuberkelbazillen ein. Es wächst heran, gedeiht, aber Leiden und früher Tod sitzen in ihm, weil diese niedersten Wesen sich in seinen edelsten Organen vermehren (Schweitzer 1966: 32 f.).

Mill wie Schweitzer sahen die Kulturaufgabe der Menschheit darin, ihre physischen und moralischen Energien – ein Teil ihres eigenen Naturerbes – *gegen* die Natur zu richten und die Wege der Natur auf moralische Ziele umzulenken. Bei Mill waren dies primär Erziehung und Bildung, bei Schweitzer primär Lebenserhaltung und Erhaltung der Lebensqualität bei Mensch und Tier mit den Mitteln der Medizin. Eine dritte und nicht weniger kraftvoll vorgetragene Variante dieses antinaturalistischen Programms entwickelte William James in seinem Essay *The moral equivalent of war*, diesmal ganz im Baconschen Sinn einer Überwindung der Unvollkommenheiten und Widerständigkeiten der Natur mithilfe von Wissenschaft und Technik. James malt die Vision einer Umleitung der kämpferischen Motive, die die Jugend seiner Zeit in den ersten Weltkrieg trieben, auf einen „Ersatzkampf" gegen die Natur. Sinnvoller als die Energien und die Opferbereitschaft der Jugend gegen den militärischen Gegner zu richten, sei es, sie für den Kampf gegen die Natur einzusetzen und die Lebensbedingungen vor allem der Angehörigen der unteren sozialen Schichten zu verbessern. Auch von diesem Kampf, nicht nur vom Militärdienst, sei zu erwarten, dass er die Jugendlichen charakterlich reifen lässt und durch die Einübung von Verantwortung und Solidarität das Ziel erreicht, „to get childishness knocked out of them and to come back into society with healthier sympathies and soberer ideas" (James 1968: 291).

Aus heutiger Sicht mag man den ethischen Antinaturalisten ein allzu negativ gezeichnetes Bild der außermenschlichen Natur vorwerfen, ein Bild, das die unübersehbaren evolutionären Vorgängerphänomene der gattungsspezifisch menschlichen Moral unterschlägt.

Insbesondere bei Schweitzer werden die natürlichen Wurzeln der menschlichen Fähigkeit zu Mitleid und Altruismus etwa im Brutpflegeverhalten und in der gruppenbezogenen Solidarität bei Rudeltieren an keiner Stelle erwähnt. Allerdings sind viele Beispiele für lebenserhaltendes und lebenserleichterndes altruistisches Verhalten bei Meeressäugern und Primaten, wie sie etwa Frans de Waal (1997) beschrieben hat, erst gegen Ende des 20. Jahrhunderts bekannt geworden. Die menschliche Moral – aber auch der menschliche Hang zur biologisch „sinnlosen" Grausamkeit und zum Sadismus – hat ihre unübersehbaren Vorformen bei den dem Menschen am nächsten stehenden evolutionären Verwandten. Dennoch kann dem Befund der Antinaturalisten, was die außermenschliche Natur als ganze betrifft, kaum widersprochen werden. Weder mit ihren älteren Kindern noch mit ihrem menschlichen Spätgeborenen geht die *magna mater* Natur besonders fürsorglich um. Um es mit Rilke zu sagen: „Wie die Natur die Wesen überläßt/dem Wagnis ihrer dumpfen Lust und keins/besonders schützt in Scholle und Geäst,/so sind auch wir dem Urgrund unseres Seins/nicht weiter lieb; ..." (Rilke 1956: 261).

Als Ganze gesehen, ist die Natur in der Tat ein Moloch. Dabei ist sie – anders als wir es aus unserer mesokosmischen Perspektive zumeist sehen – weniger eine fest gefügte und stabile Ordnung als vielmehr ein sich fortwährend umgestaltender Prozess. Die Existenz des Leben tragenden Planeten Erde ist nur eine Episode in der zeitlichen Erstreckung des physikalischen Kosmos. Für die Lebewesen ist das vermeintliche „Gleichgewicht" der Natur ein Gleichgewicht des Schreckens. Mehr als 99% aller biologischen Arten, die jemals gelebt haben, sind ausgestorben. Allein fünfmal ist es in der bisherigen Geschichte der Erde aufgrund kosmischer Einwirkungen zu einem massenhaften Aussterben biologischer Arten gekommen. In der Folge der „Erfindung" des Chlorophylls kam es zum Zusammenbruch nahezu

3.3 Ansätze zur Kritik am ethischen Naturalismus

der gesamten Erdvegetation. Auch der Mensch verdankt sich einer Katastrophe. Die Existenz des Menschen hängt an der Banalität des Einschlags eines Asteroiden vor 60 Millionen Jahren, der zum Aussterben der Saurier führte und damit den frühen Säugetieren eine Entwicklungschance verschaffte, die sie andernfalls nicht gehabt hätten. Und auch während der Lebenszeit dieser ungewöhnlich erfolgreichen Ordnung hat sich die Natur nicht gnädiger erwiesen. Trotz hoch entwickelter Technik und Medizin wütet auf einem halben Kontinent die Pest des 20. Jahrhunderts, kündigen sich nahezu im Jahresrhythmus gefährliche Pandemien an.

Auch mit einem aus der Diskussion um die Theodizee, die „Rechtfertigung" der Wege Gottes angesichts des Übels in der Welt entlehnten Argument lässt sich die Güte und Vorbildlichkeit der Natur nicht retten: der Trennung der *Absichten* und *Ziele* von den konkreten *Verfahrensweisen*, die die Natur wählen muss, um unter den Vorgaben der Naturgesetze und der Anfangsbedingungen des Kosmos ihre Absichten zu verwirklichen. Von der Natur kann man bereits aus begrifflichen Gründen nicht sagen, was man von einem als Quasi-Person gedachten Gott sagen kann: dass er Ziele hat, die er unter den Bedingungen der natürlichen Welt nur unvollständig realisieren kann und dass die Güte seiner Absichten in der realen Welt nur unvollständig zum Ausdruck kommt. Anders als ein personaler Gott ist die Natur kein mögliches Subjekt von Zwecken. Zwecke sind nicht denkbar ohne Zwecksetzungen, und diese erfordern ein wie immer rudimentäres Bewusstsein. Aber selbst wenn Panpsychisten wie Ernst Haeckel und Pierre Teilhard de Chardin Recht hätten und jedem Naturbestandteil bis hinunter zu den Atomen und Molekülen eine Art Bewusstsein zukäme, das sie zu zielgerichtetem Handeln befähigte, würde das nicht ausreichen, aus der Natur so etwas wie ein einheitliches Subjekt mit einem einheitlichen Bewusstsein zu machen. Auch ein Panpsychist, der analog zu Leibniz' Monadenlehre allen Bestandteilen des Seienden Subjektqualität zuschreibt, ist mit dem „Aggregationsproblem" konfrontiert, dem Problem, zu erklären, wie sich aus der Vielzahl von einzelnen Bewusstseinskernen ein übergreifendes Gesamtbewusstsein und aus der Vielzahl ihrer unterschiedlich und vielfach *gegeneinander* gerichteten „Intentionen" eine einheitliche Gesamtintention ergeben soll. Mag auch die Redeweise von „Zwecken der Natur" noch so verbreitet sein – angesichts der Schwierigkeiten, ein einheitliches Zwecksubjekt Natur zu denken, kann sie kaum sinnvoll sein.

Aber selbst dann, wenn wir von diesen Schwierigkeiten absehen und an der Redeweise von Naturzwecken festhalten wollten, würde sich die Frage stellen, ob die der außermenschlichen Natur zugeschriebenen „Zwecke" als moralische Leitlinie für den Menschen taugten.

Mit Mill, Schweitzer und anderen ethischen Antinaturalisten muss diese hypothetische Frage verneint werden. Natürlich hängt die Antwort auch davon ab, welchen Zeithorizont wir zugrunde legen. Je nach Zeithorizont stellen sich die „Zwecke" der Natur unterschiedlich dar. Die Langfristperspektive für den Kosmos, wie sie die moderne Kosmologie entwickelt hat, ist die eines sich über Jahrmilliarden hinziehenden Zum-Erliegen-Kommens aller Temperaturdifferenzen und des Zusammenbruchs aller Strukturen in einem umfassenden entropischen Prozess. Angesichts der zunehmenden Umwandlung der Energie in Strahlungsenergie fehlt es zunehmend an der für den Neuaufbau und die Erhaltung von Komplexität notwendigen „arbeitsfähigen" Energie. Aus dieser zeitlichen Perspektive betrachtet sind die „Zwecke", die die Natur mit der Menschenwelt verfolgt, keine anderen als die, die ihm Schopenhaueriner wie Mainländer (1876: 50ff.) unterstellt haben, nämlich die Biosphäre einschließlich des Menschen – und möglicherweise *mithilfe* des Menschen – zugrunde zu richten. Engen wir die zeitliche Perspektive auf die (im kosmischen Maßstab) eng bemessene Phase organischen Lebens ein, scheint der einzige „Zweck", den die Natur (von einigen Ausnahmen bei den dem Menschen am nächsten stehenden Tieren) erkennen lässt, das Überleben der Gene der Lebewesen mit der größten Gesamtfitness. Die Natur prämiert ausschließlich das Überleben der Gene, gleichgültig um das Entwicklungsniveau ihrer Träger und darum, welche Fähigkeiten diese evolutiv ausgebildet haben. Auch das „Wunder des Bewusstseins", die Tatsache, dass die Natur auf einer bestimmten Entwicklungsstufe das Bewusstsein und auf einer noch höheren das Selbstbewusstsein entwickelt hat, wird von der Natur offensichtlich nur so weit prämiert, als sich dies in verbesserten Fähigkeiten zur Weitergabe der jeweiligen Gene auswirkt. Insofern überrascht es nicht, dass die jenseits der Aufzucht der Kinder liegende Lebensphase für viele durch zunehmende Morbidität gekennzeichnet ist. Wenn die Natur ein „Interesse" an der Gesundheit der älteren Generation hat, dann nur soweit, als Krankheit und Siechtum diese nicht daran hindert, ihre Erfahrungen an die Generation der Kinder weiterzugeben und – sofern die evolutionäre „Großmutter-Hypothese" (vgl. Hawkes et al. 2000) zutrifft – sich an der Aufzucht der Enkel zu beteiligen.

Dass die „Ziele" der Natur nicht die Ziele des Menschen sein können, zeigt sich gegenwärtig u.a. an einem Detail: Mit der Emanzipation der Frauen, einem hochgradig moralischen Ziel, ist in den letzten Jahren eine rapide Zunahme des Alters der Erstgebärenden einhergegangen. Die Natur prämiert jedoch – aus nahe liegenden Gründen – nicht nur das Einsetzen von Geburten möglichst früh nach Einsetzen der Gebärfähigkeit, sondern „bestraft" Frauen, die mit dem Kinderkriegen nach evolutiven Maßstäben „zu lange" warten, nicht nur mit

3.3 Ansätze zur Kritik am ethischen Naturalismus

Übeln wie Unfruchtbarkeit, Schwangerschaftskomplikationen und einer erhöhten Fehlbildungsrate, die mit den künstlichen Mitteln der Reproduktionsmedizin – zumindest bislang – nur mit großem Aufwand und dann auch nur unvollkommen kompensiert werden können. Einer der führenden Hypothesen zufolge „bestraft" sie diese Frauen auch mit einer erhöhten Brustkrebsrate, die gerade in wohlhabenden Gesellschaften signifikant höher ist als in weniger wohlhabenden (vgl. Kitcher 1998: 235).

Allerdings greifen alle diese normativen Argumente in einem bestimmten Sinn zu kurz. Es muss in Frage gestellt werden, ob uns die Natur *überhaupt* zu irgendetwas verpflichten kann. Nicht nur dann, wenn sich die Zuschreibung von Zwecken legitimieren ließe, auch dann, wenn wir Gründe hätten, diese Zwecke als moralisch gut zu qualifizieren, wäre zweifelhaft, ob wir sie uns nur deshalb zu Eigen machen sollten, weil sie von der Natur gewollt sind. Es ist nicht zu sehen, warum wir diese Zwecke allein deshalb übernehmen sollten, weil sie in der Natur ein *fundamentum in re* haben. Die Tatsache, dass es solche Zwecke gibt, könnte uns für sich genommen zu nichts verpflichten. Auch unter der kontrafaktischen Annahme, dass die Natur Zwecke verfolgt und dass es gute Zwecke sind, wäre nicht einsichtig zu machen, dass wir diese Zwecke deshalb, weil es Zwecke der Natur sind, zu unseren Eigenen machen sollten.

Genau hierin liegt die Schwäche einiger der Argumente Kants für den Primat der praktischen Vernunft. Kant argumentiert für den Vorrang der Vernunft vor anderen möglichen Bestimmungsgründen des Handelns unter anderem damit, dass die Vernunft der „Zweck der Menschheit" sei:

> Wer seine Person den Neigungen unterwirft, der handelt wider den wesentlichen Zweck der Menschheit, denn als ein frei handelndes Wesen muß er nicht den Neigungen unterworfen sein, sondern er soll sie durch Freiheit bestimmen, denn wenn er frei ist, so muß er eine Regel haben, diese Regel aber ist der wesentliche Zweck der Menschheit (Kant 1990: 135).

Aber selbst wenn es zuträfe, dass der Mensch von der Natur dazu „bestimmt" ist, nach Vernunftgründen und nicht nach seinen Neigungen zu handeln, wäre dies für sich genommen kein zwingender und nicht einmal ein guter Grund, der Vernunft den Vorrang vor den Neigungen zu geben. Denn warum sollte der Mensch dem folgen, was die Natur möglicherweise mit ihm bezweckt? Wenn der Mensch, wie Kant postuliert, frei ist, dann besteht seine Freiheit u. a. auch darin, sich einer möglichen Naturteleologie entgegenzustellen (vgl. Heyd 2005: 57). Warum sollte etwa das Selbsterhaltungsprinzip, das in der lebendigen Natur als Quasi-Naturgesetz gelten mag, auch für den Menschen gelten und ihm die Verkürzung von Leiden durch Suizid verbieten, wie es die *Grundlegung zur Metaphysik der Sitten* (Kant

1968a: 429) postuliert, diesmal nicht als Naturgesetz, sondern als moralisches Prinzip?

Allerdings: Die Freiheit des Zuwiderhandelns gegen Naturzwecke ist begrenzt. Da wir aus derselben Natur stammen, deren Zwecken wir zuwiderhandeln wollen, können wir unser biologisches Erbe nicht einfach abschütteln. Ein substanzieller Teil der Zwecke, die wir uns als Lebensziele setzen, sind menschliche Analoga der teleonomen Verhaltensstrukturen, die wir nicht nur in der tierischen, sondern teilweise sogar schon in der pflanzlichen Natur vorfinden: Selbsterhaltung und Fortpflanzung, Sicherheit vor Angreifern, Vorsorge für zukünftige Knappheiten und die Sicherung sozialer Zusammenschlüsse. Es ist insofern nicht überraschend, dass uns mit vielen scheinbaren „Zwecken", die wir der Natur oder ihren einzelnen Ausprägungen zuzuschreiben geneigt sind, Beziehungen der Empathie, der Vertrautheit und des Wiedererkennens verbinden. Aber so sehr wir auch „instinktiv" dazu neigen, uns unseren „natürlichen" Antrieben zu überlassen, wir sind gleichzeitig – zumindest im Prinzip – frei, ihnen zuwiderzuhandeln, und das macht unsere Würde und Größe als Menschen aus.

3.4 Der projektive Charakter von normativen Naturbildern

Der Grundfehler des ethischen Naturalismus, der Natürlichkeit zum Maßstab menschlichen Handelns macht, ist derselbe, den Wittgenstein der philosophischen Beispielauswahl insgesamt vorgeworfen hat, „einseitige Diät": „Man nährt sein Denken mit nur einer Art von Beispielen" (Wittgenstein 1984: 458). Man wählt sich die Beispiele einerseits für die Wohltätigkeit, andererseits für die Verderbtheit der Natur jeweils so, dass sie zu den eigenen Überzeugungen passen. Für den Naturpessimisten Schweitzer ist das Prinzip der lebendigen Natur ein sinnloser Daseinskampf – ein Pendant zu der populären Missdeutung des Darwinschen „struggle for life", ein Sich-wechselseitig-Zerfleischen, bei dem nicht nur – der korrekten Übersetzung von „struggle" entsprechend – jeder mit jedem konkurriert, sondern auch mit ihm „kämpft". Der Sozialutopist Kropotkin sieht dagegen im Zusammenhalt und in der wechselseitigen Hilfeleistung von weit verstreut lebenden Tierpopulationen wie der sibirischen Wolfsrudel das Modell einer ohne Zwangsmittel friedlich zusammenlebenden und kooperierenden menschlichen Solidargemeinschaft (Kropotkin 1975). Je nach dem zu begründenden ethischen Axiom werden unterschiedliche Aspekte der Natur als Legitimation in Anspruch genommen. Angesichts der axiologischen Ambivalenz der Natur bedarf es dazu nicht einmal des schweren Geschützes einer Naturphilosophie. Eine Auswahlstrategie,

3.4 Der projektive Charakter von normativen Naturbildern

die die jeweils passenden Seiten der Natur in den Vordergrund stellt, reicht dazu völlig aus.

Deutlicher noch wird der mehr oder weniger projektive Charakter werthaft besetzter Naturbilder in den philosophisch-metaphysischen Naturdeutungen, soweit sie u.a. von praktischen Absichten geleitet waren. Indem diese nicht nur bestimmte Aspekte der Natur, sondern die Natur als Ganze und in ihrem Wesenskern als Positiv- oder Negativmodell für das menschliche Verhalten charakterisieren, laden sie sich nicht nur eine kaum zu tragende Begründungslast auf, sondern verstricken sich auch vielfach in Ungereimtheiten und Widersprüche. Ungereimtheiten ergeben sich immer dann, wenn diese Konzeptionen so angelegt sind, dass auch der Mensch und sein Handeln der Naturkausalität unterworfen sind, und sich die Frage stellt, wie es möglich sein soll, dass Normen, die den Menschen dazu auffordern, sich der Natur entgegenzustemmen, überhaupt verhaltensbestimmend werden können. Wie soll der Mensch, wenn er Teil einer abgrundschlechten Natur ist, gut und damit in genauer Gegenrichtung gegen die Tendenzen der Natur handeln können? Wie kann, wenn der Mensch Teil einer guten und vernünftigen Natur ist, die Moral überhaupt noch eine Aufgabe haben? Sollte der Mensch, wenn er gut handeln will, nicht einfach nur den ihm von der Natur mitgegebenen Triebkräften folgen? Die erstere Frage stellt sich in ausgeprägt *pessimistischen* metaphysischen Naturdeutungen wie bei Schopenhauer, die letztere in ausgeprägt *optimistischen* Naturdeutungen wie der der Stoiker.

Bei Schopenhauer ergibt sich die Spannung zwischen Naturphilosophie und Ethik durch die Nichtübereinstimmung zwischen metaphysischem Erklärungsschema und unbestreitbarer Erfahrungsevidenz. Wenn die Natur – als Objektivation der inneren Zerrissenheit des Weltwillens – ein immerwährender Kampf antagonistischer Kräfte, Triebregungen und Motive ist und der Mensch als Naturwesen von dieser Dialektik ebenso geprägt ist wie andere Naturwesen, ist schwer erklärbar, wieso der Mensch dennoch nicht ausnahmslos und ausschließlich egoistisch oder (wie Schopenhauer charakteristischerweise ergänzt) böswillig-sadistisch motiviert ist. Warum kennen wir Lichtblicke von selbstlosem Altruismus, von denen selbst der Pessimist Schopenhauer zugestehen muss, dass sie zwar selten, aber doch empirisch unzweifelhaft sind? Für ihn gibt es sogar einen „guten Charakter", dessen „ursprüngliches Verhältniß zu Jedem ein befreundetes" ist, der „sich allen Wesen im Innern verwandt" fühlt und an ihrem Wohl und Wehe Anteil nimmt (Schopenhauer 1988b: 272). Innerhalb des pessimistischen Schemas der Welt müssen solche Motivationen als ein unerklärliches „Wunder" erscheinen, als was sie Schopenhauer konsequenterweise auch bezeichnet, damit aber zugleich den Widerspruch zwischen metaphysischer Deutung und Empirie und damit

– jedenfalls im Rahmen einer „induktiven Metaphysik" auf empirischer Grundlage – die Unhaltbarkeit seiner Naturkonzeption bestätigt. Diese Naturkonzeption erweist sich als unstimmig und projektiv, indem sie die Phänomene so zurechtbiegt, dass sie sich einer unzulässig vereinfachenden Sicht der Dinge fügen.

In genau entgegengesetzter Richtung verstrickt sich das Erklärungsschema der Stoa in Widersprüche, indem es die Natur als von einer teleologischen Weltvernunft durchwaltet sieht, den Menschen und sein Handeln jedoch der Norm einer Vernünftigkeit unterstellt, deren Hauptaufgabe darin bestehen soll, die Naturseite des Menschen – seine Triebnatur – zu überwinden. Einerseits lassen die Stoiker keinen Zweifel daran, dass ihre Anweisung, der Mensch solle „der Natur folgen", nichts anderes bedeutet als dass der Mensch der Vernunft folgen soll. Als „naturgemäß" soll nur das vernunftbestimmte Handeln gelten können. Nur dieses sei im Sinne der Lehre von der *Oikeiosis*, der Angemessenheit oder Passung, „harmonisch" und „mit sich zusammenstimmend". Der Vernunft folgen soll dabei jedoch zugleich heißen: demselben vernünftigen Weltgesetz folgen, dem auch die nichtmenschliche Natur folgt. Vernünftig handelt der Mensch Seneca zufolge genau dann, wenn er in Übereinstimmung mit der Natur im Ganzen handelt (Seneca 1965: 227). Aber damit ergibt sich ein Erklärungsproblem. Wie kann es sein, dass diese Natur dann nicht bereits von sich aus sicherstellt, dass das Handeln des Menschen dieser Vernunft folgt – wo doch nach stoischer Anschauung der Mensch ebenso wie alle anderen Lebewesen der Naturkausalität unterworfen und insofern Teil der Natur ist? Warum bedarf es überhaupt noch der Sollensforderungen der Vernunftmoral? Warum sorgt die Natur nicht selbst dafür, dass der Mensch die Affekte und Bedürfnisse, die ihm vom Pfad der Tugend abbringen, „von Natur aus" und ohne die Anstrengung moralischer Selbstertüchtigung unterdrückt oder gar nicht erst verspürt? Wenn Güter wie Lust, Gesundheit und sogar das Leben nach stoischer Lehre als *Adiaphora* gelten sollen, die für ein vernunftgeleitetes Leben gleichgültig und ohne moralische Relevanz sind, warum hat die Natur dem Menschen einen so übermächtigen Drang genau nach diesen Gütern eingepflanzt? Weshalb bedarf es überhaupt einer spezifisch menschlichen Leistung der Kultivierung und Verfeinerung der Sitten?

Dieses Dilemma ist nicht auflösbar ohne einschneidende Revisionen. Es lässt sich nicht dadurch auflösen, dass man die moralischen Kultivierungsleistungen der Moral ihrerseits der Natur zurechnet, wie es Chrysipp andeutet, wenn er behauptet, dass dem Menschen zusätzlich zu Wachstum und Trieb auch die Vernunft von der Natur mitgegeben ist (Diogenes Laertius 1967: II, 48). Denn dann ergibt sich das ebenso schwer auflösbare Nachfolgedilemma, dass entweder der

Mensch der Natur nur dann folgt, wenn er der Vernunft folgt, womit der überwiegende Teil menschlicher Handlungen aus der Natur herausfiele, oder dass er auch dann der Natur folgt, wenn er unvernünftig handelt und die Anweisung, der Natur zu folgen, ihren Zweck verfehlt. Auflösen ließe sich dieses Dilemma nur durch eine Revision des Naturbilds, das der Natur eine Vernünftigkeit unterstellt, die mit den Realitäten nicht in Übereinstimmung zu bringen ist und auf dem Hintergrund der stoischen Vernunftmoral leicht als Projektion zu erkennen ist. Die Vernunft, die dem Menschen im Namen des „naturam sequi" gepredigt wird, wird allererst in die Natur hineingedeutet:

> Indem ihr entzückt den Kanon eures Gesetzes aus der Natur zu lesen vorgebt, wollt ihr etwas Umgekehrtes, ihr wunderlichen Schauspieler und Selbst-Betrüger! Euer Stolz will der Natur, sogar der Natur, eure Moral, euer Ideal vorschreiben und einverleiben (Nietzsche 1980: 22).

Hinreichend wäre bereits das Zugeständnis, dass die rationale Ordnung der Natur unvollkommen ist und – aufgrund innerer oder äußerer Widerstände – nicht vollständig in der Menschenwelt umgesetzt wird oder werden kann. Nur unter dieser Bedingung wäre es sinnvoll, an den Menschen die Forderung zu richten, sich im Handeln an der in der Natur objektivierten Vernunft zu orientieren. Solange das Vernunftgesetz der Natur als in der Natur vollständig verwirklicht gedacht wird, bleibt für Sollensforderungen nichts weiter zu tun: Jedes Handeln unter Naturgesetzen muss *eo ipso* die in der Natur herrschende Vernunft manifestieren, es muss „von Natur aus" die vollkommene Tugend aufweisen. Dies widerspricht aber so offenkundig der Erfahrung, dass auch die Stoiker zugestehen mussten, dass auch das vernünftige Geschöpf vom Weg der Tugend fortwährend „abgelenkt" werde, „teils durch die verführerische Kraft äußerer Eindrücke, teils durch die Anleitung von seiten derjenigen, mit denen man umgeht" (Diogenes Laertius 1967: II, 49).

3.5 Von der Natur lernen

Auch wenn man das von dem Ökologen Barry Commoner formulierte so genannte „Dritte Gesetz der Ökologie": „Nature knows best" (Commoner 1971: 41) zurückweisen muss, soweit es für die Moral und die sonstigen Regeln des menschlichen Zusammenlebens Geltung beansprucht, gibt es doch zweifellos Aktionsfelder moralisch motivierten menschlichen Handelns, in denen die Natur dem Menschen so eindeutig überlegen ist, dass sie für ihn zum Lehrmeister werden muss. In allen diesen Aktionsfeldern gibt die Natur dem Menschen allerdings nur die Mittel, nicht die Zwecke der Moral vor. Und da diese Zwecke zu einem beträchtlichen Teil keine anderen sind als die Beherrschung und Kontrolle natürlicher Kräfte und Tendenzen, arbeitet die Natur, indem sie für den Menschen zum Lehrmeister wird, meistenteils gegen sich selbst. Indem der Mensch die Befunde der beobachteten (natürlichen) Natur und der experimentell zugerichteten (künstlichen) Natur in Technik ummünzt, belehrt die Natur den Menschen über die effizientesten Mittel zu ihrer eigenen Depotenzierung. Bereits in einer taoistischen Abhandlung aus dem Jahre 330 v. Chr. findet sich der Satz: „Der Weise folgt den Wegen der Natur, damit er sie kontrollieren kann" (Needham 1977: 110). Die technische Nutzung des von der Natur Gelernten zu einer „Allianz" mit der Natur zu verklären, wie es Ernst Bloch getan hat (Bloch 1959: 802 ff.), wird insofern der Rolle der Natur nur ungenügend gerecht, und zwar in zweifacher Weise. Die Natur ist in der Entwicklung und Praxis der Technik ganz überwiegend nicht als Akteur beteiligt, mit der der Mensch eine „Allianz" zum gemeinsamen Vorteil eingeht, sondern als passives Objekt menschlicher Manipulationen. Und nur in vereinzelten Bereichen technischer Naturbeherrschung – wie etwa der Landwirtschaft – dient die Technik dazu, der Natur „ihren Willen zu lassen" und die in der Natur vorgefundenen Tendenzen lediglich zu verstärken und zu effektivieren. Zu einem historisch immer größer werdenden Teil dient die Technik dazu, die natürlichen Verläufe von natürlichen zu menschlichen Zielen umzulenken, die Natur – mit Bloch gesprochen – in ihren *Latenzen* (ihren Möglichkeiten) zu nutzen, ohne sie zugleich in ihren *Potenzen* (ihren eigenen Entwicklungstendenzen) zu respektieren.

Aber es wäre falsch zu sagen, dass die Natur für die Moral nur insoweit eine Bedeutung hat, als sie den Menschen über die Mittel belehrt, die er einsetzen kann, um seine moralischen Ziele erfolgreich zu verfolgen. Indem die Natur den Menschen über mögliche Mittel belehrt, beeinflusst sie auch seine Zwecke. Die Verfügung über geeignete Mittel stimuliert – dem Prinzip der „funktionalen Autonomie der Motive" gemäß – auch die Fantasie hinsichtlich der weiteren Zwecke, die mit den verfügbaren Mitteln erreicht werden können und rückt Zwecke, die mangels Erreichbarkeit ausgeblendet waren, in den Horizont des Machbaren. Erst die Beobachtung der natürlichen Flugobjekte um ihn herum dürfte im Menschen den Wunsch zu fliegen geweckt haben – auch wenn dieser Wunsch erst dann zu einem realistischen Ziel wurde, als die Gebrüder Wright sich mit künstlichen Flügeln in die Lüfte erhoben.

Unverzichtbar ist die Rolle der Natur als Lehrmeisterin für die menschliche Moral auch dann, wenn sich die moralischen Normen – wie in der Naturethik – direkt oder indirekt auf die Natur selbst be-

3.5 Von der Natur lernen

ziehen. Auch wenn sich der Natur selbst keine letzten Zwecksetzungen entnehmen lassen, sind doch immerhin die „Ausführungsbestimmungen" und Operationalisierungen der Naturethik auf eine solide Kenntnis der natürlichen Abläufe angewiesen. Naturschutz und Tierschutz bedürfen, wenn sie ihre Ziele erreichen wollen, einer verlässlichen naturwissenschaftlichen Basis, auch wenn die entsprechenden wissenschaftlichen Disziplinen, die Ökologie und die Zoologie, Versuchstierkunde und Veterinärmedizin von sich aus diese Ziele nicht begründen können, sondern ihrerseits geeignete moralische Zieldefinitionen als Vorgaben voraussetzen. Auch dann, wenn weder die Ökologie für den Naturschutz noch die Versuchstierkunde für den Tierschutz im Bereich der Tierversuche die Rolle einer umfassenden, die moralischen Grundsätze des Mensch-Natur-Verhältnisses einschließenden „Leitwissenschaft" übernehmen können (vgl. für die Ökologie Trepl 1988), müssen doch fast alle substanziellen Teile einer Naturschutz- und Tierschutzethik diesen Wissenschaften überlassen bleiben. Naturethik kann allenfalls in ihren Grundlagen „aus dem Lehnstuhl heraus" entwickelt werden. Ihre Ausarbeitung und Konkretisierung ist Sache gründlicher und geduldiger Naturbeobachtung.

Nicht weniger als durch das *propositionale* Wissen, das sie dem Menschen über Gegebenheiten, Prozesse und Gesetzmäßigkeiten vermittelt, ist die Natur für die Verfolgung moralischer Ziele mit technischen Mitteln wichtig durch das *anschauliche* Wissen, das sie durch die unmittelbare Anschauung ihrer Strukturen und Prozesse vermittelt. Naturwissen ist nicht nur *knowledge by description*, sondern auch *knowledge by acquaintance*. Die menschliche Technik zehrt nicht nur von dem durch Beobachtung und Experiment gewonnenen *Wissen* von den natürlichen Abläufen, sondern ebenso von der *Kenntnis* und *Bekanntschaft* mit der Natur und ihren Verfahrensweisen. Am Ausgangspunkt der technischen Nachahmung natürlicher Prozesse, der Bionik, standen weniger wissenschaftliche Theorien als vielmehr Naturbeobachtungen und die präzise Beschreibung der eindrucksvollen und zum großen Teil in ihrer Effizienz mit technischen Mitteln bis heute unerreichten „Erfindungen" der natürlichen Evolution. So finden wir bereits bei Leonardo da Vinci, einem der Pioniere der Bionik, präzise Beschreibungen des Mechanismus, durch den sich die Handschwingen eines großen Vogels beim Abschlag zusammenlegen, beim Aufschlag auseinander spreizen (Nachtigall 1997: 9). Der Anteil der technischen Erfindungen, die ihre Entstehung der Analyse natürlicher Strukturen und Funktionen aus dem Blickwinkel des Ingenieurs verdanken, ist weiterhin erheblich und wächst gegenwärtig noch. Zahlreiche gegenwärtig als avanciert geltende Technologien sind mehr oder weniger unmittelbar der Natur entlehnt, etwa schmutzabweisende Oberflächenbeschichtungen, Schuppenbeschichtungen unter Langlaufskiern, Leichtbaukonstruktionen und strömungsoptimierte Körperformen. In vielen dieser Fälle sind in der Natur vorgefundene funktionale Strukturen nicht nur auf künstliche Medien übertragen worden, sondern haben auch dazu geführt, dass die resultierenden technischen Objekte „natürlicher" und „naturnäher" wirken als herkömmliche technische Konstruktionen.

Zum Teil standen allerdings technische Erfindungen am Anfang. Erst sie haben den Blick geöffnet für entsprechende (und oft überlegene) analoge „Erfindungen" der Evolution. Erst nach der Erfindung der Wellpappe ist man auf analoge Strukturen bei Insektenflügeln aufmerksam geworden, erst nach Erfindung der Scharniere auf die Scharniergelenke von Muscheln, erst nach Erfindung der Fotovoltaik auf entsprechende Aggregate bei Hornissen. Dass die in der Natur realisierte Technik dabei vielfach nicht nur in puncto Effizienz, sondern auch in puncto Eleganz der menschlichen überlegen ist, zeigt sich daran, dass die Natur oftmals in vielen Hinsichten bereits zu optimalen Lösungen gekommen ist, während solche Lösungen für die menschliche Technik noch weitgehend eine Agenda für die Zukunft sind. Gegenüber der menschlichen Technik haben viele natürliche „Lösungen" den Vorzug der Ganzheitlichkeit: Statt einzelne Systemelemente zu optimieren, optimiert die Natur ganze Systeme, wobei einzelne Aggregate multifunktional statt monofunktional eingesetzt werden. Auch in der passgenauen Anpassung an die Anforderungen der Umwelt (z. B. die Noppen an der Fußunterseite des Fischadlers, die sich besser mit der glitschigen Oberseite des Fisches verbinden), in der Energieeinsparung (Nutzung der Sonnenenergie z. B. bei Reptilien) und der Begrenzung der Haltbarkeit ohne Abfallanhäufung (z. B. bei der Stinkmorchel, die nach Verteilung der Sporen innerhalb weniger Stunden zerfällt), ist die Natur der Technik überlegen (vgl. Nachtigall 1997: 21 ff.).

Das Studium natürlicher Regelungsmechanismen ist aber nicht nur indirekt, sondern auch direkt für die Regulierung menschlichen Handelns relevant, z. B. im Zuge der Erforschung der komplexen Regulationsmechanismen in natürlichen Kollektiven, etwa bei Insekten-, Vogel- und Fischschwärmen mit zehn und mehr Millionen Individuen, die bewirken, dass sich Individuen mit relativ geringer Informationsverarbeitungskapazität als Kollektive erfolgreich an schnell ändernde Situationen anpassen (Berndorff 2005). Ein verbessertes Verständnis dieser Regelungsmechanismen würde möglicherweise auch zu verbesserten gesellschaftlichen Mechanismen der Steuerung kollektiver Entwicklungen beitragen. Ähnliches gilt für die instinktgesteuerten Anpassungsprozesse bei sich abzeichnenden Ressourcenverknappungen, etwa die bei vielen Tierarten biologisch programmierte Unfruchtbarkeit bei Überfüllung des Lebensraums. Noch direkter

3.5 Von der Natur lernen

relevant für die Ethik ist das Studium komplexer natürlicher Systeme wie in der Ökologie. Viele komplexe ökologische Systeme leisten Anschauungsunterricht darüber, wie unzulänglich Verantwortungskonzepte sind, die Verantwortung zeitlich und lokal einschränken oder von Vorstellungen einer rein linearen Kausalität ausgehen. Der Einblick in die Vernetztheit der natürlichen Systeme, die Bedeutung von verzögerten Wirkungsverläufen und die explosiven Konsequenzen von Selbstverstärkungen schärft den Blick für die Risiken von nichtintendierten Neben-, Fern- und Wechselwirkungen, die Eingriffe in komplexe Systeme in sich bergen, und zeigt die Grenzen der Prognostizierbarkeit und praktischen Beherrschung langfristiger Eingriffsfolgen auf.

Dieselben evolutiven Mechanismen, die Wunderwerke wie den Bewegungsapparat der Insekten hervorgebracht haben, haben freilich auch zu Begrenzungen geführt, die in vergleichbarer Weise für die menschliche Technik nicht gelten – was es dieser erlaubt hat, die in der Natur bestehenden Grenzen zu überspringen und Entwicklungswege einzuschlagen, die der Naturgeschichte verschlossen waren. Stanislaw Lem hat in seinem „Pasquill auf die Evolution" auf eine ganze Reihe solcher relativen Unvollkommenheiten hingewiesen (vgl. die Zusammenstellung bei Gräfrath 1997: 96f.), etwa das „Mitschleppen" von Relikten längst untergegangener Formen; die genetische Einmaligkeit individueller Organismen, die Reparaturen (wie Transplantationen) erschwert; das „Vergessen" früherer Errungenschaften, die jedes Mal aufwendig von neuem entwickelt werden müssen; das äußerst redundante Vorgehen, das stets auf einen seltenen Zufall warten muss, um einen Schritt weiter zu kommen; und die Kurzsichtigkeit der natürlichen Evolution, die nur solche Veränderungen selektiert, die sich unmittelbar als vorteilhaft erweisen, langfristig aber in Sackgassen enden können, wie etwa beim Größenwachstum der Saurier, das sich „als eine echte Falle und als Werkzeug ihrer späteren Vernichtung erwiesen hat" (Lem 1981: 567). Da die Natur in kleinen Schritten voranschreitet, von denen jeder einzelne jeweils für sich einen Vorteil bieten muss, konnten ihr nur selten „große Würfe" wie etwa die „Erfindung" des Rads gelingen. Zwar gibt es in der Natur radähnliche Strukturen, aber diese werden nicht zur Fortbewegung eingesetzt. Erst der Mensch konnte diese Strukturen zum Vorbild vorausschauender Erfindungen machen.

3.6 Schlussfolgerungen

Als Lehrmeisterin des Menschen hat die Natur hat in den letzten Jahren eine unerwartete Renaissance erlebt, allerdings im Wesentlichen nur als Vorbild für technisches Handeln. Als moralische Instanz bleibt sie – zumindest in der akademischen Ethik – diskreditiert, spätestens seitdem die Naturalismuskritik des 19. und des 20. Jahrhunderts die normativen Naturbilder der ethischen Naturalisten von der Stoa bis zum Sozialdarwinismus weitgehend als Projektionen entlarvt hat. Die Werte, die vermeintlich aus der Natur als deren eigene „Zwecke" herausgelesen werden, sind menschliche Zwecke, die man zuallererst in die Natur hineingelesen hat. Die ethische Kritik des Antinaturalismus lässt sich durch eine metaethische Überlegung noch verschärfen. Selbst wenn wir allen Grund hätten, der Natur Zwecke zuzuschreiben und diese Zwecke wohltätig wären, wäre die Beschaffenheit der Natur für sich genommen kein Grund, ihr im menschlichen Handeln zu folgen. Begründen lässt sich moralisches Handeln nur durch menschliche Zwecke und nicht durch Naturzwecke. Auch eine wohltätige „Mutter Natur" hätte keinen Rechtsanspruch, über das Schicksal ihrer Kinder zu bestimmen.

4. Natürlichkeit in der Naturethik: Welche Natur ist schützenswert?

4.1 Natürlichkeit und andere Naturwerte

Darüber, dass die Natur zu schützen ist, sind sich alle mehr oder weniger einig. Wenig Einigkeit herrscht jedoch darüber, aus welchen Gründen sie zu schützen ist. Ist sie *qua* Natur, also um ihrer schieren Natürlichkeit willen zu schützen, oder ist sie nur soweit schutzwürdig, als sie weitere Qualitäten aufweist, die sie für den Menschen interessant machen, etwa als Ressource wirtschaftlicher Nutzung oder Quelle ästhetischen Genusses? Ist Natürlichkeit für sich genommen ein schützenswertes Gut, unabhängig von allen weiteren in der Natur verwirklichten Wertqualitäten? Wäre die Natur auch dann und allein aufgrund ihrer Natürlichkeit schützenswert, wenn ihr weder in wirtschaftlicher noch in ästhetischer oder wissenschaftlicher Hinsicht ein Wert beigelegt würde?

Diese Fragen ziehen sofort weitere nach sich: Falls Natürlichkeit ein intrinsischer, von allen anderen Wertqualitäten unabhängiger Wert ist, welcher ethische Status kommt diesem Wert zu? Ist er in eine anthropozentrische, ausschließlich dem Menschen intrinsischen Wert zusprechende Axiologie integrierbar, oder erfordert er eine vom traditionellen anthropozentrischen Ansatz abweichende „ökozentrische" Werttheorie? Und falls letzteres, muss er dann als ein unabhängig von menschlichen Wertungen bestehender Wert aufgefasst werden, als ein Wertsachverhalt, der analog zu Tatsachen unabhängig von seinem Wahrgenommenwerden existiert?

Ausgehend von einer Rekonstruktion des aufgeklärten alltagsmoralischen Bewusstseins hat Ludwig Siep in seiner Natürlichkeitsethik (Siep 2004) von diesen Optionen die jeweils stärkere Position vertreten: Nach Siep müssen wir der Natur neben den weiteren Werteigenschaften, die sie aufweisen mag, nicht nur einen eigenständigen Wert der Natürlichkeit (im genetischen Sinn) zuerkennen, dieser Wert sprengt auch den Rahmen einer rein anthropozentrischen Axiologie und erfordert den Übergang in eine Wertlehre, die der Natur einen unabhängig von allen menschlichen Bezügen zukommenden Wert zuschreibt. Und schließlich ist diese Wertzuschreibung Siep zufolge auch mit einem metaethischen Subjektivismus nicht zu vereinbaren, der Werte als von Wertungen abhängig auffasst und nach dem der Wert der

Natur lediglich im Auge des Betrachters und nicht in den Dingen selbst wurzelt.

Wenden wir uns zunächst der ersten Frage zu, und zwar mit einer Klärung des Fragegegenstands. Was heißt es, Natürlichkeit im Bereich der Natur als einen eigenständigen Wert zu sehen? Es heißt zunächst nicht mehr und nicht weniger als dass Naturbestandteile wie biologische Arten, Vegetationen und Biotope unabhängig von ihrer konkreten Beschaffenheit schützenswert sind und gegen zivilisatorische Ein- und Übergriffe verteidigt werden sollten. Naturschutzprinzipien, die in dieser Weise auf den Schutz des Natürlichen als solchen gerichtet sind und nicht auf den Schutz besonderer Arten des Natürlichen, kann man als *globale* Prinzipien bezeichnen. Als *spezifisch* kann man demgegenüber Naturschutzprinzipien bezeichnen, die Naturbestandteile um ihrer besonderen Eigenschaften willen schützen, seien es „natürliche" Eigenschaften wie Seltenheit und Alter oder „kulturelle" Eigenschaften wie ästhetische Qualität, historische oder symbolische Bedeutung (vgl. Birnbacher 1991a: 304). Die Natur um ihrer Natürlichkeit und nichts anderen willen zu schützen heißt, wenn Natürlichkeit im qualitativen Sinn verstanden wird, jedoch nicht, dass das Gewachsene lediglich erhalten oder wiederhergestellt, aber nicht verändert werden darf. Ein globales Prinzip wie das der Erhaltung von natürlicher Vielfalt lässt nicht nur die willentliche Veränderung und Ersetzung von Naturbestandteilen zu, sondern fordert diese sogar, wann immer die natürliche Vielfalt durch zivilisatorische Eingriffe oder durch natürliche Entwicklungen bedroht ist.

4.2 Überträgt sich die Schutzwürdigkeit auf die notwendigen Bedingungen?

Ein Argument, das gelegentlich dafür vorgebracht wird, dass wir – die Menschen – die Natur um ihrer Natürlichkeit willen und ungeachtet ihrer sonstigen Wertqualitäten für schützenswert halten und entsprechend behandeln sollten, verbindet die evolutionären Tatsachen mit einer rationalisierten Form des „Kindschaftsgefühls" gegenüber der „Mutter Natur": Wir sollten die Natur achten als Erzeugerin und Ursprung der Menschheit. Indem wir die Natur zerstören, zerstören wir die Grundlagen unserer eigenen Existenz, die Heimat, aus der wir kommen. Sehr klar formuliert findet man dieses Argument in einem Text von Beat Sitter-Liver:

> Menschliche Zwecksetzungen sind auf Vorleistungen der Natur angewiesen. ... Der Mensch existiert nicht außerhalb der Natur, sondern ist von dieser hervorgebracht als Teilsystem in einem großen Ganzen. Er ist sich selber als der

4.2 Überträgt sich die Schutzwürdigkeit

Zwecke setzende von der Natur geschenkt. Diese ist dann keinesfalls nur Mittel für ihn, vielmehr seine Bedingung – seiner gerade auch als eines vernünftigen Wesens. Trägt er also Würde, verdankt er sie der Natur. Was liegt aber dann näher, als auch der Natur Würde zuzuerkennen, besser: ihre Würde anzuerkennen, da sie ja in ihrem ursprünglichen Dasein nicht von menschlicher Willkür abhängt, diese vielmehr unverfügbar begrenzt? ... So wird denn die Anerkennung der Würde der Natur zum Prüfstein der Menschenwürde (Sitter-Liver 1984: 95).

Ähnliche Argumente zur Begründung von Ansprüchen auf Schutzwürdigkeit sind auch in anderen Bereichen der Ethik verbreitet. Die Besonderheit dieser Argumente besteht darin, dass jeweils von einer unproblematischen und vom Adressaten des Arguments zugestandenen Anerkennung eines Schutzanspruchs von x auf die Anerkennung eines entsprechenden Schutzanspruchs von y geschlossen wird, wobei y der Ursprung, die Entstehungsbedingung, die Vorform oder allgemeiner: eine der notwendigen Bedingungen von x bezeichnet. So wird von ethischen Vegetariern gelegentlich behauptet, dass aus der Tatsache, dass empfindungsfähigen Tieren bestimmte Schutzrechte wie das Recht, nicht gequält zu werden, zugesprochen werden, folge, dass denselben Tiere auch ein Lebensrecht zugesprochen werden müsse, da der Besitz von Schutzrechten das Leben voraussetze. Man könne nicht zugleich Tierschützer und Nicht-Vegetarier sein. Andere behaupten, dass wenn einem Erwachsenen N ein Lebensrecht zukommt, dasselbe Lebensrecht auch bereits dem Embryo, aus dem sich N entwickelt hat, zugesprochen werden müsse, da dieser eine notwendige Bedingung von Ns Geburt, Kindheit und Erwachsenenalter darstellt. Wird N als Erwachsenem Lebensrecht und Würde zugesprochen, müssten diese auch dem früheren Embryo (und damit allen Embryonen, aus denen sich geborene Menschen entwickeln können) zugesprochen werden.

Ähnliche Argumente hat sich Kant zu Eigen gemacht, und zwar zur Begründung der Schutzwürdigkeit der „Natürlichkeit" des Menschen. Kant zufolge kommt der menschlichem Person zunächst ausschließlich als Vernunftwesen Würde zu. Grundlage seiner Würde ist die Teilhabe an der Vernunft, nicht seine biologische Natur. Diese Würde käme ihm auch dann zu, wenn er als reines Geistwesen existierte. Da die Existenz und Funktionsfähigkeit des menschlichen Körpers aber *de facto* eine notwendige Bedingung der Existenz menschlicher Personen ist, übertrage sich die Schutzwürdigkeit der Person auf den menschlichen Körper. Dieser ist für Kant deshalb nicht weniger schutzwürdig als die Person, auch in Bezug auf Eingriffe von Seiten der Person selbst. Der Mensch habe Pflichten auch gegen sich selbst „als ein animalisches Wesen" (Kant 1968c: 421), z.B. die Pflicht zur Unterlassung von Selbstverstümmelung und Suizid.

Diese Argumente haben die Struktur: Wenn x Würde, Schutzwürdigkeit, bestimmte moralische Rechte oder andere normative Eigenschaften F intrinsisch zukommen, und x aus y entsteht oder y zur notwendigen Bedingung hat, dann kommen diese normativen Eigenschaften F auch y intrinsisch zu. Was ist von Argumenten dieser Art zu halten? Argumente dieser Struktur sind nicht durchweg überzeugend. Dazu sind viele Anwendungen, die sich für dieses Schema denken lassen, zu wenig plausibel. So hat etwa die Existenz eines Erwachsenen N nicht nur dessen unbeeinträchtigte Existenz und Entwicklung als Embryo zur Voraussetzung, sondern auch die Existenz und Funktionsfähigkeit der Gameten, aus denen der Embryo entstanden ist. Nicht nur von dem Embryo, der N früher einmal war, sondern auch von dem Paar von Ei- und Samenzelle, aus denen sich dieser Embryo gebildet hat, lässt sich sagen, dass N aus ihnen entstanden ist. Aber das rechtfertigt nicht, die normativen Eigenschaften N auf die Gameten zu übertragen.

Ähnlich problematisch erscheint die Übertragung des moralischen Rangs der Menschenwürde auf das Leben als dessen notwendige Bedingung, wie sie das Bundesverfassungsgericht im Abtreibungsbeschluss von 1975 vorgenommen hat. Die Richter werteten das Leben als einen „Höchstwert" der Verfassung u. a. auch deshalb, weil dieses die „vitale Basis der Menschenwürde und die Voraussetzung aller anderen Grundrechte" sei (Bundesverfassungsgericht 1975: 42). Damit würde allerdings die Werthierarchie des Grundgesetzes geradewegs auf den Kopf gestellt. Denn nach diesem ist die Menschenwürde und nicht der Lebensschutz oberste Norm. Die Verpflichtung zum Schutz der Menschenwürde ist schrankenlos, während der Lebensschutz in Artikel 2,1 unter Gesetzesvorbehalt gestellt wird. Auch das von vielen Tierrechtlern und Vegetariern gegen Tierschützer gewendete Argument, man könne Tieren kein Recht auf Leidensvermeidung ohne ein Recht auf Lebenserhalt zuschreiben, ist problematisch, insofern es zu einer inflationären Ausdehnung der Schutzwürdigkeit führt. Wäre dieses Argument stichhaltig, wären nicht nur das Leben der Tiere intrinsisch schutzwürdig, sondern etwa auch die zu dessen Erhaltung notwendigen Nahrungsmittel. Die Verpflichtung, die Schmerzempfindlichkeit einer Kuh zu respektieren, würde nicht nur die Verpflichtung implizieren, die Kuh nicht zu schlachten, sondern auch, die Weiden zu erhalten, von denen sich die Kuh ernährt – nicht nur insoweit, als sie diese Kuh ernähren, sondern um ihrer selbst willen.

Ähnliches gilt für das Argument, die Anerkennung der Würde der Menschheit impliziere zwangsläufig eine entsprechende Anerkennung der Würde der Natur als Ursprung der Menschheit. Müssten wir die intrinsischen normativen Eigenschaften, die wir der Menschheit zuschreiben, tatsächlich auf alle Entstehungsbedingungen und anderweitigen notwendigen Bedingungen der Menschheit übertragen, müssten wir nicht nur der Natur als ganzer, sondern speziell auch den Vorstadien der Menschheit und den Bedingungen der Entstehung von Leben auf der Erde dieselben oder analoge normative Eigenschaften zuschreiben, also etwa den ersten Säugetieren zur Zeit des Aussterbens der Saurier, den Urformen der tierischen Zelle, darüber hinaus aber auch der Sonne als einer der zentralen Bedingungen der Entstehung von Leben überhaupt.

Das Verfahren des „genetischen Rückschlusses", wie man es nennen könnte, stellt für die Frage nach dem Wert der Natur als solcher keine befriedigende Lösung bereit. Es scheint aussichtslos, die Frage nach dem intrinsischen Wert von y dadurch beantworten zu wollen, dass man ein x benennt, das unzweifelhaft intrinsischen Wert besitzt und für das y als Entstehungs- oder anderweitige Bedingung notwendig ist. Wie Wirtschaftsgüter ihren Gebrauchswert vielfach erst durch die Bearbeitungsschritte erhalten, die sie durchlaufen, und vom Wert des fertigen Produkts nicht ohne weiteres auf den Wert seiner Vorstufen geschlossen werden kann, ist auch der Schluss von Wert und Würde des Menschen auf Wert und Würde der Natur als seiner Vor- und Entstehungsbedingung problematisch. Die Tatsache, dass die präbiotische und die biologische Evolution eine notwendige Bedingung für die Existenz des Menschen ist, verleiht dieser nicht schon den intrinsischen Wert oder die Würde, die dem Menschen, ihrem Produkt, zukommt. Wie bei Wirtschaftsgütern kann es, was den Wert des Produkts betrifft, auf den *Mehrwert* stärker ankommen als auf den Wert seiner Vorstufen, Bedingungen und Bestandteile.

4.3 Natur als Gegenwelt

Könnten wir die Natur mit einem Fingerschnipsen in eine durch und durch künstliche Welt verwandeln und wären wir auch als Lebensgrundlage nicht mehr auf die Natur angewiesen – was würde uns fehlen? Was würde uns in einer Raumschiff-Zivilisation fehlen, in der die natürliche Natur durch eine Welt von Metall und Plastik ersetzt wäre, in der wir uns von synthetischen Nahrungsmitteln ernährten, nur künstliche Blumen als Raumschmuck dienten und uns allenfalls noch die Wasserreserven im Tank an die zurückgelassene Natur erinnerten?

Eine nahe liegende Antwort wäre, dass uns eine *Gegenwelt* gegen die Welt der Zivilisation fehlen würde (vgl. Großklaus/Oldemeyer 1983). Der Wert der Natur, der nicht durch anderes kompensierbar ist, sei der ihrer *Andersheit*, ihrer Funktion als *Kontrastwelt* zur Welt des Menschen und der vom Menschen geschaffenen und gestalteten Welt. Auch eine noch so perfekt nachgeahmte Natur, etwa in Gestalt virtueller Computer- und Filmwelten, könne die Natur als Gegenüber des

4. Natürlichkeit in der Naturethik: Welche Natur ist schützenswert?

Menschen, als eigenständige und vom Menschen unabhängige Realität nicht ersetzen.

Es erscheint zweifelhaft, ob damit der Wert, den wir der Natur als Gegenwelt zur Menschenwelt beimessen, hinreichend erklärt ist. Wäre Andersheit das einzige Merkmal, das uns an der Natur hängen und den Verlust von Natürlichkeit als schmerzlich fühlen lässt, ließen sich für die Natur auch Alternativen und in ihrer „Andersheit" noch sehr viel radikalere Alternativen denken, etwa die Welten des Rausches und der Fantasie, die erfüllte Leere des Zen-Buddhismus oder Gott. Auch diese Welten wären „Gegenwelten". Was hat die Natur zu bieten, was diese imaginären Gegenwelten nicht zu bieten haben?

Ich meine, dass die Natur mehr zu bieten hat als diese virtuellen Welten – nicht aufgrund ihrer bloßen Existenz, aber doch aufgrund von Eigenschaften, die logisch an ihre Existenz gebunden sind. Dazu gehört erstens die *Unerschöpflichkeit* der Natur. Die reale Natur hat Eigenschaften, die über die Eigenschaften, die wir von ihr kennen, hinausgehen. Fiktive, virtuelle und andere intentionale Gegenstände haben in der Regel keine anderen Eigenschaften als diejenigen, die wir mit ihnen verbinden. Vom Menschen gemachte Gegenstände – mit der wichtigen Ausnahme der Kunst – weisen diese Reichhaltigkeit in der Regel nicht auf, allenfalls durch die Naturstoffe und natürlichen Strukturen, die in sie eingehen. Sobald wir eine technische Konstruktion durchschaut und verstanden haben, wissen wir alles, was über sie zu wissen ist. Haben wir eine *natürliche* Konstruktion durchschaut, etwa den Bau eines Vogelflügels und seine Evolution aus den Reptilienvorderfüßen, wissen wir *nicht* alles, was über sie zu wissen ist. Vielmehr öffnet sich ein Horizont von Unbekanntem und (vorläufig) Geheimnisvollem. Naturerfahrung ist eine Erfahrung in einem offenen Horizont weiterer, ins immer Kleinere, Tiefere und Systematischere vordringender Möglichkeiten.

Dazu gehört zweitens die Unabhängigkeit von unserem Willen, ihre *Zweckfreiheit*, Autonomie und Spontaneität. Zur Gegenwelt zur Welt des Menschen wird die Natur dadurch, dass sie sich frei und aus sich heraus entfaltet, wächst, wuchert – auch wenn sie dies in der künstlichen Welt unseres Planeten weitgehend nur deshalb tut, weil es der Mensch ausdrücklich zulässt. Zwar ist Zweckfreiheit kein Proprium der Natur. Auch der Mensch verhält sich ein Stück weit naturhaft-zweckfrei, z.B. im Spiel, in der Kunst, in der Religion, im Sport und im spontanen Sich-Ausleben. Und nicht alles Künstliche ist gleichzeitig auch zweckhaft – gerade die für die Natur schädlichen Nebenfolgen der Zivilisation sind nicht durchweg auch intendiert. Aber in der Menschenwelt hat die Zweckhaftigkeit menschlichen Handelns und die Zweckrationalität von Denken und Entscheiden eine dominierende Rolle übernommen (vgl. Schramme 2000). Sie ist

4.3 Natur als Gegenwelt

sogar so dominant geworden, dass sie – manifest oder latent – zunehmend als Stressfaktor wahrgenommen wird. Gerade sie ist es, die nach Kompensation durch die Erfahrung einer durch Zweckfreiheit und Autonomie gekennzeichneten Gegenwelt verlangt. Auch wenn die Spontaneität der Natur ihre Schattenseiten hat und sie unberechenbar, launenhaft und grausam werden lässt, ist dieselbe Spontaneität doch ein Moment, das uns immens wichtig ist – zumindest soweit uns die Natur als Gegenstand unmittelbaren Erlebens entgegentritt. Das Merkmal der Autonomie und Spontaneität der Natur erklärt, warum wir unüberseh- und unüberhörbare zivilisatorische Einsprengsel in der freien Natur so krass als Störungen erleben: Sie stören den Eindruck der Autarkie und Spontaneität, der uns die „freie" Natur als Gegenwelt wert und teuer macht. Selbst in den so genannten „Naturparks" des deutschen Mittelgebirges sind die Berge in den letzten Jahren in so großer Dichte mit Sendemasten besetzt worden und hat die Lautstärke des Verkehrs auf den Bundesstraßen so zugenommen, dass es immer schwieriger geworden ist, ein Gefühl von ungestörter Natürlichkeit zu empfinden. (Auch Kunstwerke, seien sie noch so „naturnah", dürften eher auf städtische Plätze oder ins Museum gehören als in die Landschaft.) Naturfreunde, die „echte Natur" erleben wollen, sehen sich zunehmend genötigt, Langstreckenflüge nach Alaska in Anspruch zu nehmen.

Ein dritter Faktor, der uns die Natur als Gegenwelt schätzen lässt, ist dem zweiten scheinbar entgegengesetzt, hängt mit ihm aber dennoch eng zusammen. Man könnte ihn als *Resonanz* bezeichnen: Wir erleben die Natur nicht nur als Gegenwelt, sondern gleichzeitig als vertraut und auf eine nicht ganz durchschaubare Weise mit uns verwandt. Auch als das „ganz Andere" ist uns die Natur nicht gänzlich fremd. Ähnlich wie in erotischen Beziehungen ist es gerade die Gleichzeitigkeit von Fremdheit und Vertrautheit, Nähe und Ferne – analog zu Fausts „Du bist so fern und doch so nah" –, die den besonderen Reiz der Naturbegegnung ausmacht. In der Natur spiegelt sich die unbewusste Dynamik unseres eigenen vegetativen und unbewusst emotionalen Lebens, so dass wir in der äußeren Natur unsere eigene – teilweise verdrängte – innere Natur wiederfinden. Die Wildheit des Orkans spiegelt uns unsere eigene unterdrückte Wildheit wieder, der spiegelnde Bergsee die verschütteten Quellen ruhiger Gelassenheit. Im Pulsieren der natürlichen Rhythmen, dem Wechsel von Tag und Nacht, den Jahreszeiten, den Generationenfolgen der Pflanzen- und Baumvegetation erleben wir das Auf und Ab unserer eigenen Lebensphasen und Gestimmtheiten. Im Gegensatz zur Wahrnehmungswelt der Stadt mit ihrer zerebral geprägten Technizität und Literalität ist die Wahrnehmungswelt der Natur organischer, leibnäher, regressiver. In der Natur erleben wir unsere eigene

4. Natürlichkeit in der Naturethik: Welche Natur ist schützenswert?

Herkunft aus der Natur, unsere eigenen Wurzeln. Die Begegnung mit der Natur macht uns – mit einer paradoxerweise technischen Metapher von Holmes Rolston – *leitfähig* für die Natur in uns (Rolston 1997: 279).

Vermöge ihrer Urverwandtschaft mit uns selbst lädt die Natur zu projektiven Deutungen förmlich ein. Es ist ganz „natürlich", dass bereits unsere Sprache die Formen und Gestalten in der Natur zoo- oder anthropomorph beschreibt, etwa Geländeformen als Grat, Rücken, Kopf, Fuß, Flanke. Aufgrund derselben – fast unentrinnbaren – projektiven Deutung wird sie zu einem scheinbaren Dialogpartner, mit dem wir sprachlos kommunizieren können wie ansonsten nur mit Kunstwerken, zu einem Gegenüber in einem verständnisvollen, identifikatorischen und zugleich distanzierten, die Fremdheit nicht einfach überspielenden Austausch (vgl. Gerdes 2005).

Man sollte allerdings der Versuchung widerstehen, die Bedeutung der Naturerfahrung für den Menschen zu übertreiben, wie es überzeugte Naturfreunde gelegentlich tun. Charles Taylor fasst die Botschaft von Nietzsches Thesen in seiner Unzeitgemäßen Betrachtung *Schopenhauer als Erzieher* so zusammen, dass wer von der Natur „abgeschnitten ist, ... in einen Zustand der Ausdörrung, der Leere, der Abstumpfung (verfällt), in ein enges und verkümmertes Leben, in Egoismus und Feigheit" (Taylor 1994: 772). Danach müsste das Leben dessen, der von dieser Quelle von Lebenskraft und Energie abgeschnitten ist, ein gänzlich verkümmertes und unlebendiges Leben sein. Diese pessimistische Diagnose dürfte jedoch kaum der Realität entsprechen. Der Mensch ist ein ungemein anpassungsfähiges Wesen, und die Realität vieler *Workaholics*, die ihre Zeit fast vollständig in künstlichen Umwelten verbringen, zeigt, dass sich Vitalität und Lebensqualität auch ohne unmittelbare Naturerfahrung aufrechterhalten lassen. Man kann durchaus auch ohne wesentliche Einbußen an Lebensqualität als derjenige Typ Manager leben, der – wie es zum guten Ton unter Managern gehört – braungebrannt ist, aber gleichzeitig Wert auf den Hinweis legt, dass er die gesunde Gesichtsfarbe einem Sonnenstudio verdankt und nicht etwa einem Urlaub (Elliott 2003: 117f.). Auch sind in der künstlichen Welt von heute die Kindheitserfahrungen nicht mehr so zwangsläufig mit Naturerfahrungen verknüpft, dass jedem bereits aus Gründen der wörtlich verstandenen Nostalgie, dem Wunsch, in die Umwelt der eigenen Kindheit zurückzukehren, bestimmte Naturerfahrungen wertvoll werden. Immer schon hing es von biographischen Faktoren ab, welche Umwelt einem als „heimatlich" erscheint und eine gewisse Sehnsucht nach Heimkehr weckt. Aber diese Sehnsucht ist nicht mehr notwendig auf eine *natürliche* Umwelt gerichtet, sie kann sich auch auf eine urbane oder großstädtische Umwelt richten.

Natürlichkeit bezieht ihren heutigen Wert – nicht nur im genetischen, sondern auch im qualitativen Sinn – nicht zuletzt aus ihrer zunehmenden *Verknappung*. Die ökologische Krise und die Umweltbewegung haben in Mitteleuropa zwar eine Ausweitung der Schutzzonen, der ausgewiesenen Schutzgebiete, der Naturwaldzellen und Nationalparks mit sich gebracht, sie haben aber weder bei der Zersiedelung der Landschaft noch bei den vom Straßenverkehr ausgehenden Störungen zu einer Trendwende geführt. Im Gegenteil, beide haben auch in der mit der Umweltbewegung der 70er Jahre einsetzenden Phase der Rehabilitierung von Umwelt und Natur im nationalen wie im globalen Maßstab – bedingt durch das Bevölkerungswachstum, aber auch durch die zunehmende Wirtschaftstätigkeit – weiter zugenommen. Zwar enthalten die umweltpolitischen Programme aller Parteien u.a. auch Zielbestimmungen zur Eindämmung des Flächenverbrauchs durch Wohngebiete, Industrie und Verkehrswege. Aber niemand rechnet ernsthaft damit, dass diese Ziele angesichts des Drucks, vermehrt Arbeitsplätze zu schaffen, umgesetzt werden. Wie weit die „Künstlichkeit" unserer Alltagswelt mittlerweile geht, zeigen aktuelle Zahlen. So lag der Flächenanteil für Siedlung und Verkehr in Baden-Württemberg im Jahr 2004 bei 13,5 Prozent, wovon über 50 Prozent auf Gebäude- und zugehörige Freiflächen und knapp 40 Prozent auf Verkehrsflächen entfielen (Leon/Renn 2005: 135f.). Das heißt, dass rund jeder siebente Quadratmeter der Fläche von Baden-Württemberg in zivilisatorischer Weise genutzt wird – als Industriefläche, Wohnfläche, Parkplatz oder Sportgelände.

4.4 Erhaltung von Natürlichkeit im genetischen Sinn: Ursprünglichkeit

Vor einigen Jahren begegnete ich einem Forstmann, der bekannte, dass er sich im Sauerland und anderen deutschen Mittelgebirgsregionen dezidiert unwohl fühle, in deren Wäldern hauptsächlich Fichten und andere Nadelbäume den Ton angeben. Der Grund dafür war nicht, wie man erwartet hätte, dass die Pflanzung schnell wachsender Fichten im Dienste der Holzwirtschaft zu einer gewissen Eintönigkeit der Landschaft geführt hat, sondern, wie er erläuterte, dass Fichten „da einfach nicht hingehören". „Natürlicherweise" wüchsen in den deutschen Mittelgebirgslandschaften keine Fichten, sondern Buchen. In der Tat: Buchen sind dort die „potenziell natürliche" Vegetation, und das auch nicht in Form des besonders in Stadtwäldern beliebten durchsichtigen „Hallenwalds" ohne Unterholz und jüngere Bäume, sondern als „Plenterwald", in dem mehrere Jahrgänge gleichzeitig vertreten sind.

4. Natürlichkeit in der Naturethik: Welche Natur ist schützenswert?

Da, wo heute Fichten dominieren, gibt es diese erst seit dem 19. Jahrhundert. Die Frage ist aber: Ist deshalb die gesamte Vegetation dieser Landschaften „künstlich" und deshalb nach strengen Maßstäben der (genetisch verstandenen) Natürlichkeit wertlos? Ist diese Natur deshalb, weil sie „Natur aus zweiter Hand" ist, weniger erhaltenswert? Ist sie – wie die seit rund 20 Jahren geführte Diskussion um den Begriff „Faking nature" (Elliot 1982, 1997) zeigt –, ein *fake*, unecht und ohne die der echten und ursprünglichen Natur anhaftende Aura?

Wie wir gesehen haben, ist „Natürlichkeit" nicht nur im qualitativen, sondern auch im genetischen Sinn abstufbar. Der Begriff einer Ursprünglichkeit in der Extrembedeutung einer vom Menschen völlig unberührt gebliebenen, „wilden" (in der Ökologie auch „urnatürlich" genannten) Natur hat heute nur noch in sehr wenigen Weltgegenden reale Anwendungsfälle. Es ist insofern nicht überraschend, dass eine streng verstandene Ursprünglichkeit fast nur noch in der nordamerikanischen Naturethik als zentraler Wert figuriert. Ein realistischerer Natürlichkeitswert im genetischen Sinn ist das *Alter* von Vegetationen, Ökosystemen und Biotopen oder der Zeitraum, währenddessen ein Stück Natur ungestört geblieben ist (vgl. Attfield 1994). Ein derartig relativierter Begriff von Natürlichkeit ist nicht nur realistischer als der strenge Begriff, er entspricht auch eher verbreiteten moralischen Intuitionen hinsichtlich der Erhaltungswürdigkeit von Natur und Naturbestandteilen. Beim Naturschutz kommt es im Allgemeinen nicht darauf an, eine im strengen Sinn „wilde" Natur zu schützen, sondern darauf, die Natur in einem bestimmten historisch gewachsenen Zustand zu erhalten, der nicht ohne menschliche Einwirkung entstanden ist. Die Lüneburger Heide ist erhaltenswert, nicht weil sie „ursprünglich" ist – im Gegenteil, sie ist das Ergebnis von Raubbau, der Abholzung von Wäldern für die Salzgewinnung in Lüneburg –, sondern weil diese Landschaft relativ alt, traditionsreich und darüber hinaus durch Hermann Löns und andere Heidedichter zu einem Kulturgut geworden ist. Naturethiker wie Paul Taylor, die der Strategie der Eingriffsminimierung nahe stehen (Taylor 1986), insistieren insofern zu Recht nicht darauf, dass die Natur, in die nicht eingegriffen werden soll, im strengen Sinn „ursprünglich" oder „wild" ist. Nach Taylor sollten wir zwar die Natur auch dann sich selbst überlassen, wenn abzusehen ist, dass sie ohne menschliche Eingriffe verarmt oder wenn zu erwarten ist, dass Tiere es in menschlicher Obhut besser hätten als in einer für sie vielfach gefährlicheren und entsagungsreicheren Freiheit. So hätte etwa eine Impfung der Schafe im Yellowstone-Nationalpark die Erblindung und den daraus resultierenden Unfalltod zahlreicher Tiere verhindern können (Hargrove 1989: 155). Aber der Zustand der Natur, in den nicht eingegriffen werden soll, ist jeweils der Zustand der Natur, wie er gegenwärtig vorgefunden wird, und es macht für das

4.4 Erhaltung von Natürlichkeit im genetischen Sinn: Ursprünglichkeit

Bestehen der Nichtinterventionspflichten keinen Unterschied, ob dieser seit 10, 100 oder seit 1000 Jahren ohne menschliche Eingriffe geblieben ist. Bereits Henry David Thoreau, der sich auf Emersons Grundstück in Walden bei Concord in Massachuchetts zum Einsiedler in der Wildnis stilisierte, musste die Erfahrung machen, dass selbst die unberührt scheinenden Wildnisgebiete Nordamerikas weitreichenden menschlichen Einwirkungen ausgesetzt waren:

> Ich bepflanzte zweieinhalb Morgen Landes, und da erst vor fünfzehn Jahren hier gelichtet wurde und ich selbst noch zwei bis drei Klafter Wurzelholz herausgeholt hatte, so düngte ich das Land nicht. Im Laufe des Sommers zeigte sich aber an den Pfeilspitzen, die ich beim Hacken herausbrachte, dass ein ausgestorbenes Volk hier vor alten Zeiten gewohnt und Korn und Bohnen gebaut hatte, ehe die weißen Männer kamen, um das Land zu roden (Thoreau 1979: 159).

Angesichts seiner unsicheren Anwendbarkeit ist das strenge Kriterium sukzessiv durch pragmatischere Kriterien ersetzt worden. Während der US-amerikanische *Wilderness Act* von 1964 noch *wilderness* als eine Natur „untrammeled by man" definiert, hat sich der Begriff der „Wildnis" in den letzten Jahren zunehmend von der Idee einer „unberührten" Wildnis gelöst. So hat etwa die *International Union for the Conservation of Nature* (IUCN) vorgeschlagen, „Wildnis" nicht mehr historisch, sondern aktualistisch durch die Abwesenheit menschlicher Siedlungen und durch die Möglichkeit, erneut zu verwildern, zu definieren (Diemer/Held/Hofmeister 2004: 262). „Wildnis" wird damit nicht mehr mit Natürlichkeit im genetischen, sondern mit einer bestimmten Art von Natürlichkeit im qualitativen Sinn identifiziert. Als „wild" gilt das, was infolge des Unterlassens von Eingriffen in einen Zustand übergehen könnte, der qualitativ-phänomenal von einer „echten" Wildnis nicht mehr (oder möglicherweise nur noch für den Experten) zu unterscheiden ist.

Ähnliche Anpassungsbewegungen an die Dynamik der Veränderung von Ökosystemen durch Zu- und Abwanderung infolge innerer und äußerer Veränderungen machen sich auch im deutschen Naturschutz bemerkbar. So hat der Naturschutzexperte Hartmut Vogtmann kürzlich pragmatische Kriterien dafür vorgeschlagen, dass eine eingewanderte Art als „heimisch" gelten kann (Vogtmann 2005): erstens dass sie ohne den Einfluss des Menschen hierher gekommen ist oder evolutiv hier entstanden ist; zweitens dass sie direkt oder indirekt durch menschliche Einwirkung hierher gekommen ist, sich aber über mehrere Generationen ohne menschlichen Einfluss fortpflanzt. Wie bei der Staatsbürgerschaft ist damit auch in der Ökologie das *ius sanguinis* stillschweigend durch ein *ius soli* ersetzt worden. Die – leicht paradoxe – Konsequenz ist, dass auch so „exotische" Naturbestandteile wie Papageien inzwischen als „heimisch" gelten und die Zahl der in Deutschland „heimischen" Tierarten – allen Unkenrufen des Artensterbens zum Trotz – in den letzten zwanzig Jahren um 4000 zugenommen hat, zum größeren Teil durch unbeabsichtigt eingeschleppte Parasiten.

Angesichts der Schwierigkeiten, „ursprüngliche" Natur zu identifizieren, ist die Frage nicht zu vermeiden, ob die Ursprünglichkeit eines Stücks Natur im strengen Sinne überhaupt vernünftigerweise als Wert gelten kann. Ursprünglichkeit ist unbestritten immer da wichtig, wo der museale Gesichtspunkt im Naturschutz im Vordergrund steht, etwa bei „Naturdenkmälern", die ähnlich wie Kunstwerke und andere Denkmäler echt oder unecht sein können und von denen man sinnvoll fragen kann, ob sie sich im „ursprünglichen" oder in einem stark restaurierten Zustand befinden. Man kann natürlich die Frage stellen, wie wichtig Naturdenkmäler insgesamt sind und ob es nicht in vielen Fällen sinnvoller gewesen wäre, einen Parkplatz durch ein Waldstück zu ersetzen (bzw. das Waldstück gar nicht erst zu roden), als eine 1000-jährige Linde aufwendig zu konservieren. Historische Echtheit scheint jedenfalls im Naturschutz kein überragend wichtiger Wert. Strahlt etwa die wahrhaft 1000-jährige Linde – falls es eine solche unwahrscheinlicherweise geben sollte – eine Aura aus, die eine 100-jährige Linde nicht ausstrahlt? Macht das Wissen, dass Fichten erst vor 200 Jahren ins deutsche Mittelgebirge gekommen sind, das Erlebnis der von Fichten wie von einem dichten Vlies überzogenen Bergrücken weniger eindrucksvoll? Ist ein Auenwald deshalb weniger erhaltenswert, weil er seine Üppigkeit dem indischen Springkraut verdankt, einem „Exoten", den konservative Naturschützer am liebsten ausgemerzt sähen? Ist eine Kastanienallee weniger erhaltenswert, weil die Kastanie ursprünglich aus Nordamerika stammt und von Puristen leicht als Fremdkörper empfunden wird? Vordringlicher als die Erhaltung des Ursprünglichen und Alten scheint neben der Natürlichkeit im qualitativen Sinn – also der Tatsache, dass es sich überhaupt um Natürliches statt Künstliches handelt – die Erhaltung der *phänomenalen* Wildheit im Sinne des pragmatischen Kriteriums. Nicht darauf kann es ankommen, ob die Wildheit der Natur in dem Sinne unberührt oder ursprünglich ist, dass sie faktisch bis dato „unberührt" ist, sondern darauf, dass die Natur ihre phänomenale Ursprünglichkeit bewahrt, dass sie als ursprünglich *erlebt* werden kann. Möglicherweise ist diese Erlebbarkeit für den Kenner, den ökologischen *connaisseur*, der weiß, dass ein Stück Natur ein Paradies nicht aus erster, sondern aus zweiter Hand ist, in demselben Maß beeinträchtigt wie das Wissen, dass es sich um eine Kopie und nicht um das Original handelt, für den Kunstkenner. Aber die Natur lässt sich nicht nur als materialisiertes Kunstwerk erleben, für die die Unterscheidung von Original und Kopie von entscheidender Bedeutung ist, sie lässt sich – unbeeinträch-

4.4 Erhaltung von Natürlichkeit im genetischen Sinn: Ursprünglichkeit

tigt von diesem Wissen – auch als Sinfonie erleben, für die diese Unterscheidung keinen Sinn macht. Und so dürfte sie von den allermeisten, einschließlich der Naturliebhaber, erlebt werden.

Der Wertbegriff einer *phänomenalen* Ursprünglichkeit scheint sinnvoller und tragfähiger als ein strenger Begriff von Ursprünglichkeit. Erstens erlaubt dieser Begriff, dass auch da von Ursprünglichkeit und Wildheit gesprochen werden kann, wo historisch die Natur keineswegs durchgängig sich selbst überlassen geblieben ist, sondern wo erst eine bewusst verfolgte Naturschutzpolitik mit der Bewirtschaftung Schluss macht und die Natur erneut verwildern lässt. Man spricht in diesem Fall von *Prozessschutz*. Die Idee des Prozessschutzes besteht darin, bestimmte historisch veränderte Naturbestandteile sich selbst zu überlassen und damit die historisch durch menschliche Eingriffe beschränkte natürliche Dynamik wiederherzustellen, auch wenn dies gegebenenfalls bedeutet, empfindliche Substanzverluste in Kauf zu nehmen. Diese Naturschutzstrategie findet allerdings nicht bei allen gleichermaßen Zustimmung. Spätestens als die Nichtinterventionspolitik der Verwaltung des Nationalparks Bayerischer Wald in den 90er Jahren zum großflächigen Absterben von Fichten durch Trockenheit und Borkenkäferbefall geführt hatte, kam es zu massiven Protesten in der regional ansässigen Bevölkerung. Ähnlich war bereits die „Let-burn-Politik" im nordamerikanischen Yellowstone-Nationalpark, bei der durch Blitzschlag oder Hitze entstehende Brände nicht gelöscht wurden, auf Unverständnis gestoßen (vgl. Diemer/Held/Hofmeister 2004: 262).

Zweitens ist der Begriff einer phänomenalen Ursprünglichkeit auch da anwendbar, wo die Verwilderungsstrategie nicht zur „originalgetreuen" Wiederherstellung eines früheren Naturzustands an demselben Standort führt, sondern einen historischen Zustand lediglich dem Typus (von Landschaft, Vegetation, Biotop, Artenbestand usw.) nach restauriert. Eine „Naturwaldzelle" von heute muss in ihrer Artenzusammensetzung nicht exakt einem historischen Vorgänger entsprechen, um als wild und „natürlich gewachsen" zu gelten, ganz abgesehen davon, dass das Erleben von Natürlichkeit sich um die historische Genauigkeit wenig schert.

Drittens gibt es keinen Grund, warum man den „Wildnis"-Charakter der Natur nicht auch gezielt herstellen sollte, unbekümmert darum, ob es sie historisch – kontinuierlich oder mit Unterbrechungen – an dem betreffenden Standort gegeben hat. Die „Wildnis um den Großen Stern", von der Walter Benjamin in den Erinnerungen an seine Berliner Kindheit spricht (Benjamin 1950: 9ff.; vgl. Diemer/Held/Hofmeister 2004: 262) war die durch und durch „künstliche" Wildnis des erst im 18. Jahrhundert vor den Toren Berlins angelegten Tiergartens. Zur Anlage derartiger „künstlicher" Wildnisgebiete bieten sich insbesondere Flächen an, für die keine Nutzungskonkurrenz durch zivilisatorische Nutzungsformen besteht, wie etwa Areale, die wegen Bergbauschäden nicht bebaut werden können. Solange man „Natürlichkeit" im genetischen Sinn nicht puristisch versteht, spricht nichts dagegen und alles dafür, „Natürlichkeit" nicht nur zu erhalten oder wiederherzustellen, sondern auch neu zu schaffen und zu gestalten – indem man „künstlich" Anfangsbedingungen setzt, von denen aus sich die Eigendynamik der Natur im Sinne des Prozessschutzes spontan und ungestört entfalten kann. Prozessschutz ist in dieser Weise ein Kompromiss zwischen der inhärent konservativen Tendenz der Idee des Naturschutzes und den Chancen einer progressiven Weiterentwicklung, Anreicherung und Vervollkommnung der natürlichen Umwelt. Ursprünglichkeit wird als Wert anerkannt, aber in einem Sinn, der eine umsichtige, der Natur ihre „Freiheit" lassende Intervention nicht ausschließt.

Die rechtlichen Grundlagen des Naturschutzes tragen diesen Überlegungen schon seit längerem Rechnung. Im deutschen Bundesnaturschutzgesetz von 1976 wird in §1 die *Entwicklung* von Natur und Landschaft dem *Schutz* und der *Pflege* von Natur und Landschaft gleichberechtigt an die Seite gestellt. „Entwicklung" ist hier nicht daran gebunden, dass sie lediglich auf die Wiederherstellung des „ursprünglichen" Naturzustands am Standort zielt oder überhaupt an historischen Fakten orientiert sein muss.

In dem Bemühen, von einem „defensiven" zu einem „aggressiven" oder „invasiven" Naturschutz überzugehen und den Akzent – auch angesichts der intensiven Nutzungsgeschichte der verfügbaren Natur – nicht mehr auf Naturerhalt, sondern auf Naturentwicklung zu legen, gehen die Niederlande noch einen Schritt weiter, indem sie Rinder, Schafe und andere als Nutztiere verwendete Tiere gezielt *entdomestizieren*. Diese Tiere werden geplant in die „freie Natur" entlassen und nur in besonderen Fällen tierärztlich versorgt – eine Strategie, die nicht nur praktische, sondern auch begriffliche und ethische Fragen aufwirft (vgl. Klaver u.a. 2002). Eine *begriffliche* Frage ist, wie angemessen es ist, diese Tiere nach der „Auswilderung" tatsächlich als wild einzustufen. Diese Tiere leben in umzäunten Gebieten, in denen sie obendrein keine natürlichen Fressfeinde haben. Aber viele Parkmanager, Ranger und Ökologen scheinen sie unter biologischen Gesichtspunkten mit Wildtieren gleichzustellen. Die begriffliche Frage ist aber auch unter ethischen Aspekten bedeutsam. Allgemein fühlen wir uns für Tiere, die wir zu Nutzungszwecken gezielt gezüchtet, aufgezogen und gehalten haben, in höherem Maße verantwortlich als für Wildtiere, aus denen wir zwar auch Nutzen ziehen, aber ohne sie zu diesem Zweck einem menschlichen Regime zu unterwerfen oder allererst hervorzubringen. Gegenüber Wildtieren werden gemeinhin keine positiven

Pflichten anerkannt, und die wenigen Naturethiker, die erwägen, auch gegenüber Wildtieren positive Pflichten – der Lebenserhaltung, der Gesunderhaltung oder der Steigerung von Lebensqualität – zu postulieren (z.B. Wolf 1988: 240f.), gehen selten so weit, ihnen gegenüber dasselbe Ausmaß von Verantwortung wie gegenüber Nutz- und Haustieren zu fordern. Die Frage nach dem Ausmaß der Verantwortung stellt sich in diesem Fall mit besonderer Schärfe. Denn die „Auswilderung" von domestizierten Tieren ist mit besonderen Problemen verknüpft. Da die Tiere an menschliche Pflege gewöhnt sind, können sie in der Freiheit Symptome eines chronischen Stresses zeigen, der seinerseits ein erhöhtes Risiko von Krankheit, Verletzung und gewalttätigem Verhalten mit sich bringt. Die ethischen Perspektiven von Tierethikern und Naturschutzethikern gehen in diesem Fall weit auseinander (vgl. Hargrove 1992): Tierethiker werfen Naturschutzethikern Grausamkeit gegenüber leidenden Tieren vor, Naturschutzethiker denunzieren Tierethiker als Opfer eines „Bambi-Syndroms" (Klaver u.a. 2002: 10).

4.5 „Faking nature"

Läuft eine wie immer motivierte Ersetzung der historischen durch eine phänomenale Natürlichkeit nicht dennoch auf die Rechtfertigung einer Täuschung, eines *fake* hinaus? Ist die negative Konnotation, die in der in der Naturschutzdiskussion verbreiteten Redeweise von Floren- oder Faunen*verfälschung* mitschwingt, nicht dennoch ein Stück weit berechtigt?

Unter mindestens drei Bedingungen scheint sie in der Tat berechtigt: Erstens, wenn der falsche *Anschein* der Echtheit und Authentizität erweckt wird und etwa ein Waldstück als „Urwald" deklariert wird, der es nicht ist und von dem diejenigen, die ihn als solchen deklarieren, wissen oder zumindest glauben, dass er es nicht ist. Dabei ist es gleichgültig, ob das betreffende Waldstück qualitativ mit dem am Standort ursprünglichen übereinstimmt (und insofern eine Replik oder Imitation des ursprünglichen ist). In diesem Fall besteht die negative Wertung insofern zu Recht, als es sich bei der Deklarierung des „Urwalds" um einen Akt vorsätzlicher Täuschung handelt. Diese Deklaration ist moralisch kritikwürdig in demselben Sinne, in dem es die Deklarierung eines Imitats als echt oder die Fälschung eines Ausweises ist.

Zweitens, wenn das *fake* als Imitat oder Fälschung so *offenkundige* Züge von Künstlichkeit trägt, dass es vom Original (falls dies bekannt ist) bzw. von einem möglichen Original nicht nur seiner Herkunft

4. Natürlichkeit in der Naturethik: Welche Natur ist schützenswert?

nach, sondern auch seiner Erscheinungsweise nach so weit abweicht, dass es als „billige Imitation" erkennbar und zumindest unter ästhetischen Gesichtspunkten kritikwürdig ist. In diesem Fall mangelt es nicht nur an der Natürlichkeit im genetischen, sondern auch an der Natürlichkeit im qualitativen Sinn. Das *fake* lässt die Absicht erkennen, „natürlich" zu wirken, erreicht diese Absicht aber so wenig, dass es lächerlich, grotesk, sentimental oder „kitschig" wirkt. Beispiele sind „schlecht gemachte" künstliche Blumen, Plastikkakteen, Spanplatten mit Kunststoffbeschichtung in Holzdesign oder das in den Innenhöfen mancher asiatischer Hotels zu vernehmende Vogelgezwitscher vom Band. Viele nehmen an *fakes* dieser Art u. a. deswegen ästhetisch Anstoß, weil diese so wenig perfekt sind, dass sie mühelos als *fakes* erkennbar sind. An etwas perfekteren Imitaten könnten sie durchaus Gefallen finden.

Drittens kann man ein *faking nature* aber auch deshalb ablehnen, weil man im Sinne eines normativen Prinzips der Natürlichkeit im genetischen Sinn hohe Ansprüche an die historische Authentizität der Natur stellt und alle menschengemachten Veränderungen (zumindest diejenigen ab einem bestimmten Ausgangszeitpunkt) als „Verfälschung" ablehnt, auch solche, die die ästhetische Wertigkeit der ursprünglichen Natur steigern wollen und möglicherweise auch tatsächlich steigern. Wir können uns diesen Kritiker am besten als jemanden vorstellen, der sein Herz an einen bestimmten vergangenen Zustand eines Stücks Natur verloren hat und nach längerer Zeit feststellen muss, dass sein Erinnerungsbild und die gegenwärtige Gestalt des Stücks Natur nicht mehr übereinstimmen – aus Gründen, die nicht in der Natur selbst, sondern in anthropogenen Einwirkungen liegen.

Wenn Kant an einer bekannten Stelle der *Kritik der Urteilskraft* das Beispiel eines Gastwirts zitiert, der seinen Burschen im Wirtsgarten den Gesang der Nachtigall nachahmen lässt, um mit diesem Trick Gäste anzulocken, so kann dieses Beispiel in jeder der genannten Dimensionen einer „Verfälschung" von Natürlichkeit interpretiert werden. Die „Geschmacklosigkeit", die Kant meint, wenn er sagt, dass dieses künstliche Nachahmen des Schlagens der Nachtigall „unserem Ohre ganz geschmacklos zu sein dünkt" (Kant 1968b: 302), kann „geschmacklos" sein, weil die Gäste getäuscht werden (Fall 1), weil die Nachahmung unvollkommen und insofern ästhetisch zweifelhaft ist (Fall 2) oder weil das „bezaubernd schöne" Schlagen der Nachtigall nicht von einer echten Nachtigall stammt (Fall 3). Nimmt man Kants Bemerkung beim Wort, müsste Kant die zweite Form von „Unnatürlichkeit" im Auge haben, denn im ersten Fall wird zwar unser Moralempfinden, aber nicht unser Ohr beleidigt, und im dritten Fall könnte unser Ohr, wäre die Nachahmung perfekt, zwischen Echt und Unecht nicht unterscheiden. Aus dem Zusammenhang geht allerdings hervor,

4.5 „Faking nature"

dass Kant die dritte Form von Unnatürlichkeit gemeint haben muss: Nicht die sinnlich-phänomenale Gestalt des Natur-Imitats macht es zu einer Geschmacklosigkeit, sondern die Tatsache, dass es nicht authentisch ist und diese Authentizität bloß vortäuscht. In dieser Hinsicht trifft sich Kant mit den Autoren, die in der Debatte um das *faking nature* mit großer Entschiedenheit die Auffassung vertreten, dass es bei Wertschätzung von Natur nicht nur auf deren Was und Wie, sondern auch auf das Woher ankommt.

Robert Elliot und Eric Katz, die Protagonisten auf dieser Seite der Debatte, haben zweifellos guten Grund, darauf hinzuweisen, dass der *mainstream* der Naturethik sich zu einseitig auf qualitative Naturwerte konzentriert und historischen Wertaspekten zu wenig Raum gibt. Sie weisen zu Recht darauf hin, dass auch relationale Werte wie der Wert des „natürlichen Entstandenseins" als intrinsische Werte aufgefasst werden können. Wie sehr ein Stück Natur wertzuschätzen ist, muss nicht ausschließlich von seiner qualitativen Beschaffenheit abhängen, es kann auch von seiner schieren Ursprünglichkeit abhängen. Auch ihrer weiteren These ist zweifellos zuzustimmen, dass es ein Missverständnis wäre zu glauben, dass eine axiologisch fundierte Naturethik – wie sie in der Mehrzahl der Entwürfe einer Naturethik vertreten wird – die Einbeziehung historischer Werte bereits aus logischen Gründen ausschließt (vgl. Elliot 1982, Katz 1985, Elliot 1997). Der Ansatz einer Naturethik, die menschliche Verpflichtungen im Umgang mit der Natur mit Bezug auf bestimmte Wertqualitäten der Natur begründet, die zu erhalten, wiederherzustellen oder neu zu schaffen sind, kann durchaus auch historische Wertqualitäten integrieren. Der Wert eines Stücks Natur, der es erhaltungswürdig macht, muss nicht nur in seiner Natürlichkeit (im qualitativen Sinn), in seinen ästhetischen Qualitäten, in seiner ökologischen Bedeutung, in seiner wissenschaftlichen Interessantheit oder in seiner symbolischen Wertigkeit liegen. Er kann auch in historischen Faktoren wie den Umständen seiner Entstehung oder seinem Alter begründet sein oder darin, dass er „von Anfang an da war" und nicht einmal indirekt durch den Menschen verändert worden ist. Aber damit wird nicht die eigentlich entscheidende und strittige Frage beantwortet. Die entscheidende Frage ist nicht die *formale* Frage, ob historische Natürlichkeitsqualitäten in den Rahmen einer axiologisch fundierten Naturethik integriert werden können, sondern die *inhaltliche* Frage, wie plausibel eine solche Integration ist und welcher Stellenwert dem Wert historischer Authentizität im Vergleich mit qualitativen Naturwerten wie Schönheit, ökologische Bedeutung, Interessantheit und Symbolträchtigkeit zukommt.

Elliots Strategie zur Stärkung der Rolle der Authentizität von Naturbestandteilen besteht in der Behauptung einer Parallelität zwischen den Wertkategorien, die wir *de facto* für nicht-reproduzierbare Kunstwerke gelten lassen, und denen, die wir für die Natur und ihre Bestandteile gelten lassen sollten: Wie in der Kunst eine Kopie nicht ganz denselben Wert besitzt wie das Original, sollte auch in der Natur eine Ersetzung des Originals durch eine qualitativ gleichwertige Kopie als Wertverlust gelten. Auch dann, wenn das Element der Täuschung nicht vorliegt, soll das *fake* umso weniger wertvoll sein, je mehr es sich seiner Genese nach vom Original entfernt. Elliot unterscheidet dabei eine Reihe von Stufen abnehmender Authentizität und eines entsprechend zunehmenden Wertverlusts (vgl. Elliot 1997: 106). Die relativ „unschuldigste" und unbedenklichste Zerstörung von Authentizität soll dann vorliegen, wenn die ursprüngliche Natur durch eine qualitativ gleichwertige ersetzt wird und anschließend auf weitere anthropogene Eingriffe verzichtet wird (das Modell des Prozessschutzes nach einer Phase naturverändernder Eingriffe). Weniger unbedenklich sei auf der zweiten Stufe die Wiederherstellung der ursprünglichen Natur nach einer Phase der Zerstörung und Ausbeutung (etwa durch die Renaturierung von für den Tagebau genutzten Landschaften). Auf der dritten Stufe stehe die Simulation ursprünglicher Natur mit künstlichen Materialien (Kants Nachtigall), auf der vierten schließlich die Simulation realer Natur durch eine virtuelle Natur, etwa in Gestalt von Medien, inneren Bildern oder drogeninduzierten Träumen.

Die Stoßrichtung von Elliots Ursprünglichkeitsethik wird insbesondere aus seiner „Anti-Ersetzbarkeits-These" (Elliot 1997: 80) deutlich. Diese These besagt, dass der durch die historische Diskontinuität verursachte Wertverlust auch durch seine vollständige Wiederherstellung nicht restlos kompensierbar ist – nicht nur nicht durch die Wiederherstellung eines Stücks Natur an anderer Stelle („type restoring"), sondern auch nicht durch die Wiederherstellung des Stücks Natur an derselben Stelle („token restoring"). Auch einer vollständig wiederhergestellten Natur mangele es an der Wertkomponente der Ursprünglichkeit. Dabei will allerdings Elliot nicht ausschließen, dass dieser Wertverlust möglicherweise durch eine mögliche anthropogene qualitative *Verbesserung* kompensiert werden kann, zumindest soweit die Zerstörung von Ursprünglichkeit unter rein axiologischen Gesichtspunkten, also als Bilanzierung von Werten aufgefasst wird. Eine solche Auffassung wäre nach Elliot allerdings grob unangemessen: Die Zerstörung von Ursprünglichkeit besitzt für ihn auch unabhängig von der axiologischen Wertbilanz einen – nur deontologisch zu fassenden – moralischen Unwert (Elliot 1997: 113f.). Ähnlich wie bei Übergriffen im gesellschaftlichen Bereich soll auch gegenüber der Natur eine Schädigung durch eine anschließende Wiedergutmachung nicht restlos kompensierbar sein. Was für den sozialen Bereich gilt, nämlich dass wir in der Regel nicht bereit sind, einen Diebstahl bereits dann für un-

4.5 „Faking nature"

problematisch zu halten, wenn er unter der Voraussetzung erfolgt, dass der Dieb dem Bestohlenen zu einem späteren Zeitpunkt mehr als den gestohlenen Betrag zurückerstattet, soll auch für Verstöße gegen die Natur gelten. Auch dann, wenn die Natur unter der Zusicherung zerstört wird, dass sie anschließend in einer „verbesserten" Form wiederhergestellt wird, und sie dann in der Tat in „verbesserter" Form neu ersteht, ist die Zerstörung als solche nicht entschuldigt:

> We cannot justify some act of despoliation by saying that we will later carry out restitutive acts. Destructive acts, moreover, have disvalue over and above the disvalue of the consequences and this must be off-set against the value of later restitutive acts (Elliot 1997: 115).

Elliot hat sicher Recht, wenn er sein Verbot einer Zerstörung von Ursprünglichkeit als ein deontologisches Verbot einführt. Denn anders als im sozialen Bereich scheint sich ein solches Verbot nicht rein axiologisch rechtfertigen zu lassen. (In demselben Maße trägt allerdings auch die Analogie zwischen der Nicht-Kompensierbarkeit von Diebstählen und der Nicht-Kompensierbarkeit von Naturzerstörungen nicht.) Dass Diebstahl und Körperverletzungen verboten sind, hängt nicht nur damit zusammen, dass beide den Betroffenen schlechter stellen, als er vorher gestellt war, sondern auch damit, dass dadurch die Sicherheit vor Schädigungen beeinträchtigt wird und sich Menschen vor schädigenden Übergriffen ängstigen. Die Zusicherung, dass uns eine Körperverletzung zu einem späteren Zeitpunkt durch noch so viel zusätzliches Wohlbefinden „vergütet" wird, kann uns nur wenig darüber hinweg trösten, dass wir der Körperverletzung unfreiwillig ausgesetzt werden. Auf die Natur, soweit sie bewusstseinsunfähig ist, lässt sich diese Überlegung jedoch nicht anwenden. Allenfalls höhere Tiere sind mögliche Subjekte von Gefühlen von Bedrohung. Allenfalls in deren Kontext kann der Anwendung von Zwang, Täuschung und List über die Schlechterstellung hinaus ein besonderer Unrechtsgehalt zukommen.

Das ist aber nicht das einzige Bedenken, das man gegen Elliots Aufwertung der Ursprünglichkeit geltend machen kann. Eine weitere und grundsätzlichere Frage ist, wie weit die Kategorien, die wir mit gutem Recht im ästhetischen Bereich verwenden, auf die Natur übertragen werden können. Bei einem Kunstwerk sind die historischen Umstände seiner Entstehung, etwa seine Innovativität gegenüber dem zu seiner Entstehungszeit bestehenden *state of the art* unbestritten bewertungsrelevant. Auch eine perfekte Sinfonie im Stil Beethovens, von einem Heutigen komponiert, wäre von zweifelhaftem ästhetischen Wert. Gilt ähnliches auch für die Natur? Eine Voraussetzung dafür wäre, dass auch die Bewertung von Naturbestandteilen in einem beträchtlichen Maße kognitiv vermittelt ist, etwa durch die Kenntnis seiner Entstehungsgeschichte in geologischer und ökologischer Hinsicht. Nicht die „ästhetischen" Qualitäten der Natur im Sinne von *hic et nunc* wahrnehmbaren Qualitäten müssten bewertungsentscheidend sein, sondern das, was wir über ein Stück Natur wissen. In der Tat geht Elliot von dieser Voraussetzung aus (vgl. Elliot 1997: 96). Wie bei Kunstwerken sollen auch die „aufgeklärten" Bewertungen nicht rein reaktiv und nicht bloß auf die sinnliche Oberfläche gerichtet sein, sondern zu einem wesentlichen Teil von Hintergrundinformationen abhängen. Ebenso wichtig wie die Tatsache, dass ein Urwald wie ein Urwald aussieht und wirkt, soll die Tatsache sein, dass wir wissen, dass es tatsächlich ein Urwald ist.

Genau an diesem Punkt lässt sich jedoch die Tragfähigkeit der Analogie bestreiten. Kategorien wie Originalität, Kreativität, Innovativität, die im Phänomenkreis der Kunst ihr gutes Recht haben, sind auf die Natur nicht anwendbar und beschränken die Übertragbarkeit von Authentizitätskategorien. Historische Eigenschaften können einem Stück Natur Wert verleihen und es um dieses Werts willen erhaltenswert machen – aber nur in engen Grenzen. „Unersetzlich" im wörtlichen Sinn sind Naturobjekte lediglich als Objekte, denen eine besondere historische Bedeutung zukommt oder die Gegenstand einer hochgradig individualisierten Beziehung geworden sind. (Es ist kein Zufall, dass der Ausdruck „Naturdenkmal" in der Zeit des Historismus geprägt wurde.) Nur dann, wenn eine dieser beiden Bedingungen vorliegt, kommt es auf die strikte diachrone Identität des heutigen Objekts mit einem historischen Objekt an. Bei einem Naturdenkmal ist die Identität des heutigen mit einem historischen Naturgegenstand ebenso wichtig wie bei einem Autographen, und ebenso wichtig ist sie bei einer Pflanze oder einem Tier, die einem „ans Herz gewachsen" und insofern unersetzbar geworden sind. Im Regelfall ist jedoch auch im Bereich der Kultur historische Authentizität, Echtheit oder Alter kein unabwägbarer Wert, und er ist in der Regel an den Besitz weiterer Wertqualitäten gebunden. Das Alte, Uralte und seit jeher Bestehende wird in der Regel nur dann für erhaltungswürdig gehalten, wenn es darüber hinaus in anderer Hinsicht wertvoll ist, etwa durch seinen dokumentarischen Wert, seine wissenschaftliche Interessantheit oder seine künstlerische Bedeutung. Soweit sich ein sehr alter Naturbestandteil als ausgesprochen schädlich erweist, spricht im Allgemeinen nichts dagegen, ihn aus der Natur zu eliminieren, um künftigen Gefährdungen zuvorzukommen – auch wenn einige strenge Biozentriker wie Ehrenfeld (1978: 208) so weit gehen, selbst noch dem Pockenerreger ein strenges und unabwägbares Existenzrecht zuzuschreiben.

Es gehört zur inneren Dialektik der Idee der Natürlichkeit im genetischen Sinn, dass je rigoroser diese Idee verstanden und zur praktischen Maxime gemacht wird, in der Regel ein umso größerer Aufwand

4.5 „Faking nature"

an Eingriffen und „künstlichen" Anstrengungen zur Erhaltung des Natürlichen erforderlich wird. Dieser ist vor allem dann zu erwarten, wenn die in ihrer Ursprünglichkeit zu erhaltenden Naturbestandteile von nebenwirkungsreichen zivilisatorischen Aktivitäten gewissermaßen „umzingelt" sind, die die Konstanz ihrer ursprünglichen Beschaffenheit gefährden und die mit „künstlichen" Mitteln abgeschirmt oder kompensiert werden müssen. Wie in der bildenden Kunst oder der so genannten „historischen" Aufführungspraxis in der Musik steigt der Aufwand mit dem Grad an angestrebter Authentizität: Zugangsbeschränkungen müssen verhängt und implementiert, Spuren anthropogener Einflüsse diagnostiziert und getilgt, natürliche Einwirkungen und Entwicklungen aus Phasen nach der zu konservierenden beseitigt werden. Um eine zum Kulturprodukt gewordene Natur zu renaturieren, muss der Mensch in der Natur spontan auftretende Prozesse künstlich inszenieren. Um seltene Arten zu erhalten, muss er gelegentlich „Naturkatastrophen" simulieren und Prozesse auslösen, die ursprüngliche Zustände imitieren, etwa bewusst Waldbrände auslösen, um künstlich die Lebensbedingungen herzustellen, die durch Zivilisationsfolgen – etwa durch die großflächige Überdüngung der Böden mit Schwefeloxiden infolge des Straßenverkehrs – verloren gegangen sind. Noch aufwendiger kann die *Wiederherstellung* eines früheren Zustands sein, etwa bei der Wiederansiedlung von Wildtieren wie des Adlers im Bayerischen Wald oder bei der Rückzüchtung des Tarpanpferds durch eine gezielte Rückgängigmachung der über Jahrtausende erfolgten Anzüchtung von Nutztiereigenschaften. In einer künstlichen Welt, in der sich die ursprünglichen Relationen umgekehrt haben und die künstliche Welt nicht mehr eine Insel inmitten von Natürlichkeit, sondern die natürliche Welt eine Insel im Ozean der Künstlichkeit ist, ist Natürlichkeit im genetischen Sinn, auch wenn man sie nicht im strengstmöglichen Sinne interpretiert, nicht ohne erhebliche technische Anstrengungen zu haben.

Die Natürlichkeit der Natur ist damit aber nicht nur zu einer technischen, sondern auf dem Hintergrund der Vielzahl der verfügbaren Optionen auch zu einer „Kulturaufgabe" (Markl 1986) geworden. Die Ziele des Naturschutzes sind nicht auf einen einfachen gemeinsamen Nenner zu bringen, sondern bilden eine Wittgensteinsche „Familie" miteinander verwandter Zielbestimmungen. Deshalb ist in jedem einzelnen Fall eine Entscheidung erforderlich, welches dieser Ziele Priorität haben soll: die Erhaltung von ursprünglicher Natur (wie in den nordamerikanischen Nationalparks), der Prozessschutz (wie in einigen deutschen Nationalparks), die Erhaltung bestimmter historischer Naturzustände (wie im Wilseder Naturpark), die Wiederherstellung historischer Naturzustände (die Wiederansiedlung von Adlern, die Rückzüchtung von Pferden), die Erhaltung des gegenwärtigen Naturzustands (gegen verändernde natürliche und zivilisatorische Einwirkungen) oder die Neuschaffung von Naturzuständen unter ästhetischen, ökologischen, touristischen, Erholungs- und anderen zivilisatorischen Gesichtspunkten. Es ist eine Kulturaufgabe, zu entscheiden, welche der verschiedenen Arten von Naturschutzzielen im jeweils gegebenen Fall sinnvoll ist und mittel- und langfristig verfolgt werden soll. Zusätzlich muss im Fall einer Orientierung an der „ursprünglichen" Natur entschieden werden, wie diese „Ursprünglichkeit" historisch datiert werden soll. Soll der Zustand einer Landschaft im Mittelalter als Modell dienen oder ein sehr viel früheres Stadium, etwa nach der letzten Eiszeit? Sollten wir in den Regionen des deutschen Mittelgebirges die Tundra wiederherstellen, die es dort nach dem Rückzug der eiszeitlichen Gletscher gab, oder den Buchenwald des Mittelalters? Diese Fragen können ihrerseits – außer nach Kriterien der Realisierbarkeit und der vertretbaren Kosten – nur wiederum nach kulturellen Kriterien entschieden werden, insbesondere nach ästhetischen Kriterien, nach Kriterien des Bildungswerts historisch bedeutender Naturgestaltungen und nach Kriterien der Angepasstheit an die vorgesehenen Nutzungsfunktionen.

4.6 Natürlichkeit im qualitativen Sinn – ästhetisches oder auch ethisches Prinzip?

Welche Rolle spielen Natürlichkeitsüberlegungen im qualitativen Sinn bei solchen Entscheidungen, welche Rolle sollten sie spielen? Ist die Neugestaltung einer Landschaft – etwa bei der Renaturierung von aufgelassenen Tagebauen –, ist die Anlage eines Parks, ist die Richtung, in die eine Pflanzen- oder Tierart weitergezüchtet wird, umso akzeptabler oder wünschenswerter, je „natürlicher" oder „naturnäher" sie in dem Sinne ist, dass sie sich in ihrer Erscheinungsform der ursprünglichen Natur in einer ihrer historischen Formationen annähert – nicht der Natur, wie sie an *diesem* Standort irgendwann ausgesehen hat, aber doch der Natur an irgend einem anderen Ort zu irgendeiner anderen Zeit?

Es scheint wenig wahrscheinlich, dass solange im Wesentlichen *ästhetische* Kriterien über die Akzeptabilität der Neugestaltung von Natur entscheiden, diese Kriterien mit der „Natürlichkeit" der Resultate dieser Gestaltungen im angegebenen Sinn korrelieren. Man kann die südenglische Parklandschaft für eine gelungenere Form der nutzungsorientierten Naturgestaltung halten als die „ausgeräumten" und der Hecken und Waldstreifen beraubten Äcker Norddeutschlands, ohne dass die erste doch in dem hier relevanten Sinn „natürlicher"

4.6 Natürlichkeit im qualitativen Sinn

wäre als die letztere. Eher im Gegenteil: An baumloser Steppe mangelt es in der Natur nicht, aber wo gibt es in der ursprünglichen Natur eine derartig ausgedehnte Parklandschaft? Ästhetisch ist der Park ein Höhepunkt der Vervollkommnung der Naturgestaltung, aber er ist zumindest in seiner Erscheinungsform als französischer Garten das Äußerste an Unnatürlichkeit. Die Schlossparks von Versailles oder Hannover-Herrenhausen symbolisieren die Herrschaft der Geometrie und damit des menschlichen Geistes über die Natur. Ihr Ideal ist die perfekte Beherrschung der natürlichen Spontaneität durch vom Menschen ersonnene, strenge oder spielerische Formen. Sie entfernen sich damit nicht nur von der natürlichen Natur, sondern inszenieren diese Entfernung demonstrativ. Zwar kennt auch die ursprüngliche Natur geometrische Formen, z.B. die sechseckige Bienenwabe, die Vogelfluglinie, die Plattenarchitektonik eines Canyons. Aber diese spielen in der ursprünglichen Natur eine marginale Rolle. Aus der Perspektive der Luftaufnahme erkennen wir in der Regel geometrische Formen zuverlässig als technische und landwirtschaftliche Formen der Naturnutzung (vgl. Dessauer 1956: 206). Geometrie ist das Prinzip der Architektur und nicht der ursprünglichen Natur. Der französische Garten behandelt seine natürlichen Materialien wie die Bausteine eines Bauwerks. Wenn wir diese Perfektion bewundern, bewundern wir ausschließlich den Gartenkünstler, nicht die Natur, die sich seinen Künsten als Material fügt. Im englischen (wie auch im japanischen) Garten bewundern wir dagegen beides, den Gartenkünstler und die Natur. Diese wird hier zwar nicht weniger gnadenlos der Herrschaft des Menschen unterworfen, aber doch zu dem alleinigen Zweck, die eigenen Formen und Gestaltungen in ihren ästhetisch vollkommensten Ausprägungen zur Darstellung zu bringen. Auch hier wird die Natur zum Material der Objektivierung menschlicher Gedanken, es werden ihr vom Menschen ausgedachte Formen oktroyiert. Aber diese Gedanken kreisen um die Natur selbst, idealisieren die Natur in der durch sie selbst vorgegebenen Richtung, vervollkommnen ihre Formen und Gestaltungen über ihre empirische Erscheinungsform hinaus. In diesem Sinn kann man in der Tat – mit Gernot Böhme (Böhme 1989: 87) – von einem gelungenen Beispiel von „Allianztechnik" im Sinne Blochs sprechen, einer Koalition von Geist und Natur zur Vervielfachung der in der Natur nur in seltenen „Glücksfällen" anzutreffenden Vollkommenheiten.

Damit soll nicht gesagt sein, dass es legitim ist, den französischen Garten allein um seiner Naturferne willen ästhetisch abzuwerten. Dieser Gartentyp muss an seinem eigenen Anspruch gemessen werden, und die Annäherung an oder die Überbietung natürlicher Formen gehört gerade nicht zu diesem Anspruch. Ein vernachlässigter französischer Garten, in dem sich die Natur einen Teil ihrer Autonomie zurückerobert hat, ist eindeutig weniger vollkommen als die Künstlichkeit eines perfekt gepflegten Exemplars. Analoges gilt für den englischen Garten mit seinem Anspruch auf perfekte Inszenierung scheinbar „natürlicher" Naturansichten. Er büßt in demselben Maße an ästhetischer Vollkommenheit ein, in dem er das ihm immanente Prinzip der Natürlichkeit aufgibt und durch die Massierung von theatralischen Elementen wie Grotten, Katarakten und Burgruinen seine Inszeniertheit selbst thematisiert und dadurch unglaubwürdig wird. Gerade englische Gärten von ansonsten hohem ästhetischen Wert wie der Bergpark in Kassel-Wilhelmshöhe vermitteln durch das Übermaß solcher Elemente den zwiespältigen Eindruck eines romantischen Disneylands.

Eine bedeutendere Rolle als da, wo ästhetische Kriterien den Ausschlag geben, spielt das Prinzip der Natürlichkeit – im Sinne der Übereinstimmung mit spontanen natürlichen Gestaltungen – im Bereich der Pflanzen- und Tierzucht und bei der Nutzung höherer Tiere zu menschlichen Zwecken. In diesen Bereichen übernimmt Natürlichkeit im qualitativen Sinn regelmäßig nicht nur eine ästhetische, sondern auch eine ethische Leitfunktion. Ohne die Annahme, dass Natürlichkeit als zumindest prima facie geltendes ethisches Prinzip zugrunde gelegt wird, sind viele Formen der moralischen – und nicht nur ästhetischen – Ablehnung von Weiterentwicklungen der vorgefundenen Naturgestalten in diesen Bereichen nur schwer verständlich zu machen. Das gilt etwa für das verbreitete Unbehagen gegenüber gentechnischen Züchtungen, das durch das Risikopotenzial der meisten dieser Züchtungen nicht hinreichend erklärt werden kann und in einem merkwürdigen Kontrast zur Akzeptanz der so genannten „konventionellen" Züchtungsmethoden steht, bei denen ebenfalls avancierteste Technik zum Einsatz kommt, etwa in den Bestrahlungsanlagen, mit denen in Japan Reissorten um der Beschleunigung der Mutationen willen hohen Strahlendosen ausgesetzt werden. Eine genaue Diagnose der speziell auf die „grüne Gentechnik" gerichteten Ablehnungshaltungen wird allerdings dadurch erschwert, dass Bedenken aufgrund der extremen „Unnatürlichkeit" der Züchtungsverfahren und ihrer Produkte vielfach als Risikoargumente in die politische Diskussion eingebracht werden, so dass die Beweggründe dafür, dass die Risiken ausschließlich oder vornehmlich bei den ausgeprägt „künstlichen" und nicht auch bei den „konventionellen" Verfahren gesehen werden, im Dunkeln bleiben. Insgesamt scheint jedoch die anhaltende Debatte um den Einsatz von Gentechnik in der Landwirtschaft, aber auch um die Züchtung transgener Tiere nur verstehbar, wenn man Natürlichkeitsprinzipien wenn nicht eine tragende, so doch zumindest eine unterstützende Rolle zuweist. Allerdings werden diese Prinzipien nur selten offen gelegt, u. a. wohl auch deshalb, weil diese Prinzipien umstrit-

4.6 Natürlichkeit im qualitativen Sinn

tener sind als Prinzipien der Risikovermeidung und – ähnlich wie religiöse Prinzipien – leicht den Anschein des Vormodernen erwecken. Einige Tatsachen weisen jedoch darauf hin, dass den verbreiteten Ablehnungshaltungen nicht nur das Interesse an Risikovermeidung zugrunde liegt: erstens, dass die Gegnerschaft gegen die Anwendung der Gentechnik in diesen Bereichen nicht nur, aber auch bei denen vorherrscht, die für den Naturschutz und die Begrenzung von zivilisatorischen Aktivitäten allgemein eintreten, und zweitens, dass in den USA zwar eine ausgesprochen risikoaversive Haltung gegenüber Gesundheitsgefährdungen verbreitet ist, der Einsatz von Gentechnik in der Landwirtschaft und in der Tierzüchtung aber weithin akzeptiert wird.

Während sich bei den als „naturwidrig" abgelehnten Pflanzenzüchtungen latente Natürlichkeitsprinzipien unter Risikoargumenten verstecken können, sind im Bereich des Tierschutzes Natürlichkeitsprinzipien nicht immer zuverlässig von genuin tierschützerischen Prinzipien der Leidensvermeidung und der Nichtschädigung zu unterscheiden. In der Tat sind viele als „monströs" und deshalb inakzeptabel beurteilte Züchtungen in diesem Bereich zugleich unter dem Aspekt der Leidenszufügung bzw. der Schädigung moralisch problematisch, etwa die transgene Onkomaus, die genau deshalb, weil sie von Geburt an krebskrank ist, als Versuchstier für die Forschung hochwillkommen ist, oder das auf die Fleischproduktion optimierte Hausschwein, das nur noch mit medikamentöser Unterstützung lebensfähig ist. Autoren aus der Veterinärmedizin sehen die Tierzüchtung und -nutzung im Wesentlichen nur durch die die „klassischen" und den Grundlagen des Tierschutzrechts entsprechenden Kategorien der Leidenszufügung, der Schädigung und der Tötung beschränkt. So kommen etwa in der ansonsten umfassenden Monographie der Tierärztin Karin Blumer zur Ethik transgener Tiere (Blumer 1999) Natürlichkeitsargumente an keiner Stelle vor. Als bei der Herstellung und Nutzung transgener Tieren zu berücksichtigende Übel werden lediglich die Tötung, die Leidenszufügung und andere Schädigungen genannt. Diese Übel sollen der Übelvermeidung durch transgene Tiere, etwa im Zusammenhang mit Genefarming, biomedizinischer Grundlagenforschung und therapeutischen Anwendungen gegenüber gestellt und gegen diese abgewogen werden. Während sich die Veterinärmediziner in der Regel darauf beschränken, weitgehend konsensfähige Prinzipien ins Spiel zu bringen, etwa die Ablehnung von so genannten „Qualzüchtungen", bei denen Tiere zu Nutzungs- oder Forschungszwecken bewusst so gezüchtet werden, dass sie erheblichen Leiden ausgesetzt sind oder erheblich geschädigt werden, machen manche Autoren aus der Tierschutzbewegung darüber hinaus auch Natürlichkeitsargumente geltend, zumeist formuliert als Argumente der Achtung oder Verletzung der tierischen „Würde". Züchtungen und Nutzungsformen werden auch dann als moralisch problematisch beurteilt, wenn sie weder Schädigungen noch Leidenszufügungen beinhalten, sondern als anstößige Abweichungen von der natürlichen Lebensweise der betreffenden Tierarten gesehen werden. Die „Unnatürlichkeit" dieser Abweichungen wird dann in ähnlicher Weise als „unwürdig" erlebt und beschrieben wie das Verhalten eines Amtsinhabers, der „aus der Rolle fällt" und sich dadurch als seines Amts oder seiner Rolle unwürdig erweist. Mit Berufung auf den Begriff der „geschöpflichen Würde" hat etwa Albert Lorz, der Kommentator des deutschen Tierschutzgesetzes, in den verschiedenen Auflagen seines Kommentars eine Reihe von Verhaltensweisen zu einem Katalog gebündelt, die als „würdewidrig" abgelehnt werden sollten, etwa Tiere betrunken zu machen oder für Maskeraden herauszustaffieren (Lorz 1987: 87, 91; Lorz 1992: 91). Gotthard Teutsch, einer der führenden Köpfe der deutschen Tierschutzethik, hat diesen Katalog später erweitert und dabei weitere Umgangsformen aufgenommen, die sich im Sinne eines normativen Prinzip der Natürlichkeit verstehen lassen (Teutsch 1995: 43 ff.), z. B. ein Verbot der Züchtung von Hobbytieren, der Verdinglichung von Tieren „zum bloßen Spielzeug, Sportgerät, Feinschmeckeropfer, Prestige- oder Sammelobjekt" (Teutsch 1995: 46) und das Verbot von Manipulationen, die die körperliche Integrität von Tieren verletzen, z. B. Kastration, gestutzte Ohren oder Schwänze oder Amputation gefährdender Körperteile wie Hörner oder Schnäbel. Dass bei diesen Normen ein Prinzip der Natürlichkeit – und nicht nur ein Prinzip der „Würde" im Sinne der Selbstzweckhaftigkeit und der Begrenzung von Instrumentalisierung – im Hintergrund steht, zeigt insbesondere Teutschs Grundsatz, dass Haustiere nur so weit weitergezüchtet werden sollen, als sie die Fähigkeit zu verwildern nicht verlieren (Teutsch 1983: 92 f.). Danach wären Züchtungen auch dann unzulässig, wenn sie dazu beitrügen, die Haltungsbedingungen für die Tiere zu verbessern, z. B. durch die Züchtung von Hühnern, die an die Bedingungen der Legebatterie so gut angepasst sind, dass ausgeschlossen werden kann, dass sie an diesen Bedingungen subjektiv leiden. Gerade diese Unempfindlichkeit wäre – wie immer sie unter den klassischen Tierschutzkriterien beurteilt werden mag – unter Natürlichkeitsprinzipien eine Extremform von Entfremdung und Manipulation, vergleichbar den optimal angepassten Gammas von Huxleys *Brave New World*.

„Natürlichkeit" ist im Bereich des Mensch-Tier-Verhältnisses inzwischen auch zu einer politischen Kategorie geworden. 1992 ist eine Bestimmung zur Beachtung der „kreatürlichen Würde" in die Schweizerische Bundesverfassung aufgenommen worden, nachdem dieser Begriff bereits 1980 in der Verfassung des Kantons Aargau verwendet worden war (Teutsch 1995:1). Darüber, wie diese Bestimmung im Ein-

4.6 Natürlichkeit im qualitativen Sinn

zelnen zu verstehen ist, herrscht allerdings ebenso wenig Einverständnis wie darüber, welche Formen der Tiernutzung und -züchtung dadurch rechtlich ausgeschlossen werden. Grund dafür ist, dass einerseits der Begriff einer „kreatürlichen Würde" nicht weniger inhaltlich unbestimmt ist als der Begriff der Menschenwürde in Art. 1 des deutschen Grundgesetzes, andererseits unklar bleibt, wie weit Verletzungen der „Würde der Kreatur" gegen konkurrierende Güter wie Forschung, Entwicklung von Arzneimitteln und medizinischen Techniken, Sicherheit von Gebrauchsgütern und Traditionspflege abgewogen werden dürfen. Ist die Entwicklung der Onkomaus angesichts ihres unbestrittenen Nutzens für die Krebsforschung mit dem Verfassungsgrundsatz der Achtung der kreatürlichen Würde vereinbar, während es die gentechnisch veränderte Maus mit dem menschlichen Ohr auf dem Rücken nicht ist? Ist die Züchtung von Schoßhunden angesichts deren unbestrittenen psychologischen Nutzens als Beziehungspartner-Ersatz legitim, während es die Züchtung von Riesenforellen für den gehobenen gastronomischen Bedarf nicht ist? Die ethischen Kommentierungen bieten hinsichtlich der Explikation des Verfassungsprinzips der „Würde der Kreatur" ein breites Deutungsspektrum. Während etwa Gotthard Teutsch dieses Prinzip im Sinne seines extensiven Prinzips der Achtung der tierischen Würde deutet (vgl. Teutsch 1995), wird es von Balzer, Rippe und Schaber (1998) der Tendenz nach im Sinne der Naturethik von Paul Taylor interpretiert, nach der die Haltung oder Züchtung eines Lebewesens immer dann – aber auch nur dann – moralisch unzulässig ist, wenn sie dem individuellen „Gut" dieses Lebewesens zuwider ist, d.h. dieses Lebewesen an einem artgemäßen und vollständigen Leben hindert. Auf diese Weise wollen diese Autoren den Begriff der Würde der Kreatur fixieren und der Beliebigkeit ästhetischer Beurteilungen und dem Konservatismus „eines Unbehagens gegenüber Neuerungen" entziehen (Balzer/Rippe/Schaber 1998: 59). Die Züchtung von Riesenforellen kann demnach nicht – trotz ihrer „Unnatürlichkeit" – als Verletzung kreatürlicher Würde gewertet werden, solange „Haltungsbedingungen, Fütterung und Tötungsmethoden der veränderten Größe angepasst" sind (Balzer/Rippe/Schaber 1998: 58). Analoges soll für Maulesel gelten, die zwar steril sind, aber deswegen kein schlechteres Leben haben, oder auch für herbizidresistente Nutzpflanzen, solange sie sich infolge der Herbizidresistenz besser entwickeln und länger leben. Von einer Beeinträchtigung der kreatürlichen Würde soll nur dann gesprochen werden können, „wenn Lebewesen darin beeinträchtigt werden, jene Funktionen und Fähigkeiten auszuüben, die Wesen ihrer Art in der Regel haben" (Balzer/Rippe/Schaber 1998: 58 ff.).

Damit wird allerdings die Frage nach der Zulässigkeit von Züchtungen weitgehend auf die nur scheinbar objektivierbare Frage der

4. Natürlichkeit in der Naturethik: Welche Natur ist schützenswert?

Artzugehörigkeit verschoben. Nur wenn man der Auffassung ist, dass Pekinesen derselben Art angehören wie Wölfe und Füchse, wird man ihre Züchtung als hinreichend „artuntypisch" einstufen können, um sie als Würdeverletzung zu verurteilen. Denn nur dann entbehren sie der „arttypischen" Fähigkeiten und Funktionen. Würdekonformität und Würdewidrigkeit würden damit weniger von der konkreten Betroffenheit der Lebewesen, soweit sie leidensfähig sind, abhängig gemacht – wie es bei dem Begriff der artwidrigen Haltungsbedingungen in der Regel der Fall ist – als von der biologischen Taxonomie. Damit aber ist der Willkür Tür und Tor geöffnet. Sind unsere Getreidesorten bereits deshalb „würdewidrig", weil ihre Exemplare die Fähigkeit anderer Gräser eingebüßt haben, sich durch das Verstreuen von Samen fortzupflanzen und stattdessen jährlicher Neuaussaat bedürfen? Wird ein Apfelbaum „artwidrig" gehalten oder gezüchtet, nur weil er, z. B. als Spalierbaum oder als raumsparender gertenschlanker Fruchtständer, die charakteristische Gliederung eingebüßt hat, die ausgewachsenen Apfelbäumen ihre besondere „physiognomische" Gestaltqualität verleiht?

Die Vorbehalte, die sich unter Berufung auf den pathosgeladenen Begriff der „Würde" anmelden, scheinen insgesamt – bei Pflanzen wie bei Tieren – daran zu kranken, dass sie ihren Geltungsanspruch unzulässig überziehen. Auch da, wo sie nachvollziehbar sind und weithin geteilten Intuitionen entsprechen, hängen sie zu stark von kontingenten und zeitgebundenen subjektiven Wertungen ab, um ihrem Anspruch auf Allgemeinverbindlichkeit gerecht zu werden. Wenn es sich hierbei überhaupt um moralische Kriterien handelt, dann eher um persönliche oder gruppengebundene moralische Ideale als um verallgemeinerbare moralische Prinzipien. Man kann jedoch fragen, ob es sich bei derartigen Würdevorstellungen überhaupt um moralische Kriterien handelt. Die „Anstößigkeit" eines „artwidrigen" Umgang mit einem natürlichen Individuum oder an einer „aus der Art geschlagenen" Züchtung kann, aber muss nicht in jedem Fall moralisch motiviert sein. Sie kann auch Ausdruck eines ästhetischen Vorbehalts oder schlichten Konservatismus sein. Die Kategorie des Monströsen, Abgeschmackten und Hypertrophen ist eine ästhetische und keine ethische Kategorie. Der „Yuk-Faktor", die Berufung auf das spontane „Igitt" des Ekelerregenden und Abartigen, der in den letzten Jahren von Vertretern des Biokonservativismus wie Leon Kass (1997) und Mary Midgley (2000) zu einer ethischen Kategorie aufgewertet worden ist, scheint für diese Aufgabe jedenfalls wenig geeignet. Um ernsthaft als ethische Beurteilungskategorie fungieren zu können, ist er zu wenig verallgemeinerbar. Man mag die Riesenmaus unästhetisch finden, aber eine Zuwiderhandlung gegen ethische Prinzipien wäre darin nur dann zu sehen, wenn sie dadurch zu einem sehr viel schlechteren Leben verdammt wäre, als sie ohne den gentechnischen Eingriff zu erwarten hätte. Auch die Zumutung, die züchterische Innovationen an eingewurzelte Erwartungshaltungen stellen, kann nicht ernsthaft als ethisches Kriterium fungieren. Zwar ist auch der Schutz tief verwurzelter Erwartungshaltungen ein Wert, zumindest dann, wenn die Verunsicherung und Verwirrung Ausmaße erreicht, die fundamentale Orientierungen zu erschüttern droht (wie es etwa bei der Erzeugung von Mensch-Tier-Hybriden der Fall wäre). Aber im Regelfall sind die zum Anstoß werdenden Züchtungen und manipulativen Naturnutzungen in der Regel nicht unbegründet oder mutwillig, sondern dienen respektablen menschlichen Zwecken. Der Rekurs auf das Pathos des Würdebegriffs greift zu hoch. Die Intentionen dieses Rekurses sind zum großen Teil nachvollziehbar. Sie lassen sich jedoch zumeist überzeugender – und ehrlicher – in anthropozentrischen Begriffen ausdrücken.

4.7 Erfordert die Anerkennung eines Werts der Natürlichkeit eine nicht-anthropozentrische Ethik?

Soweit die Natürlichkeit der Natur – im genetischen wie im qualitativen Sinn – im menschlichen Umgang mit der Natur als intrinsischer Wert berücksichtigungswürdig ist, erfordert sie keine Überschreitung des Rahmens der in unserem Kulturkreis traditionell vorherrschenden anthropozentrischen Ethik. Anders als Werte, die an die Subjektivität nicht-menschlicher Individuen gebunden sind (wie die Leidens- und Schädigungsfreiheit von leidensfähigen Tieren) lässt sich Natürlichkeit, soweit sie als moralischer Wert in Frage kommt, auch in eine anthropozentrische Naturethik integrieren.

Anthropozentrische und ökozentrische Varianten der Naturethik unterscheiden sich hauptsächlich in der Perspektive, aus der sie einen weitgehend konsensfähigen Kanon von Naturwerten beleuchten: Aus der subjektiven Perspektive des intuitiven Werterlebens heraus sind Naturwerte wie Natürlichkeit, Naturschönheit, Erhabenheit, Selbstgenügsamkeit und kosmische Ordnung Werte, die unmittelbar an der Natur als intentionalem Gegenstand des Naturerlebens haften und von ihm unablösbar sind. Aus dieser subjektiven Perspektive liegt es nahe, sich einer ökozentrischen Naturethik anzuschließen, d. h. einer Ethik, die davon ausgeht, dass nicht nur der Mensch und bestimmte menschliche Eigenschaften und Zustände, sondern auch die außermenschliche Natur und bestimmte außermenschliche Eigenschaften und Zustände intrinsisch wertvoll sind. Aus einer stärker objektiven Perspektive liegt dagegen eine anthropozentrische Orientierung näher.

4. Natürlichkeit in der Naturethik: Welche Natur ist schützenswert?

Aus einer objektiven Perspektive erscheinen Naturwerte unablösbar von spezifisch menschlichen Dispositionen und Sensibilitäten. Der Wert der Natur erscheint als Wert, den die Natur *für uns* hat, d. h. für uns als Wesen mit ganz bestimmten Wahrnehmungs- und Erlebnisweisen. Wie der instrumentelle Wert der Natur abhängig ist von den Zwecken des Menschen, ist der nicht-instrumentelle oder „inhärente" Werte der Natur (Frankena 1979: 13) abhängig von den Besonderheiten der menschlichen Naturwahrnehmung. Auch wenn das Erlebnis der Natur charakteristischerweise zweckfrei ist, sind Naturwerte dennoch subjektabhängig. Zumindest aus der objektiven Perspektive finden sie – anders als die dem Tierschutz zugrunde liegenden Werte – deshalb auch in einer anthropozentrischen Naturethik Platz.

Dass der zumal in der nordamerikanischen Naturethik betonte Wert der *Unberührtheit* und *Ursprünglichkeit* natürlicher Lebensgemeinschaften in einen anthropozentrischen Denkrahmen integriert werden kann, wird auch dadurch nahe gelegt, dass zahlreiche Vertreter dieses Prinzips sich zur Begründung vorwiegend auf *anthropozentrische* Argumente berufen. René Dubos schrieb in den 1970er Jahren:

> Die Schonung der Wildnis ist kein Luxus. Es ist eine Notwendigkeit zur Rettung der humanisierten Natur und für die Erhaltung geistiger Gesundheit. Wir müssen Kontakt halten mit der Wildnis und einer möglichst großen Vielfalt natürlicher Bildungen. Der Wert von Nationalparks erschöpft sich nicht in ihrem ökonomisch messbaren Wert (Dubos 1974: 129).

Ähnlich anthropozentrisch argumentierte Holmes Rolston in den 80ern:

> Ich halte das Leben für moralisch verkümmert, wenn der Respekt für die natürliche Wildnis und deren Wertschätzung fehlen. Niemand hat die volle Bedeutung dessen verstanden, was es heißt, moralisch zu sein, wenn er nicht gelernt hat, die Integrität und den Wert der Dinge, die wir wild nennen, zu respektieren (Rolston 1997: 273).

Beide Statements sind wahrhaft „wilde" Übertreibungen: Die geistige Gesundheit oder die Moral des durchschnittlichen Europäers sind zweifellos nicht bereits deshalb bedroht, weil diese nur geringe Chancen haben, mit unberührter Natur in Kontakt zu kommen (vgl. McCloskey 1983: 36). Aber beide Argumentationen lassen sich als Beleg für die Beweisnot lesen, in die man sich begibt, wenn man Ursprünglichkeit als Wert an sich und unabhängig von spezifisch menschlichen Bedürfnissen und Wahrnehmungsweisen begründen will.

Allerdings sollte man in dieser Frage nicht unnötig dogmatisch sein. Soweit Anthropozentriker und Ökozentriker dieselbe Art von Natürlichkeit als moralischen Wert sehen, unterscheiden sie sich weniger in ihren *moralischen* Positionen als in ihren *ethischen* Hintergrundüberzeugungen. Schwerer wiegt der Dissens innerhalb der Naturethik zwischen Positionen, die Naturwerte als dem Menschen

4.7 Erfordert die Anerkennung eines Werts der Natürlichkeit

vorgegeben und solchen, die Naturwerte als wesentlich durch menschliche Anerkennungsleistungen konstituiert sehen. Dieser Dissens ist metaethischer und nicht mehr rein normativ-ethischer Art und berührt nicht nur ethische, sondern auch metaphysische Grundüberzeugungen. Für den Vertreter von *subjektivistischen* Positionen sind alle Werte letztlich Resultate menschlicher Wertsetzungen: So wie es keine Zwecke ohne Zwecksetzungen bewusstseinsbegabter Subjekte gibt, gibt es auch keine Werte ohne Wertsetzungen bewusstseinsbegabter Subjekte. Für den metaethischen *Objektivisten* dagegen sind Werte von Wertsetzungen unabhängig. Sie existieren als dem Menschen vorgegebene Strukturen, die durch menschliche Wertsetzungen lediglich übernommen werden. Beide Male ist ein Akt der Anerkennung erforderlich, um den betreffenden Wert in Geltung zu setzen. Aber während für den metaethischen Subjektivisten der Akt der Anerkennung für das Bestehen des jeweiligen Werts konstitutiv ist, ist derselbe Anerkennungsakt für den Objektivisten lediglich die Bestätigung eines unabhängig bestehenden Sachverhalts.

Diese – zunächst reichlich akademisch anmutende – Unterscheidung ist gerade im Zusammenhang mit Werten wie Natürlichkeit von Bedeutung. Denn gerade im Zusammenhang mit Naturwerten legen Redeweisen wie die vom „Eigenwert" der Natur bzw. davon, dass der Natur „von sich aus" Wert zukommt, den Schluss nahe, eine Anerkennung von nicht auf den Menschen, sondern auf die außermenschliche Natur bezogenen Werten impliziere zwangsläufig eine Verpflichtung auf den metaethischen Objektivismus, nach dem Werte unabhängig von menschlichen Wertsetzungen bestehen. Das ist aber nicht der Fall. Dass eine Naturethik intrinsische Werte auch außerhalb der Sphäre des Menschen anerkennt, verpflichtet sie nicht darauf, diese Werte auch für objektiv, d.h. vorgängig zu allen menschlichen Bewertungen gegeben zu halten. Man kann sich durchaus zu ökozentrischen Positionen bekennen, ohne sich gleichzeitig zur Existenz von Werten unabhängig von menschlichen Wertsetzungen zu bekennen. Der Grund dafür liegt darin, dass es keineswegs widersprüchlich ist anzunehmen, dass nicht nur die Werte, die wir uns selbst, sondern auch die Werte, die wir außermenschlichen Wesen zuschreiben, auf Wertungen beruhen, und zwar auf Wertungen, deren ausschließlich Menschen fähig sind. Auch als Nicht-Anthropozentriker, der außermenschlichen Wesen Wert zuschreibt, kann man der Auffassung sein, dass Dingen Wert oder Unwert nur deshalb zukommt, weil Menschen sie kraft ihrer Wertungen in die Dinge hineinlegen. Auch wenn aus ökozentrischer Sicht nicht alle Werte „anthropozentrisch" sind, so ist es mit dieser Auffassung doch durchaus vereinbar, auch die „nicht-anthropozentrischen" Werte für „anthropogen" zu halten, d.h. ihre Geltung auf einen spezifisch menschlichen Akt der Wertanerkennung zurückzuführen.

Diese Auffassung scheint mir im Übrigen auch überaus plausibel: Wert sind nicht einfach da. Sie sind erst da aufgrund von Bewertungen. Es ist insofern alles andere als widersprüchlich, wenn etwa Baird Callicott (Callicott 1989) und Robert Elliot (Elliot 1997) innerhalb der Naturethik sowohl eine dezidiert ökozentrische Wertlehre als auch einen dezidierten metaethischen Subjektivismus vertreten haben. Die ökozentrische Axiologie kann mit dem metaethischen Subjektivismus friedlich koexistieren, weil die Aussagen beider Theorien auf unterschiedlichen Ebenen angesiedelt sind. Wertaussagen sagen etwas darüber, was in welcher Hinsicht wertvoll ist. Metaethische Aussagen sagen etwas darüber, welcher Status solchen Wertaussagen zukommt. Wer Gegenständen wie ausgestorbenen biologischen Wesen wie den Trilobiten oder dem Kosmos nach dem Ende aller bewusstseinsbegabten Wesen intrinsischen Wert zuschreibt, wertet durch und durch ökozentrisch. Anders als Anthropozentriker schreibt er Gegenständen Wert zu, die niemals in den Horizont menschlicher Wahrnehmung getreten sind oder treten werden (vgl. Elliot 1997: 27). Diese axiologische Auffassung ist jedoch durchaus mit der metaethischen Auffassung verträglich, dass diese Wertungen von einem jeweils subjektiven Standpunkt aus vorgenommen werden und keinen Werteigenschaften entsprechen, die den Gegenständen unabhängig von diesen Standpunkten innewohnen. Umgekehrt gilt, dass eine anthropozentrische Naturethik, die intrinsische Werte ausschließlich innerhalb der Sphäre des Menschen anerkennt, nicht darauf festgelegt ist, diese Werte auch für subjektiv, d. h. durch menschliche Bewertungen gesetzt zu halten. Man kann durchaus zugleich konsequenter Anthropozentriker und metaethischer Objektivist sein.

Unterstützt wird die Verwechslung zwischen metaethischem Objektivismus und ethischem Nicht-Anthropozentrismus durch die der moralischen Sprache insgesamt inhärente Tendenz zur rhetorischen Objektivierung (vgl. Mackie 1981: 49ff.): Auch der metaethische Subjektivist spricht objektivistisch, sobald er moralisiert. Diese Tendenz zur Objektivierung ist besonders ausgeprägt bei dem normativen Begriff der Würde und bei der Zuschreibung von moralischen Rechten. Beide Male wird der Besitz von Würde bzw. von moralischen Rechten leicht als etwas aufgefasst, was ihrem Träger vorgängig zu jeder Zuschreibung oder Bewertung zukommt, etwa als „natürliches Recht" oder als „Menschenwürde", die – mit Kant – weder auf „Marktpreis" noch auf „Affektionspreis" reduzierbar ist (vgl. Kant 1968a: 434f.) und deshalb von keiner wie immer gearteten Bewertung abzuhängen scheint. Auch der Wert von Natürlichkeit wird leicht so interpretiert, als sei er der Natur selbst immanent, als läge er in der „Natur der Dinge", als eine der „Natur der Natur" innewohnende Sachgesetzlichkeit.

Allerdings ist diese Neigung zur Objektivierung von Bewertungen zu scheinbaren Sachgesetzlichkeiten nicht ohne Ambivalenzen. Auf der einen Seite scheint die Berufung auf scheinbar objektive Werte geeignet, die Akzeptanz der als objektiv verbürgt ausgegebenen Werte und Normen zu steigern. Ein objektivistischer Autoritätsanspruch scheint eher geeignet, Bereitschaft zu normkonformem Verhalten zu wecken als subjektivistische Selbstrelativierungen. Insbesondere der Begriff der „Würde" dürfte viel von seiner Schlagkraft seinen objektivistischen Assoziationen verdanken. Ein Gutteil der besonderen Emphase des Begriffs „Würde" beruht darauf, dass dieser den Eindruck erweckt, der moralische Status des jeweiligen Würdeträgers verdanke sich keiner von außen kommenden Bewertung, sondern sei der inneren Beschaffenheit oder „Natur" des Rechtssubjekts immanent. Auf der anderen Seite provoziert diese – zumeist mit absoluten Geltungsansprüchen einhergehende – Emphase aber auch Widerstand. Dem übermäßig starken Anspruch wird eher misstraut als einem stärker zurückgenommenen Anspruch. Wie Elliot (Elliot 1985: 104) zu Recht vermutet, „wirkt" der Objektivismus am ehesten bei denen, die von der Wahrheit der als objektiv behaupteten moralischen Werte und Normen bereits vorgängig überzeugt sind. Bei anderen nährt er eher Zweifel. Die ohnehin Überzeugten werden in ihrer Überzeugung bestärkt, die ohnehin Unüberzeugten in ihrer Skepsis.

4.8 Schlussfolgerungen

In einer ständig künstlicher werdenden Welt ist Natürlichkeit zu einem immer knapperen Gut geworden. Andererseits ist abzusehen, dass der Bedarf nach einer „natürlichen" Natur mit einem weiteren Wachstums des materiellen Wohlstands sich nicht verringert, sondern mit den Kulturbedürfnissen nach Bildung, Freizeit, Reisen, Erholung weiter wachsen wird. Dennoch öffnet sich damit keine unüberwindbare Schere zwischen Angebot und Nachfrage. Die „Natürlichkeit" der Natur lässt sich nicht nur in dem streng genetischen Sinn der Ursprünglichkeit, Unangetastetheit und Authentizität verstehen, sondern auch in dem bereits von zahlreichen naturschutzpolitischen Erklärungen ausdrücklich übernommenen Sinn einer phänomenalen Ursprünglichkeit, die zumindest ein gewisses Maß an menschlichen verändernden Eingriffen zulässt. Erst ein solches Verständnis von Natürlichkeit erlaubt es, Naturschutz als aktiv gestaltende Kulturaufgabe jenseits der Konservierung historischer Naturzustände zu verstehen und die Natur im Sinne des Aufklärungsprogramms des *Cultiver notre jardin* nicht nur zu erhalten, sondern auch nach ästhetischen und ethischen Kriterien weiterzuentwickeln. Diese Kriterien sind, wie nicht anders zu erwarten, im Einzelnen umstritten. Vieles spricht allerdings dafür, dass die Vertreter einiger dieser Kriterien sich dadurch unglaubwürdig machen, dass sie für ihre hochgradig subjektiven und zeitgebundenen Wertungsmaßstäbe den Status ethischer – statt lediglich ästhetischer – Kriterien beanspruchen, etwa indem sie ihre Beachtung im Namen so pathetischer Begriffe wie der „Würde" der Natur bzw. der „Würde" von Tieren, Pflanzen oder Lebewesen einfordern.

5. Wie weit dürfen wir unsere individuelle Naturkontingenz verändern?

5.1 Religiöse und andere Gründe für eine Sakrosanktheit des Naturgegebenen

Ambivalenzen prägen auch unser gegenwärtiges Verhältnis zur *menschlichen* Naturbeschaffenheit. Wir leben in einer gespaltenen Kultur, die primär von der Tradition der Aufklärungsphilosophie geprägt ist, gleichzeitig aber auch von weiterhin wirksamen voraufklärerischen Traditionen. Die Tradition der Aufklärungsphilosophie ist, was die Freiheit des Menschen zur künstlichen Gestaltung seiner leiblichen Natur betrifft, progressiv. Die Philosophen der Aufklärung schrieben dem Menschen nicht nur das Recht, sondern zumeist auch die Pflicht zu, sich selbst zu vervollkommnen. Diese Selbstvervollkommnung war als generationenübergreifender Prozess konzipiert und sollte sich wesentlich durch Bildung und Erziehung, also durch die Kultivierung der intellektuellen und moralischen Natur des Menschen vollziehen. In späteren Phasen der Aufklärungstradition wurden sukzessiv aber auch das physische Substrat der intellektuellen und moralischen Existenz des Menschen, seine körperliche Beschaffenheit und seine Körperfunktionen in den Kreis des Gestalt- und Entwickelbaren aufgenommen. Das Prinzip der *perfectibilité* wurde auf die gesamte Existenzweise des Menschen ausgedehnt. John Stuart Mill war im 19. Jahrhundert einer der ersten, der über die Idee einer bewussten Gestaltung der menschlichen Fortpflanzung – in Gestalt der Geburtenkontrolle – nicht nur spekulierte, sondern diese auch politisch propagierte und damit einen *par excellence* „natürlichen" Mechanismus einer „künstlichen" Steuerung zu unterwerfen unternahm. Mills Motive sind inzwischen zum kulturellen Allgemeingut geworden. Die bewusste Steuerung der Zahl und der zeitlichen Abfolge der Geburten sollte es den Frauen erlauben, sich von ausschließlich familiären Aufgaben freizumachen und ihre geistigen Potenziale zu entwickeln. Andererseits ging es Mill aber auch um den langfristigen Erhalt von Natur und Landschaft, die er angesichts einer rapide wachsenden Bevölkerung und ihrer expandierenden zivilisatorischen Aktivitäten in ihrer Substanz bedroht sah. Für diesen aufklärerischen Traditionsstrang sind die Gegebenheiten der Naturseite des Menschen – wie die Gegebenheiten der äußeren Natur – primär ein *challenge*, eine

5. Wie weit dürfen wir unsere individuelle Naturkontingenz verändern?

Herausforderung. Die Natur ist dafür da, mithilfe menschlicher Ingenuität und Energie und insbesondere mit den Mitteln von Wissenschaft, Technik und Medizin kultiviert, überboten und nach eigenen, autonom gesetzten Zielen gestaltet zu werden.

Mills Ideen fielen allerdings zu seiner Zeit auf keinen fruchtbaren Boden. Die Mehrheitskultur seiner Zeit war selbst im industriell fortschrittlichen England noch so fest von christlichen Vorstellungen einer Unantastbarkeit der „natürlichen" Reproduktion geprägt, dass sie diesen einzelgängerischen Vorstoß nicht zu tolerieren bereit war und seine propagandistischen Aktivitäten Mill sogar einen kurzen Aufenthalt im Gefängnis einbrachten. In der Tat hat das Christentum bis heute in Fragen der autonomen Gestaltung der für den Menschen existenziellen Naturvorgänge, insbesondere im Zusammenhang mit Geburt und Tod, nahezu durchweg eine „biokonservative" Tendenz verfolgt. Es hat sowohl der Anwendung künstlicher Mittel (wie der Narkose) zur Erleichterung der „natürlichen Geburt" wie auch der Erleichterung des „natürlichen Todes" durch Sterbehilfe einen Widerstand entgegengesetzt, der noch heute in der rigiden Ablehnung des Suizids und der aktiven Sterbehilfe durch das katholische Lehramt nachklingt. Insbesondere hat es die Sphäre der Sexualität und der Fortpflanzung einer autonomen menschlichen Steuerung zu entziehen versucht, indem es nicht nur die künstliche Befruchtung und andere Optionen der modernen Reproduktionsmedizin, sondern auch jede Form der Geburtenregelung, soweit sie sich „künstlicher" Mittel bedient, mit einem Bann belegte. Gerade die emotional intensiv besetzten biologischen Angelpunkte der menschlichen Existenz: Geburt, Zeugung, Tod, sollten göttlichem Ratschluss, säkular: der Naturkontingenz vorbehalten bleiben.

Man kann darüber spekulieren, ob diese Tendenz zur Affirmation der Naturkontingenz im Bereich des Leiblichen für das christliche Dogma tatsächlich so zentral ist, dass sich nicht auch Annäherungen an eine autonomiebetonere und „prometheischere" Sichtweise denken lassen. Die von vielen christlichen Theologen zur Verteidigung der Sakrosanktheit der leiblichen Kontingenz angeführte „Gottesebenbildlichkeit" kann eine solche Sakrosanktheit jedenfalls nicht begründen, da sie ein allzu anthropomorphes und insofern unglaubwürdiges Gottesbild voraussetzt. Da Gott selbst keine leibliche Natur besitzt, kann sich die „Ebenbildlichkeit" des Menschen mit Gott allenfalls auf die geistige Seite des Menschen, seine Rationalität, Autonomie und Moralfähigkeit beziehen, nicht auf seine körperliche Beschaffenheit. Auch das für das Christentum (bzw. den Monotheismus) spezifische Konzept einer leiblichen Wiederauferstehung kann zur Heiligung des menschlichen Leibes kaum herangezogen werden: Die Wiederauferstehung kann nicht so gedacht werden, dass der biologisch-irdische

5.1 Religiöse und andere Gründe für eine Sakrosanktheit

Leib wiederaufersteht, andernfalls wären die meisten christlichen Märtyrer, einschließlich der in der römischen Arena von Löwen zerfleischten von der Wiederauferstehung ausgeschlossen.

Es sind insofern Zweifel berechtigt, ob das affirmative Verhältnis zur Kontingenz der menschlichen Natur, das etwa in der Stellungnahme des amerikanischen *President's Council on Bioethics* zu den neuen Verfahren einer „Verbesserung" der Naturseite des Menschen durchscheint und unübersehbare christliche Wurzeln hat, in irgendeiner Weise zwingend aus der christlichen Lehre folgt. Wenn Gott die Welt und den Menschen geschaffen hat, dann auch Francis Bacon mit seinen Ideen zu einer Rückgängigmachung des Sündenfalls mit technischen Mitteln. Wie kann es dann „Hybris" sein (President's Council on Bioethics 2003: 323), wenn der Mensch seine exzeptionelle Begabung u.a. zur Selbststeigerung nicht nur in geistiger, sondern auch in physischer Hinsicht nutzt? Wenn der Mensch der „Freigelassene der Schöpfung" ist, warum sollte diese Rolle nicht geradezu die Rolle sein, die ihm von der Schöpfung her zugewiesen ist? Warum sollte nicht gerade die Selbsttranszendierung mit vom Menschen ersonnenen, „künstlichen" Mitteln die „Bestimmung" des Menschen sein, auch gerade hinsichtlich seiner körperlichen Naturkontingenz? Eine christliche Sichtweise ist nicht notwendig mit einer Aufwertung unserer Leiblichkeit zu einem mit „Würde" oder „Heiligkeit" ausgestatteten Sanktissimum verbunden, sondern der menschliche Körper kann durchaus auch als das gesehen werden, was er ist: unvollkommen, verbesserungsfähig, vielfach verbesserungsbedürftig. Gerade die Unvollkommenheiten der Natur können, wie John Stuart Mill in seinem Essay *Theismus* argumentiert hat, zu einem wichtigen Motiv für den Gottesglauben werden – allerdings nur für den Glauben an einen nicht allmächtigen, sondern schwachen und auf die Kooperation mit dem Menschen zur Verwirklichung seiner Ziele angewiesenen Gottes. Weit davon entfernt, die Natur – einschließlich der Naturvorgänge im menschlichen Bereich – mit Sakrosanktheit auszustatten, würde ein solcher, nur in seiner Güte, aber nicht in den Möglichkeiten ihrer Verwirklichung vollkommener Gott, den prometheischen Menschen nicht an den Felsen schmieden, sondern in der Entschiedenheit, seine eigene Natur zum eigenen Nutzen umzugestalten, unterstützen. Ein Gott, der das Glück seiner Geschöpfe will – so Mills Überlegung –, würde dem ihm ähnlichsten unter seinen Geschöpfen nicht verübeln, seine eigene Ohnmacht zu kompensieren und die Vervollkommnung seiner natürlichen Beschaffenheit in die eigenen Hände zu nehmen.

Der Tenor der Stellungnahme des *President's Council on Bioethics* zu den neuen Techniken der „Selbstverbesserung" des Menschen ist unmissverständlich: Es geht darum, bestimmte als exzessiv empfundene Methoden des *self-enhancement* zurückzuweisen. Dabei beruft sich die Mehrheit des *Council* auf Argumente, die weder eindeutig auf der Linie der Aufklärungstradition noch eindeutig auf einer theologischen Linie liegen. Zwar wird die in der Aufklärungstradition angelegte Ermächtigung des Menschen zur beliebigen Instrumentalisierung seines körperlichen Substrats zu eigenen Zwecken, sofern diese nicht anderweitig moralisch kritikwürdig sind, abgelehnt und der Selbstverfügung klare, wenn auch nur in seltenen Fällen absolute und gegen jede Güterabwägung immunisierte Grenzen gesetzt. Auf der anderen Seite werden die vorgeschlagenen Begrenzungen menschlicher Selbstverfügung aber auch nicht auf bestimmte theologische Hintergrundüberzeugungen zurückgeführt. Auch wenn die Positionen des *President's Council* möglicherweise von religiösen Überzeugungen motiviert sind, sind ihre Argumente doch an jedermann adressiert und beanspruchen rationale Einsichtigkeit. In der Tat wäre ein expliziter theologischer Bezug in einer weltanschaulich pluralistischen Welt teuer erkauft, nämlich mit dem Verzicht auf den Anspruch auf Allgemeingültigkeit.

Eine andere Frage ist, ob der *President's Council* aber nicht doch ein theologisches Fundament benötigt, wenn er seine starke Berufung auf Natürlichkeitsnormen und auf die Sakrosanktheit der natürlichen Beschaffenheit des Körpers legitimieren will. Die Frage ist, welche Überzeugungskraft säkulare Vorstellungen einer Sakrosanktheit des menschlichen Körpers und seiner Funktionen haben können, wenn sie von ihren ursprünglich theologischen Wurzeln abgelöst werden – in einer Welt, die den Menschen primär durch seine Autonomie definiert? Wie steht es mit der Plausibilität von Natürlichkeitsargumenten in Bezug auf die eigene körperliche Beschaffenheit nach rationalen Kriterien? Die Herausforderung dieser Frage ist nicht zuletzt von religiösen Ethikern klar benannt worden. So hat etwa Tristram Engelhardt zu Recht gefragt, wie weit „ein naturalistisches Verständnis des irrationalen Zustandekommens der menschlichen Natur" imstande ist, eine Basis dafür zu liefern, „der menschlichen Natur einen intrinsischen Wert oder Würde zuzuschreiben" (Engelhardt 2005: 41). Wie weit tragen Natürlichkeitsargumente ohne eine Hintergrundmetaphysik?

5.2 Natürlich und künstlich: Abgrenzungsfragen

Eine scharfe begriffliche Grenzlinie zwischen Natürlich und Künstlich zu ziehen, ist generell nicht leicht. Dies gilt für den Umgang mit dem menschlichen Körper in besonderem Maße. Eine Definition von „Natürlichkeit", die jede kulturell vermittelte Störung oder Beeinträchtigung der ursprünglichen Beschaffenheit des Menschen aus-

5.2 Natürlich und künstlich: Abgrenzungsfragen

schließt, müsste zwangsläufig leer laufen und dazu führen, dass allenfalls die wenigen historisch belegten Fälle von „Wolfskindern", die ohne Kontakt mit der menschlichen Kultur aufgewachsen sind, der Kategorie des Natürlichen zuzuschlagen wären. Auch da, wo es nicht selbstverständlich ist, dass Kleinkinder von Geburt an medizinisch versorgt (und z. B. in den ersten Lebenstagen geimpft) werden, wird mehr oder weniger selbstverständlich in die körperliche Beschaffenheit des Kindes eingegriffen, etwa durch Körperpflege, Ernährung, Bewegungstraining, Erziehung. Das setzt sich im Erwachsenenalter fort, indem wir fortwährend durch unser absichtliches und unabsichtliches Verhalten auf die körperliche Beschaffenheit anderer und unserer selbst einwirken, teils in allgemeinmenschlichen, teils in kulturell variablen Aktions- und Interaktionsmustern. Deshalb sprechen wir von „künstlichen" Eingriffen in die Beschaffenheit unserer selbst und anderer üblicherweise nur dann, wenn besondere Bedingungen vorliegen: wenn der Eingriff aus dem Bereich des *Normalen* herausfällt und wenn der Eingriff direkt oder indirekt *Kunstfertigkeit*, Technik, zumindest planvolle Handlungssteuerung voraussetzt.

Die erste Bedingung besagt, dass wir nur dann von einem Eingriff in einen eigenen oder fremden Zustand – und entsprechend von diesem Zustand selbst – als „künstlich" sprechen können, wenn dieser bestimmte für den jeweiligen Gegenstandsbereich geltende *Normalitätsbedingungen* verletzt, sich von den üblichen Verfahrensweisen unterscheidet oder sich besonderer Mittel und Methoden bedient. Ein Lustgefühl, das sich in Folge bestimmter Lust bringender Wahrnehmungserlebnisse oder Lust bringender Handlungen einstellt, gilt als „natürlich", während dasselbe Lustgefühl, das sich infolge der Einnahme einer Droge einstellt, als „künstlich" gilt. Beide Male ist das Lustgefühl durch eine Endorphinausschüttung im Gehirn bedingt. Verschieden ist die jeweilige kausale Vorgeschichte. Solange ein positives Gefühl durch ein Erleben oder Handeln verursacht ist, das auch unabhängig von seiner kausalen Wirksamkeit als positiv bewertet wird, gilt das Gefühl als „natürlich", andernfalls als „künstlich". Es ist normal, wenn ein als positiv bewertetes Erleben oder Handeln zu Lustgefühlen führt. Es ist nicht normal, Lustgefühle unabhängig davon zu haben, ob man etwas Lustvolles erlebt oder lustvoll handelt.

In der Sphäre des menschlichen Umgangs mit sich selbst – dem eigenen Körper, aber auch der eigenen Psyche – ist der Begriff der *Natürlichkeit* von dem Begriff der *Normalität* nicht zu trennen. Eben deshalb ist seine Abgrenzung vom Bereich des Künstlichen sowohl kulturrelativ als auch unklar. In einem so durch und durch von kulturellen Normen beherrschten Bereich wie dem Umgang mit dem eigenen Körper und dem Körper anderer ist der Natürlichkeitsbegriff abhängig von einem bestimmten kulturellen Verständnis von Normalität. Und er ist nicht klar abgegrenzt, da kulturelle Normalitätsvorstellungen ihrerseits nicht präzise abgegrenzt sind. Wenn sich jemand durch die Einnahme einer Droge Gutgelauntheit und Lebensfreude verschafft, ist das für viele ein Paradebeispiel eines „künstlichen" Eingriffs. Was aber, wenn sich jemand dieselbe Befindlichkeit durch das Hören seiner Lieblingsmusik oder durch das Lesen seines Lieblingsautors verschafft? Macht es einen Unterschied, ob dieser jemand *unbewusst* zu diesen Mitteln greift oder sie *gezielt* einsetzt? Ist die gezielte Steuerung des eigenen Zustands manipulativer und deshalb „künstlicher" als die nicht bewusste, „spontane" Steuerung? Bereits hier verschwimmen die Konturen des Gegensatzes von Natürlich und Künstlich. Und alles deutet darauf hin, dass wir auch hier statt von einer Dichotomie von Natürlich und Künstlich von einer abgestuften Skala des Mehr oder Weniger ausgehen müssen.

Die zweite Bedingung dafür, von einem „künstlichen" Eingriff zu sprechen, ist, dass der Eingriff Kunstfertigkeit oder Expertise erfordert oder Mittel einsetzt, zu deren Auffindung oder Herstellung Kunstfertigkeit oder Expertise erfordert sind. Der Ausdruck „künstlich" bewahrt hier noch etwas von seiner inzwischen antiquierten Bedeutung „kunstvoll". Ein Eingriff ist desto künstlicher, in je höherem Maße er entweder technische Hilfsmittel einsetzt oder besondere Kenntnisse, besonderes Know-how oder besondere Fertigkeiten voraussetzt. Eine künstliche Ernährung erfordert Hilfsmittel und Kompetenzen, die eine natürliche nicht erfordert. Um eine Stimmung künstlich – etwa durch Psychopharmaka – hervorzurufen, bedarf es besonderer Expertise, die für die Herstellung derselben Stimmung durch „natürliche" Mittel wie Geselligkeit oder Vereinsamung, Kontakt oder Kontaktabbruch, erfreuliche oder schlechte Nachrichten usw. nicht erforderlich ist. Zu „künstlichen" Mittel der Veränderung psychischer Zustände wird die Stimmungsbeeinflussung erst, wenn sie gezielt und planmäßig eingesetzt wird, wie bei der Lachtherapie als Mittel gegen Depressionen oder bei der Isolation von Gefangenen zur Erzwingung von Geständnissen.

Zur weiteren Klärung können wir auch hier wieder auf die Unterscheidung zwischen der genetischen und der qualitativen Bedeutung des Gegensatzes von Natürlichkeit und Künstlichkeit zurückgreifen. Bei beiden Arten von Künstlichkeit wird mit bestimmten „künstlichen" Mitteln in die Natur des Individuums eingegriffen. Eine natürliche Struktur bzw. ein sich spontan entwickelnder Prozess wird verändert, in seiner Richtung beeinflusst oder allererst hervorgerufen. Wie bei der äußeren Natur ist das Resultat eines künstlichen Eingriffs aber nicht in jedem Fall auch ein im qualitativen Sinn „unnatürlicher" Zustand. Das Ergebnis des Eingriffs kann auch „naturidentisch" in dem Sinne sein, dass es von dem Üblichen, Gewohntem oder „Nor-

5.2 Natürlich und künstlich: Abgrenzungsfragen

malen" nicht abweicht, sondern diesem gerade entspricht. „Normalität" ist bei „künstlichen" Eingriff in vielen Fällen sogar der ausdrückliche Zweck des Eingriffs, wie etwa bei der operativen Korrektur von schiefen Nasen, abstehenden Ohren und anderen Körperteilen, die so weit oder so auffällig von der Norm abweichen, dass sie die Gesundheit beeinträchtigen oder als störend, unästhetisch oder diskriminierend empfunden werden. Der „künstliche" Prozess hat in diesen Fällen den primären Zweck, einen „natürlichen" Zustand herzustellen oder wiederherzustellen.

Unter bestimmten Bedingungen wird man jedoch nicht nur den Prozess, sondern auch das Resultat eines solchen Eingriffs als „künstlich" bezeichnen, von Künstlichkeit also nicht nur im genetischen, sondern auch im qualitativen Sinn sprechen. Erstens dann, wenn sich ein Mensch aufgrund künstlicher Einwirkungen in seiner inneren Zusammensetzung, in seinen *stofflichen Aspekten*, von den Artgenossen unterscheidet, zweitens dann, wenn sich ein Mensch aufgrund künstlicher Einwirkungen in seiner Gestalt, seinen Funktionen und seinen Leistungen, also gewissermaßen in seinen *Formaspekten* von den Artgenossen unterscheidet. Beispiele für Künstlichkeiten im ersten Sinn sind Prothesen, Implantate und Transplantate, gleichgültig ob sie aus anorganischen, organischen oder lebenden Materialien bestehen. Beispiele für Künstlichkeiten im zweiten Sinn sind Gestalteigenschaften, Funktionen und Fähigkeiten, die ein Mensch ohne „künstliche" Eingriffe nicht besäße, gleichgültig ob diese manifestiert werden oder lediglich als Möglichkeiten zur Verfügung stehen.

In beiden Fällen haben wir es mit einem nicht mehr vollständig „natürlichen", sondern partiell „künstlichen" Menschen zu tun, wenn auch jedes Mal in unterschiedlicher Weise. Ein im ersten Sinne partiell künstlicher Mensch ist einem altem, gut gepflegten Alleebaum vergleichbar, der zu großen Teilen nicht mehr aus Holz, sondern aus Zement und anderen Stützmaterialien besteht, sich seiner Erscheinungsform nach aber von anderen, prothesenlosen Bäumen nicht signifikant unterscheidet. Ein im zweiten Sinn partiell künstlicher Mensch ist einem Bonsai vergleichbar, der zwar nicht aus naturfremden Materialien besteht, aber infolge kunstvoller züchterischer Eingriffe von anderen Bäumen seiner Erscheinungsweise nach abweicht. Beide Varianten von „Künstlichkeit" sind nicht nur begrifflich, sondern auch real unabhängig. Eine Prothese braucht einem Menschen keine zusätzlichen Gestalteigenschaften, Funktionen oder Fähigkeiten zu verschaffen, sie kann bestimmte ausgefallene Funktionen auch lediglich kompensieren. Einige Brillenträger sehen mit ihrer Brille schärfer, als sie jemals ohne Brille gesehen haben, aber viele sehen lediglich gleich gut oder schlechter. Ein durch die Einnahme von Steroiden künstlich in seiner sportlichen Leistungsfähigkeit gesteigerter

Athlet unterscheidet sich in seiner stofflichen Zusammensetzung nur unwesentlich vom Normalverbraucher, weist aber deutlich andere Gestalteigenschaften auf.

5.3 Welche verändernden Eingriffe sind ethisch problematisch?

Künstliche Eingriffe in die physische und psychische Naturbeschaffenheit werden ganz überwiegend nur dann als problematisch empfunden, wenn sie anderen Zielen dienen als der Erhaltung von Leben und der Erhaltung und Steigerung von Gesundheit. Eingriffe, die Lebenserhaltung oder die Behandlung von oder die Vorsorge gegen Krankheit und Behinderung zum Ziel haben, gelten nahezu immer als gerechtfertigt. Dies gilt nicht nur für künstliche Eingriffe, die einen wie immer definierten „Normalzustand" aufrechterhalten, wiederherstellen oder präventiv auf dessen Aufrechterhaltung zielen, sondern auch für solche, die eine mehr oder weniger weitgehende „Verkünstlichung" des menschlichen Organismus zur Folge haben. Diese kann dadurch bedingt sein, dass körperliche Funktionen durch Prothesen oder Biomaterialien ersetzt werden, die teils eingebaut (Gelenkprothesen, Herzschrittmacher, Gehirnchips, allogene Transplantate), teils extern mitgeführt werden (Rollstuhl, Sprachsynthesizer, Beatmungsgerät), oder auch dadurch, dass Gestalt und Funktionen des Körpers tief greifend verändert werden (Amputation, Anus praeter, medizinisch indizierte plastische Chirurgie). Natürlichkeitsvorstellungen, die zur Folge haben, dass auch Eingriffe mit eindeutig lebenserhaltender oder gesundheitsbezogener Zwecksetzung abgelehnt werden müssen, haben allenfalls in Grenzbereichen dazu geführt, dass die Medizin (außer in der Alternativmedizin) Grenzen der „Unnatürlichkeit" oder „Künstlichkeit" ihrer Anstrengungen respektiert, und meist auch nur dann, wenn die Erfolgsaussichten eines ausgesprochen „monströsen" Eingriffs zweifelhaft sind – etwa bei der von dem Chirurgen Robert White hartnäckig verfochtenen, aber in Ärztekreisen allgemein abgelehnten Kopftransplantation, die auch dann, wenn sie im technischen Sinne gelänge, dem Transplantierten allenfalls eine gewisse zusätzliche Lebensfrist als Tetraplegiker verschaffen würde (vgl. Jungblut 2001). Die verbreiteten Vorbehalte gegen die „Apparatemedizin" auf der Seite medizinischer Laien haben zwar zu einer durchaus wünschenswerten Besinnung auf die Angemessenheit des Technikeinsatzes in der Medizin geführt, aber nicht zu einem Zurückschrauben der Technisierung und „Verkünstlichung" der Medizin insgesamt – auch deswegen nicht, weil die mit „Apparatemedizin" behandelten Patienten die Vorbehalte der Nicht-Patienten unter deren Gegnern ganz überwiegend nicht teilen.

5.3 Welche verändernden Eingriffe sind ethisch problematisch?

Als problematisch unter dem Gesichtspunkt der Natürlichkeit gelten künstliche Eingriffe in die natürliche Beschaffenheiten des Menschen in der Regel nur dann, wenn sie andere als gesundheitsbezogene Zwecke verfolgen. Natürlichkeitsvorstellungen machen sich in der Regel nur dann geltend, wenn sie nicht mit Werten wie Leben und Gesundheit konkurrieren müssen, die für die meisten höchste Priorität haben, sondern wenn sie gewissermaßen normativen „Spielraum" haben: im Bereich der ästhetischen Chirurgie etwa, des Dopings, der Stimmungsbeeinflussung mittels Psychopharmaka oder der Psychotherapie zur Verbesserung der Erlebnisfähigkeit. Allerdings scheinen Hilfsmittel, die primär zu gesundheitsbezogenen Zwecken entwickelt worden sind, auch dann noch von der Blankovollmacht zu profitieren, mit der an gesundheitsbezogenen Zielen orientierte Eingriffe in die Natur des Menschen bedacht werden, wenn sie zu eindeutig nicht mehr gesundheitsbezogenen Zwecken eingesetzt werden. Es ist jedenfalls auffällig, dass Drogen wie Ecstasy, die keinerlei gesundheitsbezogene Anwendung haben, verboten sind, während ursprünglich für medizinische Zwecke entwickelte Präparate wie der Stimmungsaufheller Prozac (alias Fluctin) auch für nicht-medizinische Zwecke genutzt werden dürfen. Während das Alltagsbewusstsein Substanzen ohne therapeutische Anwendung, deren „einzige Wirkung darin besteht, den Menschen Wohlbefinden zu schenken" (Fukuyama 2004: 85f.) ausgesprochen ambivalent gegenübersteht, wird bei Substanzen mit eindeutig therapeutischer Anwendung die Zweckentfremdung tendenziell in Kauf genommen.

Es ist eine bekannte Tatsache, dass sich zunächst zu gesundheitsbezogenen Zwecken entwickelte Mittel vielfach auch zu Zwecken außerhalb ihres ursprünglichen Anwendungsbereichs einsetzen lassen (und gelegentlich erst dadurch für ihre Hersteller wirtschaftlich profitabel werden). In den USA hat das zunächst als Antidepressivum entwickelte Prozac einen enormen Markt erobert. Nachdem sich herausgestellt hat, dass es auch bei Gesunden als Stimmungsaufheller willkommen ist, nehmen etwa 28 Millionen Amerikaner, d. h. 10 % der Bevölkerung Prozac und ähnliche Mittel regelmäßig ein (Fukuyama 2004: 69).

Interessanterweise wurde bei den philosophischen Pionieren des „prometheischen" Denkens dieserart „Zweckentfremdung" der Medizin noch nicht als problematisch empfunden. Die Hoffnung, Erwartung und sogar Forderung, dass die Mittel der Medizin auch zu herkömmlich nicht der Medizin zugerechneten Zwecken – zu Zwecken der Steigerung der Lebensqualität und des *enhancement* – eingesetzt werden, findet sich bereits zu Beginn der Neuzeit bei Bacon und Descartes. Bacon erhoffte sich von der Medizin u. a. eine Erleichterung des Sterbens, die nicht nur die damals selbstverständliche geistige Vorbereitung der Seele (*euthanasia interior*) beinhalten sollte, sondern auch eine ärztliche *euthanasia exterior*, durch die „die Sterbenden leichter und sanfter aus dieser Welt gehen" (Bacon 1966: 395), also eine Symptomlinderung zusätzlich zu oder anstelle der Bekämpfung der Ursachen des Sterbens. Wie Bacon erhoffte sich auch Descartes von zukünftigen Fortschritten in der Medizin nicht nur bessere Therapien für Krankheiten („sowohl des Körpers wie des Geistes"), sondern auch eine Behebung der Altersschwäche, vorausgesetzt man besäße „eine hinreichende Kenntnis ihrer Ursachen und aller Heilmittel, mit denen uns die Natur versorgt hat" (Descartes 1960: 103).

Für die heutige Debatte ist das Beispiel Altersschwäche ein wichtiges Stichwort. Es verweist auf die gegenwärtigen Schwierigkeiten, nicht nur „künstliche" von „natürlichen" Mitteln der Lebenserleichterung und -bewältigung abzugrenzen, sondern auch, eine Grenze zwischen gesundheitsbezogenen und anderen Zwecken des Einsatzes künstlicher Mittel zu ziehen. Altersschwäche ist nach üblichem Verständnis keine Krankheit, sondern ein „normales" biologisches Phänomen, aber diese Zuordnung ist nur solange eindeutig, als sie mit medizinischen Mitteln nicht behoben oder kompensiert werden kann. Sobald medizinische Mittel verfügbar werden, nimmt auch der Druck zu, sie als Krankheiten zu klassifizieren. Unsicherheiten ergeben sich zusätzlich aus der Tatsache, dass gesundheitsbezogene Primärzwecke in der Regel mit nicht-gesundheitlichen Sekundärzwecken einhergehen – wir streben nach Gesundheit ja zumeist nicht um ihrer selbst willen, sondern weil sie uns erlaubt, unsere Kräfte für andere Zwecke zu nutzen – und dass viele nicht-gesundheitsbezogene Primärzwecke sekundär zu gesundheitsbezogenen werden können. Das ist etwa der Fall, wenn sich herausstellt, dass bestimmte psychosoziale Zustände zu Folgezuständen mit eindeutigem Krankheitswert führen, etwa beruflicher Stress, Isolation, Arbeitslosigkeit und soziale und politische Unsicherheit, oder dass bestimmte Dysfunktionalitäten in Bezug auf Grundfunktionen ähnlich starkes subjektives Leiden nach sich ziehen können wie schwere Erkrankungen, etwa extreme Schüchternheit (mit der Folge der Meidung der Öffentlichkeit), körperliche Deformationen (mit stark reduzierten Chancen der Partnerfindung) oder Unfruchtbarkeit (bei hohen familiären Nachwuchserwartungen). Alle in diesem Zusammenhang als Kriterien von Krankheit verwendeten Begriffe sind mit erheblichen Vagheiten belastet und in hohem Maße interpretierbar, was vor allem im Zusammenhang mit der politischen Frage der Erstattungsfähigkeit durch Solidarleistungen eine Reihe von Problemen aufwirft.

Zum Glück brauchen wir uns hier mit diesen Problemen nicht eigens zu beschäftigen, denn als normative Beurteilungskriterien kommen Natürlichkeitsargumente typischerweise nur dort ins Spiel, wo der Einsatz künstlicher Mittel *eindeutig* nicht-gesundheitsbezogenen

5.3 Welche verändernden Eingriffe sind ethisch problematisch?

Zwecken dient. Solange es zumindest diskutabel ist, dass eine Maßnahme als „gesundheitsbezogen" eingestuft wird, wie etwa bei der Hormontherapie bei erblich bedingter Kleinwüchsigkeit oder bei der Sterilitätstherapie bei nicht krankhaft bedingter Unfruchtbarkeit, wird kaum jemand gegen diese Maßnahmen mit dem Argument Einspruch erheben, diese Maßnahmen seien „unnatürlich" oder stellten einen Verstoß gegen die Naturordnung dar. Natürlichkeitsargumente werden in der Regel nicht gegen Bemühungen um *Normalisierung* vorgebracht, sondern gerade im Gegenteil gegen Bemühungen um Entnormalisierung, um *Abweichungen* von der Normalität, z.B. die Ermöglichung von physischen Extremleistungen durch Doping, die Ermöglichung von psychischen Extremleistungen durch Stimulantien oder die Erweiterung des „normalen" Gefühlsspektrums durch Formen einer medizinisch nicht indizierten Psychotherapie.

Selbstverständlich fungieren dabei Natürlichkeit und Künstlichkeit als ein Kriterium unter anderen. Sie machen nur einen von mehreren Aspekten aus, unter denen nicht-gesundheitsbezogene künstliche Eingriffe in die physische oder psychische Natur von Individuen ethisch bewertet werden, und zweifellos nicht den in der Praxis wichtigsten. Viele Arten künstlicher Eingriffe sind bereits aufgrund von anderweitigen weithin akzeptierten moralischen Beurteilungsprinzipien problematisch, ohne dass es dafür eines eigenständigen Prinzips der Natürlichkeit bedürfte, etwa aufgrund der Prinzipien der Nichtschädigung, der Achtung der Selbstbestimmung und der Erhaltung bzw. Förderung von Chancengleichheit.

Das Prinzip der *Fremdschädigung* ist immer dann verletzt, wenn die Kosten-Nutzen-Relation des Eingriffs nicht stimmt, dem Betroffenen also Risiken aufgebürdet werden, die durch die diesen Risiken gegenüberstehenden Chancen nicht aufgewogen werden. Das Prinzip der Nichtschädigung verbietet nicht nur die Schadenszufügung, sondern gleichermaßen auch die Gefährdung, der keine gleichwertige Chance gegenübersteht. Auch die *Unterstützung* von Fremd- und Selbstschädigungen und -gefährdungen verletzt dieses Prinzip, etwa der Einsatz einer medizinischen Notfallmaßnahme wie der Amputation zum Zweck der Befriedigung einer „Apotemnophilie" genannten obsessiven Lust an Selbstverstümmelung, einer zum ersten Mal 1977 diagnostizierten Kuriosität. Apotemnophile behaupten, dass sie sich ausschließlich in einem amputierten Körper „bei sich selbst" fühlen. So begab sich etwa 1998 ein 79-jähriger – anderweitig psychisch gesunder – Mann aus New York nach Mexiko, um sich dort eine Beinamputation für 10.000 $ auf dem Schwarzmarkt zu „kaufen", ein Fall, der nur dadurch ans Licht kam, dass der Mann anschließend in einem Motel an Wundbrand starb (Elliott 2003: 208). Aus ähnlichen Gründen ist die Unterstützung von kulturellen Normen der Fremd-

5. Wie weit dürfen wir unsere individuelle Naturkontingenz verändern?

verstümmelung abzulehnen, etwa der weiterhin in einigen Ländern verbreiteten weiblichen Beschneidung. In diesen Fällen ist das ablehnende Urteil nicht – oder zumindest nicht primär – durch die „Unnatürlichkeit" dieser Eingriffe legitimiert, sondern dadurch, dass diese Eingriffe massive Schädigungen darstellen, auch dann, wenn ihre Opfer in sie einwilligen oder sie verlangen.

Unvereinbar mit dem Prinzip der *Achtung der Selbstbestimmung* sind alle Eingriffe, die (außer in Notfällen und bei Unmündigen) ohne oder gegen die informierte Einwilligung des Betroffenen durchgeführt werden. Bei nicht-gesundheitsbezogenen Eingriffen wiegen Verletzungen dieses Prinzips besonders schwer, da sie zumeist nicht durch paternalistische Überlegungen abgemildert werden, die eine unterlassene Respektierung der Selbstbestimmung mit Bezug auf die Absicht, gesundheitlichen Schaden abzuwenden, zumindest entschuldigen. Eine eindeutige Verletzung des Selbstbestimmungsrechts ist etwa das von einem Trainer ohne Wissen des Sportlers eingesetzte Dopingmittel. Unter dem Gesichtspunkt des Selbstbestimmungsrechts werden seit längerem auch Eingriffe im frühen Kindesalter zur Vereindeutigung der Geschlechtszugehörigkeit bei Kindern diskutiert, bei denen die körperlichen Merkmale beider Geschlechter angelegt sind. Mit diesem Eingriff wird dem betroffenen Kind die Chance genommen, über seine Geschlechtszugehörigkeit im Jugendalter selbst zu entscheiden.

Problematisch sind drittens Manipulationen der körperlichen und psychischen Ausstattung, die etwaige aufgrund anderer Faktoren bestehende *Ungleichheiten* in den Lebenschancen *verschärfen*, etwa indem sie ein bereits bestehendes Gefälle in der Lebenserwartung, der Krankheitsanfälligkeit und der Lebenszufriedenheit zwischen den sozioökonomischen Schichten verstärken. Entwicklungen in dieser Richtung lassen sich gegenwärtig in der ausgeprägt kompetitiven US-amerikanischen Gesellschaft beobachten, in der es sich unter Schülern aus den oberen Schichten eingebürgert zu haben scheint, die körperliche Leistungsfähigkeit bereits im Schulsport durch die Einnahme von Aufputschmitteln zu steigern.

Welche Formen künstlicher Eingriffe verbleiben als Ansatzpunkte für eigenständige Natürlichkeitsargumente? Es verbleibt das große Feld der freiwilligen und zumeist bewusst intendierten künstlichen Veränderungen der eigenen physischen und psychischen Beschaffenheit, die keines der drei genannten Prinzipien verletzen oder bei denen etwaige Verletzungen durch die Verwirklichung anderweitiger Werte ausgeglichen werden – Veränderungen, die weder andere schädigen oder gefährden, andere in ihrer Freiheit und Selbstbestimmung beeinträchtigen noch bestehende Chancenungleichheiten aufrechterhalten oder verschärfen. Die Intensität der gegenwärtigen Debatte über Eingriffe, die unter diese Beschreibung fallen, erklärt sich vor allem aus

5.3 Welche verändernden Eingriffe sind ethisch problematisch?

ihrer rapiden quantitativen Zunahme, u. a. aufgrund eines schnell wachsenden Angebots von Leistungen der ästhetischen Chirurgie, der Lifestyle-Medizin, von Psychopharmaka und Psychotherapie. Hinzu kommt eine weiter zunehmende Individualisierung der Lebensgestaltung. In einer Zeit zunehmender Single-Haushalte und geschwächter familiärer Bindungen verliert auch die soziale Kontrolle an Durchschlagskraft, die ansonsten Selbstgestaltung und Selbststilisierung in den engen Bahnen der Konvention hält.

Die Diskussion um die Inanspruchnahme des breiten Angebots biomedizinischer und psychologischer Mittel der Selbstgestaltung wird häufig unter dem Stichwort „Enhancement" geführt, also mit Bezug auf künstliche Eingriffe, die statt auf Therapie und Prävention auf Verbesserung und Steigerung zielen. Aber genau genommen ist dieses Etikett zu eng. Es geht nicht nur um *Verbesserung* (wie bei der pharmakologischen Stimmungsbeeinflussung) oder *Steigerung* (wie beim Doping im Sport), sondern auch um solche Formen der Selbstgestaltung, bei denen sich das Individuum nicht primär wünscht, besser zu sein oder sich besser zu fühlen, sondern unter Zuhilfenahme künstlicher Mittel *anders* zu sein, eine neue Identität anzunehmen, mit seinen individuellen Möglichkeiten zu experimentieren. Und es geht selbstverständlich nicht um *sämtliche* Mittel der Selbstverbesserung und Selbststeigerung, sondern lediglich um solche, die als „künstlich" gelten und nicht bereits kulturell approbiert sind. Es geht nicht um die „normalen" Wege der Verbesserung und Vervollkommnung, wie etwa der Steigerung intellektueller oder charakterlicher Fähigkeiten durch Bildung und Erziehung, mögen sich diese auch ebenso „künstlicher" Mittel bedienen wie Hochleistungsrechner, E-learning und Video-Feedback.

Was ist gegen die Selbstgestaltung und Selbststeigerung mit „künstlichen" Mitteln einzuwenden? Zunächst kann die Entscheidung für derartige Eingriffe auf mehrere Weisen unklug, kurzsichtig oder irrational sein. Man kann sich durch künstliche Eingriffe bestimmter Fähigkeiten berauben, seine Freiheit einschränken oder sich Chancen befriedigender Tätigkeiten entgehen lassen. Mit der künstlichen Forcierung bestimmter Talente und Begabungen kann man temporär oder dauerhaft seine Gesundheit schädigen, seine Lebensoptionen und Freiheitsspielräume einengen und infolge der leichten Verfügbarkeit von künstlich induzierten Befriedigungen aufwendigere und anstrengendere, dafür aber möglicherweise tiefere und dauerhaftere Quellen von Lebenszufriedenheit unerschlossen lassen. Die genaue Nutzen-Kosten-Bilanz hängt allerdings wesentlich von den jeweiligen individuellen Dispositionen und Wertpräferenzen ab und lässt sich kaum verallgemeinern. Was klug und was unklug ist, lässt sich nicht intersubjektiv verbindlich angeben. Keineswegs wird die „künstliche" Stei-

5. Wie weit dürfen wir unsere individuelle Naturkontingenz verändern?

gerung von Fähigkeiten, etwa durch pharmazeutische Mittel, von denen, die sich auf sie eingelassen haben, durchgängig oder überwiegend als Fehlentscheidung bedauert. Die künstliche Steigerung der körperlichen Leistungsfähigkeit im Leistungssport ist regelmäßig durch gesundheitliche Opfer, oft durch dauerhafte Schäden erkauft. Dennoch gibt es relativ wenige Leistungssportler, die in späteren Jahren ihre Ambitionen im Nachhinein bereuen. Der von Anton Leist so genannte Überforderungseinwand: „Wir bedauern jemanden, der sich fortwährend mit Hilfe der stärksten Mittel dazu bringt, bestimmte Leistungen zu produzieren" (Leist 2003: 284) würde längst nicht von allen Erbringern von Extremleistungen als Einwand gelten gelassen. Viele von ihnen würden vielmehr insistieren, dass es die Mühe wert war, zumindest viele von denen, bei denen sich die Mühe lediglich infolge des Einsatzes „künstlicher" leistungssteigernder Mittel in entsprechenden Erfolgen ausgezahlt hat. Viele Leistungssportler scheinen gerade die nur durch Doping möglich gewordenen Rekordleistungen als ekstatischen Höhenflug zu erleben (vgl. Caysa 2003: 266). Auch der von Leist so genannte „Einseitigkeitseinwand", nach dem „die menschlichen Leistungen ... aus dem Verbund von Fähigkeiten untereinander und aus der menschlichen Erfahrung im allgemeinen" entstehen sollten und nicht aus der punktuellen Spitzenleistung, wäre wohl ebenfalls nicht für jeden akzeptabel. Ohne die Einseitigkeit, das Setzen auf eine einzige Karte, wäre es angesichts der begrenzten Möglichkeiten, mehrere Talente gleichzeitig zu entwickeln und zu pflegen, vielfach zu gar keiner irgendwie herausragenden Leistung gekommen und wäre ein Lebensplan, der so etwas vorsah, unerfüllt geblieben. Fraglich ist allenfalls, ob man Kinder zu einem Lebensplan erziehen sollte, der Lebenszufriedenheit an die Bedingung der Erbringung von Höchstleistungen knüpft.

Zweitens ist die Befürchtung des *President's Council* ernst zu nehmen, dass die jederzeitige Verfügbarkeit technischer Hilfsmittel etwa zur Herstellung einer zufriedenen, heiteren, angenehmen Stimmungslage auch unter widrigen Lebensumständen – das, was der Psychiater Peter Kramer „kosmetische Psychopharmakologie" genannt hat (Kramer 1995: 16) – leicht dazu führt, dass die von der Umwelt gestellten Herausforderungen gar nicht mehr als solche wahrgenommen, Energien zu ihrer Bewältigung nicht mehr mobilisiert und damit individuelle und soziale Ressourcen ungenutzt und Fähigkeiten ungeübt bleiben, die ohne die Verfügbarkeit dieser Mittel eingesetzt würden. Befriedigung würde tendenziell nicht mehr aus der Auseinandersetzung mit realen Widerständen und der Bearbeitung realer Konflikte bezogen, sondern ohne lästigen und beschwerlichen Umweg aus einer „Glückspille". Die Pille würde gewissermaßen traditionelle psychische Funktionen der Religion übernehmen und wort-

5.3 Welche verändernden Eingriffe sind ethisch problematisch?

wörtlich zum „Opium des Volkes" werden. Wie die Religion noch für die widrigsten Lebenslagen und die heillosesten Verstrickungen das innere Bild eines barmherzigen Gottes bereithält, „der sich der Sünder erbarmt", stünde die Pille bereit, um auch noch in Situationen des Scheiterns und der Insuffizienz Trost zu spenden. Glück hinge nicht mehr von realem Erfolg ab, sondern von einem beliebig herstellbaren Erfolgsgefühl. Und nicht nur von der äußeren Realität würde dieses „künstliche" Erfolgsgefühl entlasten, sondern auch von der inneren. Glücksgefühle würden auch von der inneren Realität abgekoppelt, indem das ureigenste Erleben zum Positiven hin verfälscht würde. Das Universalnarkotikum würde sowohl über objektive Misserfolge als auch über subjektive Misshelligkeiten hinwegtäuschen, etwa objektiv unbegründete depressive, verzweifelte, schamvolle und ängstliche Stimmungen.

Man braucht nicht so weit zu gehen wie die kulturkonservativen Kritiker des psychopharmakologischen Glücks und das hedonistische Glückskonzept durch ein objektivistisches zu ersetzen, um ein synthetisches Glück aus der Pillenschachtel problematisch zu finden. Ein objektivistischer, an Aristoteles anknüpfender Glücksbegriff, der die Zuschreibung von Glück nicht an die Selbstbeurteilung des jeweiligen Subjekts, sondern an objektive Leistungen knüpft, ist ein allzu radikaler Ausweg. Ein solcher Glücksbegriff wird weder dem wesentlichen Subjektivismus des modernen Glücksbegriffs gerecht noch den psychologischen Fakten, die gegen die Möglichkeit eines einheitlichen und für alle gleichermaßen verbindlichen Glückskonzepts sprechen. Gegen ein „Glück aus der Pillenschachtel" sind auch aus hedonistischer Perspektive Vorbehalte anzumelden. Das Individuum muss sich bereits aus Klugheitsgründen fragen, ob es sich durch die Leichtigkeit, mit der es seine Stimmungslage künstlich zu regulieren vermag, nicht um Tiefendimensionen seiner Zufriedenheit mit sich selbst und mit seinem Leben bringt, die in der Regel erst dann erreichbar sind, wenn Zufriedenheit und Glück an Sinnüberzeugungen gebunden sind, d. h. an die Überzeugung, dass das eigene Erleben nicht nur sensorisch angenehm, sondern auch sinnvoll und angemessen ist. Damit ist nicht gesagt, dass nicht auch „künstliche" Mittel in der Lage sind, solche Sinnmöglichkeiten zu eröffnen. Vor allem scheint es nicht zwingend, dass Sinnmöglichkeiten – wie es die aristotelische Tradition will – wesentlich oder ausschließlich durch Handeln (statt durch passives Erleben) oder sogar durch äußeres, nach außen hin sichtbares Handeln eröffnet werden. Warum sollte jemand mit einem entsprechenden Sensorium seine tiefsten Glücksmöglichkeiten nicht auch darin finden, Beethovensche Streichquartette zu hören? Wenn ja, ist nicht auszuschließen, dass jemand dieselben Tiefendimensionen in einem in jeder Hinsicht funktional äquivalenten „künstlichen" Mittel findet.

5. Wie weit dürfen wir unsere individuelle Naturkontingenz verändern?

Drittens sollte sich derjenige, der zu künstlichen Mitteln greift, überlegen, wie weit er sich damit in Abhängigkeiten begibt und Optionen einbüßt, die ihm andernfalls offen stünden. Abhängigkeiten zu riskieren ist manchmal klug, manchmal unklug. Die stoische Warnung, an nichts Vergängliches sein Herz zu hängen, ist nicht durchweg klug, da ohne Abhängigkeitsrisiko keine dauerhaften Loyalitäten und Bindungen entstehen können, diese aber selbst dann, wenn sie mit Widerwillen akzeptiert werden, als Quelle von Lebenszufriedenheit oftmals unersetzlich sind. Andererseits ist uns vielfach Freiheit wichtiger als Lust. Wegen des Verlusts der Freiheit – und nicht wegen einer Abneigung gegen Lust – halten wir es für unklug, uns auf das Angebot der Nozick'schen „Erlebnismaschine" (Nozick o. J.: 52) einzulassen und uns von ihr ein lebenslanges Glück vorgaukeln zu lassen, das so überwältigend ist, dass die Frage nach Alternativen gar nicht erst aufkommt. Auf eine zeitlich begrenzte Glücksreise dagegen, die unsere Freiheit nicht dauerhaft einschränkt, lassen wir uns in der Regel gern ein, auch wenn das Risiko, von ihr abhängig zu werden, nicht vernachlässigbar ist.

Problematisch an der Abhängigkeit, zu der künstliche Mittel verführen können, ist vor allem, dass sie die Fähigkeit schwächt, Situationen zu bewältigen, in denen diese Mittel nicht zur Verfügung stehen. Wer bei jeder kleineren emotionalen Krise zur Beruhigungspille greift, lernt nicht, die psychischen Ressourcen zu entwickeln, die ihn solche Krisen auch aus eigener Kraft bestehen lassen. So unklug es ist, sich schwerer und länger andauernde Schmerzzustände zuzumuten, ohne, soweit verfügbar, für Abhilfe zu sorgen, so unklug ist es, jedes Unbehagen durch den Griff zu chemischen Helfern zu ersticken, ohne seinen Hintergründen nachzugehen und sich mit diesen auseinander zu setzen. Keinem möchte man gönnen, Angstzustände aushalten zu müssen, die erwiesenermaßen irrational sind und kein *fundamentum in re* haben. Aber Ängste können auch berechtigt sein. Zu ihrer Bewältigung ist dann die Entwicklung der eigenen Ressourcen an Augenmaß, Mut und Entschlossenheit angezeigt. Sie künstlich „wegzudrücken", wäre für die eigene Lebensführung kurzsichtig und irrational.

Unkluge Wahlentscheidungen sind jedoch nicht nur Sache des jeweiligen individuellen Akteurs. Sie rechtfertigen zugleich ein gewisses Maß öffentlichen Drucks. Schon aus Gründen der Fürsorge sind individuelle Entscheidungen für „unnatürliche" Selbstmanipulationen in vielen Fällen auch eine öffentliche Angelegenheit. Allerdings sind paternalistische Interventionen problematisch, sobald sie mit Zwangsmitteln durchgesetzt werden und besonders dann, wenn – wie in den gegenwärtig in Deutschland geltenden Drogengesetzen – die *ultima ratio* des Strafrechts bemüht wird, um das „verirrte" Individuum auf den Weg der Klugheit zurückzubringen. Aber paternalistische Bemü-

5.3 Welche verändernden Eingriffe sind ethisch problematisch?

hungen unterhalb der Schwelle der Zwangsanwendung – wobei darüber, wann genau erzieherischer Druck in Zwang umschlägt, die Meinungen auseinander gehen mögen – sind damit nicht in gleicher Weise ausgeschlossen. Gesellschaftlicher Druck ist nicht nur dann legitim, wenn es darum geht, legitime Interessen der Gesellschaft gegen individuelle Willkür zu schützen, sondern auch dann, wenn es darum geht, den einzelnen vor sich selbst und sein legitimes Interesse an Lustgewinn vor kurzsichtigen Scheinbefriedigungen zu schützen.

Umso berechtigter ist die Kritik – aber nicht deshalb auch schon das Verbot – der Anwendung „künstlicher" Mittel der Selbstgestaltung, soweit sie vor den mit dem Umsichgreifen solcher Mittel möglicherweise einher gehenden gesellschaftlichen Fehlentwicklungen warnt. Eine davon ist die Verstärkung bereits bestehender Chancenungleichheiten durch den Einsatz künstlicher Mittel zur Steigerung der Leistungsfähigkeit und der sozialen Attraktivität. Chancenungleichheiten können dabei auf zweierlei Weise verstärkt werden: einerseits dadurch, dass diese Mittel nur für die Bessergestellten zugänglich oder erschwinglich sind, andererseits dadurch, dass diese Mittel für alle zugänglich sind und gerade dadurch die Standards von Normalität und Akzeptabilität im Wettbewerb um gesellschaftliche Positionen heraufgesetzt werden. Im ersten Fall bleiben die von vornherein Schlechtergestellten von den Vorteilen, die das künstliche Mittel bereitstellt, in ähnlicher Weise ausgeschlossen wie gegenwärtig die Bevölkerungen der Dritten Welt von den Errungenschaften der High-Tech-Medizin. Im zweiten Fall wirken sich vorgängig bestehende Ungleichheiten noch durchschlagender auf die Verteilung gesellschaftlicher Positionen aus als ohne die Verfügbarkeit der künstlichen Mittel. In Zeiten, in denen die betreffenden Mittel allen zur Verfügung stehen und in denen die Mehrheit davon Gebrauch macht, hat derjenige, der auch unter Zuhilfenahme dieser Mittel seine soziale Attraktivität nicht wesentlich verbessern kann oder auf deren Gebrauch verzichtet, noch schlechtere Chancen als vorher.

Eine weitere Problemdimension der Selbststeigerung mit künstlichen Mitteln auf gesellschaftlicher Ebene ist die damit möglicherweise einhergehende *Komplizität* mit kritikwürdigen, aber gesellschaftlich verbreiteten Erwartungshaltungen und Vorurteilsstrukturen (vgl. Little 1998: 168ff.). Vielfach werden diese Haltungen durch die neuen technischen Möglichkeiten, ihnen zu genügen, eher zementiert als geschwächt. Was sich aus Sicht des Einzelnen als gelungene Anpassung an eine gesellschaftliche Norm darstellt, stellt sich aus soziologischer Sicht als die Erfüllung und Bekräftigung einer Norm dar, ohne die die Gesellschaft insgesamt besser dastünde. Die ästhetischen Stigmata, die aufgrund der rasanten Entwicklung der ästhetischen Chirurgie ohne größere Risiken beseitigbar geworden sind, sind insbesondere in multiethnischen Gesellschaften vielfach mit ethnischen Diskriminierungstendenzen verknüpft. Nicht zufällig begann die Karriere der kosmetischen Chirurgie der Nase in den USA im 19. Jahrhundert mit Angehörigen der jüdischen Minderheit, die eine weniger gekrümmte Nase haben wollten, um ihre ethnische Zugehörigkeit zu verschleiern. In den 20er Jahren des 20. Jahrhunderts ließen sich dann insbesondere italienische, griechische, armenische, iranische und libanesische Immigranten an der Nase operieren, um nicht für Juden gehalten und entsprechend diskriminiert zu werden (Elliott 2003: 190). Diese Tendenz erreichte ihren Höhepunkt in den 40er Jahren. Aber noch in den 60er Jahren war die Hälfte aller Patienten, die sich an der Nase operieren ließen, amerikanische Juden der ersten oder zweiten Einwanderergeneration. Ähnliche Motive liegen zumindest teilweise auch der im Iran verbreiteten Nachfrage junger Frauen nach Begradigung der Nase zugrunde. Im gegenwärtigen Iran gehören die vielfach sichtbaren Nasenpflaster bei jungen Frauen zu den auffälligsten Hinweisen darauf, dass die neuen Möglichkeiten der Selbstgestaltung selbst in fundamentalistischen Gesellschaften nicht verschmäht werden.

Unabhängig von der Richtung, die die gesellschaftlichen Erwartungshaltungen einschlagen, kann aber auch bereits ein formales Kennzeichen dieser Erwartungshaltungen bedenklich stimmen: ihre Totalisierungstendenz – die Lückenlosigkeit, mit der sie alle Lebensbereiche einschließlich der Selbstsicht der Individuen durchdringen. Mit den erweiterten Möglichkeiten, sich diesen Erwartungshaltungen anzupassen, verstärkt sich deren Totalisierungstendenz noch, wird es für den Einzelnen noch schwieriger, sich der *complicity* mit der Vorherrschaft der entsprechenden Normen zu entziehen. Für den einzelnen amerikanischen Schüler mag es durchaus befriedigend sein, seine Leistungsfähigkeit im Schulsport durch die Einnahme von Steroiden zu verbessern. Aus einer gesellschaftlichen Gesamtsicht wäre allerdings – zumindest vielen Beobachtern zufolge – der amerikanischen Gesellschaft eine weniger kompetitive und entspanntere Lebenseinstellung zu wünschen, die den *rat race* um gesellschaftliche Positionen nicht bereits im Kindergarten beginnen lässt.

In eine ähnliche Richtung geht Carl Elliotts Kritik an dem gegenwärtig besonders in den USA grassierenden Schönheitswahn und der rapiden Zunahme ästhetischer Operationen bei Jugendlichen. Erschreckend an diesem Trend ist weniger, dass mit der Umgestaltung des eigenen Körpers nach dem Muster der Barbie-Puppe in die Naturkontingenz der körperlichen Beschaffenheit eingegriffen wird. Besorgniserregend ist vielmehr der Konformitätsdruck, der aus der Gleichgerichtetheit der gewünschten Veränderungen spricht. Elliott führt die Neigung, den tatsächlichen oder vermeintlichen Erwartungen der Gesellschaft zu genügen, auf eine hinter der Fassade von

5.3 Welche verändernden Eingriffe sind ethisch problematisch?

Autonomie und Individualismus verborgene Ich-Schwäche und Selbstunsicherheit zurück. Nicht der Individualismus, sondern gerade eine nur schwach ausgebildete Individuierung stehe hinter der Bereitschaft des Einzelnen, erhebliche Opfer zu bringen, um sich den anderen so zu präsentieren, wie es meint, dass diese es erwarten. Verstärkt werde diese Tendenz durch ein „puritanisches" Effizienzdenken, das selbst noch auf den Lustgewinn ausgedehnt wird, so dass der in der amerikanischen Verfassung verankerte „pursuit of happiness" weniger als Recht denn als Pflicht verstanden wird. Ein Indiz dafür sieht er in der Tatsache, dass viele Operations-Shows in den USA weniger eine hedonistisch-selbstverwöhnende als vielmehr eine puritanisch-leistungsethische Tendenz aufweisen: Erfolg hat, wer hart an sich arbeitet. Auch Schönheit ist ein Produkt von Leistungswillen. Die Opfer einer solchen hedonistischen Hypermoral sind jedoch diejenigen, die in der Verfolgung ihres Glücks weniger erfolgreich sind. Sie haben die gesellschaftliche Fehlentwicklung eines verschärften Konformitätsdrucks auszubaden, z. B. in Gestalt depressiver Störungen.

Aus europäischer Perspektive muss allerdings bezweifelt werden, ob es sich bei den von Elliott beschriebenen Phänomenen, um ein – wie er unterstellt – spezifisch US-amerikanisches Phänomen handelt. Es könnte durchaus sein, dass die Inanspruchnahme von ästhetischer Chirurgie schlicht eine Funktion dessen ist, was man sich ökonomisch leisten kann. Eine noch größere Nachfrage nach Schönheitschirurgie als gegenwärtig in den USA entwickelte sich um 1980 in den Niederlanden, infolge einer Gesetzgebung, die kosmetische Operationen in den Leistungskatalog der gesetzlichen Krankenkassen aufgenommen hatte, zusammen mit Indikationen wie Sozialangst, Minderwertigkeitsgefühl, Frigidität und Suizidalität. Im Gefolge dieser Regelung kam es zu einer dramatischen Steigerung der Inanspruchnahme kosmetischer Leistungen, mit einer ungefähren Verdoppelung der Fälle jedes einzelnen Typs von Operation (Davis 1998: 127). Das schwächt allerdings in keiner Weise die Plausibilität von Elliotts sozialpathologischen Diagnosen. Auch die Tatsache, dass nicht nur in den USA, sondern auch in Europa eine beträchtliche Erhöhung der Depressionen festzustellen ist, könnte u. a. mit dem wachsenden sozialen Druck auf Leistungsfähigkeit und Leistungsbereitschaft zu erklären sein, aber auch mit dem in der Dienstleistungsgesellschaft wachsenden Druck, von anderen attraktiv gefunden zu werden.

Nach Auffassung der kulturkonservativen Kritiker der gegenwärtig und in Zukunft verfügbaren „künstlichen" Mittel der Selbststeigerung und Selbstgestaltung greifen diese – in den herkömmlichen Bahnen der Gesellschaftskritik verbleibenden – Kritiklinien allerdings zu kurz. Das besondere Pathos dieser Kritik besteht darin, dass sie weiter geht als eine Kritik, die lediglich an das wohlverstandene Eigeninteresse des Individuums oder der Gesellschaft appelliert, und Argumente ins Spiel bringt, die eine Kritik an „künstlichen" Selbstveränderungen gerade auch dann erlauben, wenn diese weder mit individuellen noch gesellschaftlichen Interessen in Konflikt kommen. Zu diesen Argumenten gehören wesentlich auch Natürlichkeitsargumente.

5.4 Natürlichkeit im Umgang mit sich selbst – ein eigenständiger Wert?

Das Paradigma der kulturkonservativen Kritik an den technischen Möglichkeiten der Selbststeigerung ist die verbreitete Ablehnung des Dopings im Leistungssport. Wie das Doping im Leistungssport müsse auch in anderen Lebensbereichen der Trend zur Selbstüberbietung mit künstlichen und insbesondere mit biomedizinischen Mitteln in Frage gestellt und die Biomedizin auf ihre originären therapeutischen Aufgaben verwiesen werden.

Was bei dieser Art der Kritik leicht übersehen wird, ist die Sonderstellung des Sports als kulturell definiertes Reservat von – wie immer in der Praxis verfehlter – Natürlichkeit. Was Sport ausmacht, ist letztlich nicht ohne den Verweis auf Natürlichkeit zu erklären. Der Sport ist eine gesellschaftlich definierte Sphäre, zu deren konstitutiven Bedingungen es gehört, dass in ihr – im Unterschied zu anderen Lebenssphären – nur bestimmte Hilfsmittel zugelassen sind. Bereits zu Zeiten der sportlichen Großveranstaltungen der griechischen Antike gab es sanktionsbewehrte Dopingverbote, allerdings auch deren systematische Übertretung, etwa durch die Einnahme bestimmter Pilze (vgl. Hoberman 1994: 125). Die wie immer künstlichen und willkürlichen Regeln, die die einzelnen sportlichen Disziplinen konstituieren, dienen nicht nur, aber auch dazu, bestimmte Bedingungen an die Natürlichkeit der Leistungserbringung zu formulieren und die Nichteinhaltung dieser Bedingungen durch die Inanspruchnahme „künstlicher" Hilfsmittel zu sanktionieren.

Mit dem Verbot des Dopings bekräftigt die Gesellschaft insofern die Autonomie und Abgesondertheit eines begrenzten Bereichs ihrer kulturellen Aktivitäten. Sie schützt eine bestimmte Sphäre gesellschaftlichen Handelns vor der Auflösung ihrer Identität durch die Vermischung mit Elementen, die in anderen Bereichen sehr wohl geduldet und vielfach sogar erwartet werden. Einem Musiker wird zugestanden, Betablocker zur Unterdrückung von Lampenfieber einzusetzen, einem Sportschützen zur Unterdrückung von Händezittern nicht. Insofern postuliert die Gesellschaft, indem sie bestimmte „unnatürliche" Formen und Mittel der Leistungssteigerung im Leistungssport verbietet,

5.4 Natürlichkeit im Umgang mit sich selbst – ein eigenständiger Wert?

keineswegs Natürlichkeit als einen übergreifenden und für alle verbindlichen Wert. Sie verteidigt lediglich die konstitutiven Bedingungen des Sports als künstlichen und von den gesellschaftlichen Üblichkeiten abgetrennten Sonderbereich des Leistungswettkampfs gegen den drohenden Verlust seiner Autonomie. Zu diesen konstitutiven – rein konventionellen und von der Gesellschaft jederzeit änderbaren – Bedingungen gehört, dass Leistungen im Leistungssport *idealiter* ausschließlich durch Talent und Trainingsleistung erbracht werden, *realiter* auch durch bestimmte akzeptierte und streng begrenzte technische Hilfsmittel. Wären etwa im Sportschießen Betablocker zugelassen, verlöre der Wettbewerb seine Pointe, da die bewertete Leistung u. a. genau darin besteht, das Zittern der Hand zu beherrschen (vgl. De Wachter 2004: 263). Einem Soldaten wären solche Hilfsmittel erlaubt. Im Schach ist deshalb teilweise sogar der Genuss von Kaffee verboten, der von den wenigsten als Dopingmittel eingestuft werden dürfte. Nur weil der Bereich des Leistungssports auf eine künstliche Weise realitätsentlastet ist und es im Sandkasten des Sports primär um den Wettbewerb geht, sind in diesem Bereich Natürlichkeitsnormen legitim, die andernfalls unfunktional wären. Dass der leistungsrelevante Teil der menschlichen Natur in diesem Bereich besonderen „Reinheits- und Echtheitsbedingungen" (Pawlenka 2004: 300) unterworfen wird, ist die Kehrseite seiner ausgeprägten Künstlichkeit. Sportliche Werte sind prozessbezogen und nicht ergebnisbezogen. Gerade deshalb, weil es im Sport um *nichts* geht, können die Regeln so streng sein, wie sie wollen, solange dies mit der Aufrechterhaltung der Praxis vereinbar ist. In Leistungsbereichen, in denen es um etwas geht, würde sich eine solche Strenge zwangsläufig kontraproduktiv auswirken.

Dass Natürlichkeit im Bereich des Leistungssports lediglich die Rolle eines konventionsabhängigen und gewissermaßen *lokalen* Prinzips spielt, zeigt sich bereits daran, dass lediglich ein *bestimmter* Kreis von „künstlichen" Mitteln der Leistungsbeeinflussung verboten ist, während andere zugelassen sind, etwa das Training nach einem ausgeklügelten Plan, Konditionierung zur Abgewöhnung von Ängsten, autogenes Training oder Höhentraining unter sauerstoffarmen Bedingungen. Der Ausschluss des Doping – wozu auch einige rein psychologische Methoden der Leistungsbeeinflussung wie Hypnose gehören – leistet lediglich eine Eingrenzung der „künstlichen" Mittel zur Sicherung individueller bzw. kollektiver Eigenleistung aufgrund von Talent und Training. Als Prinzip des Leistungssports gilt Natürlichkeit deshalb nicht *in toto*, sondern *„in parte"* (Pawlenka 2004: 301), d. h. hinsichtlich bestimmter, aber längst nicht aller Faktoren der Leistungserbringung. Durch das Dopingverbot wird *innerhalb* der künstlichen Verfahren der Leistungssteigerung eine – immer wieder präzisierungsbedürftige – Grenze gezogen.

5. Wie weit dürfen wir unsere individuelle Naturkontingenz verändern?

Anders als durch ein Natürlichkeitsprinzip lässt sich im Übrigen ein Dopingverbot auch nicht plausibel begründen. Die weiteren zur Verteidigung des Dopingverbots gemeinhin herangezogenen Argumente der Unfairness, der Gesundheitsschädlichkeit und der Sicherstellung eines „common body" sind dafür schwerlich hinreichend. Fairness bestünde auch bei einer völligen Freigabe des Doping (vgl. De Wachter 2004: 263), wenn auch nur mit einer angepassten Leistungsdefinition, da die Leistungsmessung und -würdigung nunmehr die Findigkeit in der Nutzung des Spektrums der verfügbaren und der Erfindung neuer, bisher nicht verfügbarer Mittel einschlösse. Ein Sportbetrieb ohne Dopingverbot würde u. a. das möglichst raffinierte Doping honorieren, ebenso wie er heute die raffinierten Trainingsmethoden und die raffinierte technische Ausrüstung honoriert. Wie die Erfindung eines neuen Bewegungsstils (etwa beim Hochsprung der Fosbury-Flop) und die Erfindung neuer Trainingsmethoden (wie des Höhentrainings) als „,legitime' und ‚natürliche' Verhaltensänderung oder Innovation, die dem Ideal der sportlichen Entwicklung und der dabei zugelassenen Kreativität entspricht" (Lenk 2002: 235) gewürdigt werden, würde auch der neueste und effizienteste Drogencocktail als kreative Innovation gewürdigt. Auch das Argument der Gesundheitsschädlichkeit ist als Argument für ein Dopingverbot nur bedingt geeignet. Nicht alle verbotenen Dopingverfahren sind gesundheitsschädlich (z. B. nicht das Blutdoping mit sauerstoffangereichertem Blut, das bei Höhentrainings gewonnen, gespeichert und vor dem Wettkampf zurücktransfundiert wird), und gesundheitsschädlich sind auch zahlreiche zugelassene Verfahren. Viele Formen des Leistungssports sind ohne schwerwiegende und irreversible Gesundheitsschädigungen nicht zu haben. Auch das Konzept des „common body", der Bewahrung einer basalen Einheitlichkeit der menschlichen körperlichen Konstitution (vgl. Caysa 2004: 160) ist als Kriterium nur bedingt hilfreich. Auch im Bereich der naturgegebenen Leistungsfaktoren prämiert der Leistungssport die Unterschiede und nicht die Gemeinsamkeiten – inklusive der natürlichen Unterschiede in der körperlichen Konstitution (man denke etwa an das Herz des Radrennfahrers Jan Ulrich), der Lust am Kräftemessen und der Fähigkeit zur Selbstdisziplin. Die möglichst extreme Abweichung von der „natürlichen" Norm wird honoriert, nicht der Mittelwert.

Die Welt des Sports ist eine künstliche Sonderwelt. Was in ihr gilt, muss nicht generell gelten. Von der Tatsache, dass das Natürlichkeitsprinzip in dieser Welt sinnvoll, für sie womöglich sogar konstitutiv ist, kann nicht auf die Gültigkeit dieses Prinzips in der Welt außerhalb geschlossen werden.

Gibt es Argumente für ein bereichsübergreifendes Prinzip der Natürlichkeit im Umgang mit der je eigenen physischen und psychischen

5.4 Natürlichkeit im Umgang mit sich selbst – ein eigenständiger Wert?

Konstitution? Wer ein solches Prinzip vertritt und behauptet, dass wir gute und womöglich sogar moralische Gründe haben, die Naturkontingenz unserer körperlichen und psychischen Beschaffenheit zu akzeptieren, ist zunächst einmal mit einem Konsistenzproblem konfrontiert. Er muss erklären, warum es *problematisch* sein soll, Körper und Geist mit künstlichen Mitteln den eigenen Wünschen gemäß zu verändern, wenn es – wie er in der Regel und in Übereinstimmung mit der Meinung der allermeisten annimmt – *unproblematisch* ist, dieses zu tun, wenn die Mängel der uns gegebenen Naturausstattung so gravierend sind, dass ihnen „Krankheitswert" zugeschrieben werden muss. Warum soll problematisch sein, zu ändern, was unterhalb der Schwelle zur Krankheitswertigkeit liegt (weil es uns lediglich stört), wenn es unproblematisch ist, zu ändern, was uns krank macht oder leiden lässt? Dabei ist von vornherein offenkundig, dass diese Schwelle in vielerlei Hinsicht von Bedeutung ist. Sie ist – wo immer die Grenze genau gezogen wird – von offenkundiger Bedeutung für die Frage, wie weit *andere* zu Hilfeleistungen verpflichtet sind – z.B. der Arzt in Gestalt von Hilfs- und Behandlungspflichten oder die Gesellschaft in Gestalt von Pflichten zu solidarischen Unterstützungsleistungen. Auch hinsichtlich der Risiken, die man bereit sein sollte, für die jeweilige künstliche Zustandsänderung in Kauf zu nehmen, ist die Schwelle von Bedeutung. In der Regel sind die Heilung bzw. Linderung von Beeinträchtigungen von Gesundheit und Wohlbefinden mit Krankheitswert vordringlicher als Eingriffe unterhalb der Schwelle und rechtfertigen insofern die Inkaufnahme weitergehender Risiken (vgl. Brock 1998: 57). Entsprechend höher sind in diesem Bereich – etwa der ästhetischen Chirurgie – die Anforderungen an die Erfolgssicherheit der Verfahren und die Intensität der ärztlichen Aufklärung. Dass diese Schwelle existiert, impliziert jedoch nicht, dass die Unterscheidung zwischen Eingriffen diesseits und jenseits der Schwelle auch für die intrinsische moralische Qualität der Eingriffe relevant ist. Sie ließe sich vielmehr auch durch Faktoren erklären, die von einem möglichen Eigenwert der Natürlichkeit gänzlich unabhängig sind.

Welche Gründe gibt es, die Gegebenheiten der eigenen natürlichen Beschaffenheit unterhalb der Schwelle zum Krankheitswert unverändert zu lassen?

Einen der wenigen systematischen Versuche zur Begründung einer Eigenwertigkeit der jeweils gegebenen Naturausstattung findet man bei Ludwig Siep. Siep erläutert die von ihm postulierte Eigenwertigkeit der Natürlichkeit u.a. damit, dass die „bisherige Beschaffenheit des Körpers" als eine Art „Natur- und Kulturerbe" zu betrachten sei. Als ein solches sei es nicht Sache des Individuums, diese allein nach seinen individuellen Bewertungskriterien zu bewerten und zu manipulieren (Siep 2005: 161). Der Ausdruck „Natur- und Kulturerbe" legt hier nahe, dass es deswegen nicht allein Sache des Individuums sein soll, über seine Naturausstattung zu entscheiden, weil andere bzw. die Gesellschaft insgesamt von den direkten und indirekten Folgewirkungen individueller Selbstgestaltung mit betroffen sind. Aber um diese geht es Siep bei näherem Hinsehen nur sekundär: Auch soweit die Folgen solcher Eingriffe im Wesentlichen nur das Individuum selbst und allenfalls sein engeres Umfeld betreffen, soll zumindest eine Prima-facie-Verpflichtung zur Annahme des natürlich Vorgegebenen bestehen, ähnlich der Prima-facie-Verpflichtung zur Bewahrung und Pflege eines „Naturerbes" im Falle eines Naturdenkmals (Siep 2004: 43).

Die Analogie des „Naturerbes" ist aber zweifellos nicht besonders tragfähig. Die individuelle körperliche oder psychische Beschaffenheit hat – anders als Naturdenkmäler – in der Regel keinen historischen oder anderweitigen Bildungswert und wird, solange sich die Eingriffe nicht auf die Keimzellen erstrecken, nicht weitervererbt. Was durch einen Eingriff allenfalls verloren geht, ist die Erinnerung an die eigene biologische Herkunft. Wenn diese durch den Eingriff ausgelöscht oder geschwächt werden soll, hat das Individuum im Allgemeinen einen guten Grund dazu. Warum sollte es verpflichtet sein, sich ein ungeliebtes biologisches Erbe zuzumuten? Auch in dieser Hinsicht trägt die Analogie des Erbes nicht: Ein Erbe kann man, wenn man es aus bestimmten Gründen nicht antreten möchte, auch ausschlagen. Niemand ist verpflichtet, sich ein Erbe aufdrängen zu lassen.

Ähnlich wie Siep argumentiert der *President's Council*, wenn er auf die „Geschenkhaftigkeit", die „giftedness" der Welt hinweist und die Tatsache, dass unsere Fähigkeiten und Talente nicht von uns selbst geschaffen sind. Dem ist nicht zu widersprechen. Die Frage ist nur, warum dies die daraus gezogene Folgerung rechtfertigt, dass wir deshalb in der Nutzung dieser „Naturgaben" in bestimmten Hinsichten unfrei sein sollen und wir anerkennen müssen, „that not everything in the world is open to any use we may desire or devise" (President's Council on Bioethics 2003: 325). Entweder das „Geschenk" muss so erhalten bleiben, wie wir es empfangen haben – dann wären alle vom Menschen kraft Vernunft und Erfindungsgabe erbrachten Kultivierungsleistungen gleichermaßen problematisch –, oder dieses „Geschenk" ist in unseren Besitz und unser Eigentum übergegangen. In diesem Fall wäre eine normativ signifikante Trennung zwischen „natürlichen" und „künstlichen" Umgangsweisen mit dem Gegebenen allenfalls „künstlich" und *ad hoc*.

Wäre die Weigerung, eine natürliche Gabe anzunehmen, eine Form von *Undankbarkeit* und deshalb kritikwürdig? Erik Parens hat im Zusammenhang mit der Debatte um das biomedizinische Enhancement zwischen einem „gratitude framework" und einem „creativity framework" unterschieden, in dem man die Selbstverbesserung des Men-

5.4 Natürlichkeit im Umgang mit sich selbst – ein eigenständiger Wert?

schen bewerten kann. Aus der Sicht des ersteren ist das von Natur aus Gegebene dankbar anzunehmen, aus der Sicht des letzteren ist es eine Herausforderung zur kreativen Überwindung und Überbietung (vgl. Parens 2005: 37). Aber Dankbarkeit kann man in einem starken und einem schwachen Sinn verstehen. Im starken Sinn setzt Dankbarkeit ein personales Gegenüber voraus, eine Person, der man dankbar ist. Diese Bedingung ist bei der eigenen Naturausstattung nur soweit erfüllt, als man diese Ausstattung den eigenen Eltern oder Ahnen als Akteuren zurechnen kann, was nur in solchen Fällen sinnvoll ist, in denen diese eine bewusste Wahl getroffen haben, etwa nach Art des populären Zerrbilds eines „Babys nach Katalog". Dieser Fall dürfte vorerst nur selten gegeben sein. In einem schwachen Sinn von Dankbarkeit kann man auch der unpersönlichen Natur dankbar sein, aber es erscheint fraglich, ob in diesem schwachen Sinn auch von Dankbarkeitspflichten – gegenüber wem? – gesprochen werden kann. Dankbarkeitspflichten scheinen allenfalls im ersten Sinn bestehen zu können. In diesem Sinn allerdings sind sie normativ wenig plausibel. Wenn meine Eltern mich so ängstlich und schüchtern gewollt haben, wie ich bin, bin ich dann verpflichtet, so ängstlich und schüchtern zu sein?

Ein anderes Argument, das des Öfteren – und insbesondere vom *President's Council* – gegen eine Veränderung der natürlichen Ausstattung mit künstlichen Mitteln vorgebracht wird, sind die mit solchen Veränderungen verbundenen Einbußen an *Authentizität*: Je mehr die eigene Naturausstattung durch künstliche Modifikationen weiterentwickelt, überboten, vervollkommnet, aber dadurch auch verfälscht wird, desto weniger spricht aus den Leistungen, aber auch den inneren Gestimmtheiten eines Menschen dessen ureigenste Natur. Seine Leistungen und Gestimmtheiten verdanken sich zu einem großen Teil oder womöglich gänzlich den eingesetzten künstlichen Mitteln (vgl. Lanzerath 2002: 332).

Leistungen hängen im Allgemeinen sowohl von bestimmten natürlichen Begabungen als auch von bestimmten willentlichen Anstrengungen ab. Diese beruhen ihrerseits auf natürlichen Voraussetzungen, sind aber dennoch im Allgemeinen der Person als Verdienst oder Versäumnis zurechenbar. „Naturwidrig" könnte ein Einsatz künstlicher Mittel zur Leistungssteigerung insofern nur dann sein, wenn er bestimmte natürliche Anteile an der Erbringung einer gewünschten Leistung zurückdrängt oder verstärkt. Der Konzentrationsmangel bei einer Prüfung oder das Lampenfieber werden durch Betablocker abgeschwächt und treten weniger oder gar nicht störend in Erscheinung. Auf künstlichem Wege wird gewissermaßen ein Talent kreiert, das ohne den Eingriff nicht vorhanden wäre, das aber die Voraussetzung dafür ist, dass die zurechenbaren Anstrengungen erfolgreich sind. Ist deshalb der zurechenbare – der auf die Anstrengung zurückgehende –

Anteil der Leistung und der erreichte Erfolg weniger authentisch als wenn es notwendig gewesen wäre, einen Teil der Anstrengung auf die Kompensation der natürlichen Schwachpunkte zu verwenden? Das ist nicht notwendig der Fall. „Authentizität" bedeutet bezogen auf eine Leistung, dass eine Person eine Leistung sich selbst zurechnen kann, dass wesentliche kausale Anteile dieser Leistung auf eigenes Handeln statt auf fremde Agentien zurückgeführt werden können. Mit dem Einsatz von künstlichen Mitteln zur Verbesserung der Voraussetzungen für eine erfolgreiche Anstrengung muss der zurechenbare Anteil an Umfang nicht zwangsläufig abnehmen. Vielmehr kann eine Konstellation entstehen, in der nicht mehr nur die erforderliche Anstrengung, sondern auch ein Teil von deren natürlichen Voraussetzungen auf eigenes Handeln zurückgeht – nämlich auf den gezielten Einsatz der künstlichen Mittel. Auch die ruhige Hand ist nun nicht mehr eine Naturgabe, sondern zumindest partiell das Werk eigener Gewitztheit. An die Authentizität der Natur tritt die Authentizität des Akteurs.

Inauthentizität kann mit dem Einsatz künstlicher Mittel lediglich dann verbunden sein, wenn sie ansonsten notwendige Anstrengungen ersetzt und damit den zurechenbaren Anteil an der Leistungserbringung mindert. Man stelle sich vor, es würde eine Pille erfunden, die den langwierigen Prozess der Aneignung der technischen Fertigkeiten eines Musikers um ein Vielfaches beschleunigt. Statt jahrelang mehrere Stunden täglich Triller und Passagen zu üben, reichte ein *Crash course* von wenigen Wochen, um sich das technische Rüstzeug anzueignen. Wäre diese Erfindung ein Segen oder ein Danaergeschenk? Vermutlich ein Segen. Die Energien des Musikers könnten sich nunmehr auf die eigentliche künstlerische Arbeit konzentrieren. Es wäre leichter, eine anspruchsvolle künstlerische Arbeit mit anderen Tätigkeiten zu vereinbaren, man wäre als normal Berufstätiger nicht dazu verurteilt, auf seinem Instrument dauerhaft Dilettant zu bleiben usw. Und wenn eine Pille erfunden würde, die daneben auch noch Musikalität herbeizauberte? Umso besser. Denn nun hätten auch diejenigen, die trotz technischer Fertigkeiten kein befriedigendes künstlerisches Niveau erreichen könnten, eine Chance zur Meisterschaft und zu dem, was diese an Befriedigung verschafft.

Gelegentlich wird gesagt, dass man auf eine Leistung, die durch künstliche Mittel unterstützt oder herbeigeführt worden ist, nicht mehr mit Recht stolz sein könne. „Stolz" ist ein mehrdeutiger Begriff, der einerseits auf eigene zurechenbare Handlungen beschränkt ist und dann mit Begriffen wie „Verdienst" und „Leistung" verwandt ist, andererseits aber auch in einem erweiterten Sinn verwendet wird, in dem man auch auf die Handlungen und Eigenschaften seiner Kinder, Eltern oder Vorfahren oder auf das gute Abschneiden der nationalen Fußball-

5.4 Natürlichkeit im Umgang mit sich selbst – ein eigenständiger Wert?

mannschaft stolz sein kann. In beiden Bedeutungen wird dem Stolz durch eine mit „künstlichen" Mitteln verbesserte Leistung in der Regel mehr und nicht weniger Nahrung gegeben. In der zweiten Bedeutung wird eine künstliche Leistungssteigerung eher mehr als weniger Anlass zum Stolz geben, da es in diesem Sinn lediglich auf das Ergebnis und nicht auf den zurechenbaren Anteil ankommt. Ob die prämierte Schönheit, Treffsicherheit, Ausdruckskraft, Beredsamkeit usw. „natürlich" ist oder ob mit künstlichen Mitteln nachgeholfen worden ist – in diesem Sinn wird man auf das Ergebnis gleichermaßen stolz sein können. Aber auch im ersten Sinn von „Stolz" wird die Künstlichkeit der eingesetzten Mittel zwar häufig, aber nicht in allen Fällen dazu führen, dass der Stolz keinen Ansatzpunkt mehr findet. In vielen Fällen wird man statt Stolz Scham, statt Selbstzufriedenheit Frustration darüber empfinden, dass man eine Leistung nicht „aus eigener Kraft", sondern nur unter Zuhilfenahme eines künstlichen Hilfsmittels erbracht hat. Es sind aber auch andere Fälle denkbar. Erstens Fälle der Art, dass das künstliche Mittel die natürlichen Leistungsvoraussetzungen steigert, ohne den zurechenbaren Anteil an der Leistungserbringung zu verringern. In diesen Fällen besteht erst recht Anlass zum Stolz im ersten Sinne. Denn nun fällt selbst noch ein Teil der natürlichen Leistungsvoraussetzungen in den Bereich des Zurechenbaren und damit Authentischen. Und zweitens sind Fälle denkbar, in denen sich der Stolz gerade auch auf den Einsatz des künstlichen Mittels richtet. Zumindest dann, wenn dieser Einsatz seinerseits auf besondere persönliche Fähigkeiten zurückgeht und etwa in außergewöhnlichem Maße kreativ und einfallsreich ist, wird man sich gerade die Ersparung der Anstrengung – quasi als „arbeitssparenden technischen Fortschritt" – als Leistung zuschreiben können. Der Igel ist auf seine Weise stolzer auf sich als der sich die Lunge aus dem Leib rennende Hase.

Bei Zuständen wie psychischen Befindlichkeiten oder körperlichen Eigenschaften bedeutet *Authentizität* etwas anderes als bei Leistungen. „Authentisch" kann ein Zustand dann genannt werden, wenn er mit den basalen Wünschen und normativen Selbstbildern des jeweiligen Individuums im Einklang ist, wenn es sich selbst in seinen inneren und äußeren Zuständen wiedererkennt. Authentizität heißt hier soviel wie Stimmigkeit. Daraus folgt, dass Authentizität immer nur aus der Perspektive der ersten Person, des Individuums selbst beurteilt werden kann. Authentizität ist nicht zu verwechseln mit einer aus der Außenperspektive zugeschriebenen Stimmigkeit. Authentisch ist oder verhält sich eine Person nicht dann, wenn ihre Eigenschaften oder Verhaltensweisen mit dem Bild übereinstimmen, das sich andere von ihm gemacht haben, etwa weil es durch die bisherigen Eigenschaften und Verhaltensweisen dieses Individuums nahe gelegt wird. Authentizität wird auch dadurch nicht eingeschränkt, dass ein Merkmal oder eine

5. Wie weit dürfen wir unsere individuelle Naturkontingenz verändern?

Verhaltensweise auf keinen autonomen, sondern auf einen heteronomen, von außen induzierten Wunsch zurückgeht. Auch wenn der Wunsch nicht von einem selbst kommt, sondern von außen vermittelt ist, ist er und seine Erfüllung authentisch, solange man beide als mit sich stimmig erlebt.

Aus demselben Grund – dem wesentlichen Subjektivismus im Begriff der Authentizität – sind Authentizität und Natürlichkeit im bisher betrachteten Sinne verschiedene Dinge. Ein Individuum kann sich in seinem naturgegebenen Körper fremd fühlen, kann sich mit bestimmten seiner psychischen Eigenschaften nicht anfreunden und bestimmte Zustände als ihm äußerlich aufgedrängte, von ihm nicht gewollte und gewünschte Zustände empfinden. Das „Natürliche" erscheint ihm als eine Zumutung seiner menschlichen oder seiner individuellen Natur, die mit ihm als Person wenig zu tun haben. Solcherart Unstimmigkeiten zwischen faktischen Eigenschaften und normativem Selbstbildern – Bildern davon, wie man sein möchte, welche Persönlichkeit man sich für sich selbst wünscht – werden häufig Anlass zu selbst gesteuerten Entwicklungsprozessen. Je nach Ausgangslage können sie verschiedene Formen annehmen, die einer Selbstzensur und Selbstdisziplinierung, aber auch die des Lockerlassens und des gezielten Abbaus von Zwängen. Dieselben Empfindungen von Fremdheit gegenüber bestimmten eigenen körperlichen und psychischen Merkmalen und Zuständen liegen jedoch häufig auch dem Wunsch zugrunde, das gegenwärtig breit gefächerte Angebot an künstlichen Modifikationen in Anspruch zu nehmen, sei es die der ästhetischen Chirurgie, der Psychopharmaka oder der Psychotherapie.

Ähnlich wie im Fall der herkömmlichen Kosmetika fühlen sich viele, die diese Angebote nutzen, dadurch authentischer und mehr „sie selbst" als ohne sie. Der Stimmungsaufheller Prozac bewirkt bei leicht Depressiven das Gefühl, mit dem Abklingen der Symptome von Verzagtheit, Unsicherheit und mangelndem Selbstvertrauen „sich selbst" gefunden zu haben und ein Lebensgefühl zu genießen, mit dem sie sich stimmig und einverstanden fühlen. Da sie dadurch auch auf andere ansprechender wirken, wird eine positive Verstärkungsspirale in Gang gesetzt, durch die sich ihre Befindlichkeit insgesamt beträchtlich verbessert. Der „neue" und nicht der natürliche Zustand wird als authentischer und in *diesem* Sinn „natürlicher" erlebt. Diese auch für viele Fachleute überraschende Wirkung erklärt sich u.a. daraus, dass Prozac auf den Botenstoff Serotonin einwirkt, von dem man weiß, dass dessen Niveau bei Affen mit der Stellung in der Gruppenhierarchie korreliert ist. Das Leittier weist jeweils einen deutlich erhöhten Serotoninspiegel auf. Mit einem Wechsel des Leittiers sinkt der Serotoninspiegel des früheren Leittiers dramatisch ab, während er bei dem neuen Leittier zunimmt (Kramer 1995: 234).

5.4 Natürlichkeit im Umgang mit sich selbst – ein eigenständiger Wert?

Ähnliches gilt für äußere Merkmale wie Haarfarbe, Geschlecht, bestimmte Geschlechtsmerkmale und selbst so persönlichkeitsnahe Merkmale wie Gesichtsausdruck und Stimmqualität. Eine künstliche Haarfarbe kann mit der Selbstsicht einer Person stimmiger sein als die natürliche, das durch Geschlechtsumwandlung hergestellte Geschlecht stimmiger als das von der Natur mitgegebene. Viele, die eine Geschlechtsumwandlung an sich haben vornehmen lassen, etwa die Publizistin Jan Morris, bezeichnen ihren ursprünglichen Körper als „falsch und unvereinbar" mit ihrem authentischen Selbst. Kathy Davis beschreibt in ihrem Buch *Reshaping the female body* (Davis 1995: 77f.) eine Holländerin, die ihren Wunsch nach einer operativen Brustverkleinerung damit erklärt, dass sie sich in ihrem Körper, der von andern als der einer Sexbombe wahrgenommen wird, schlicht nicht wohl fühlt. Sie konnte sich mit ihrem Körper nicht identifizieren. Sie meinte, einfach nicht der „Typ" zu sein, den man ihr aufgrund ihrer körperlichen Kontingenz unterstellte. Ein prominenter Beleg dafür, dass selbst noch eine künstliche Stimme als authentischer wahrgenommen werden kann als die eigene, ist Stephen Hawking, der die amerikanisch klingende Stimme seines Stimmsyntheseapparats seit längerem als vertrauter und „eigentlicher" empfindet als seine frühere britische Stimme (Elliott 2003: 17). Und Sturma (2005: 185) weist zu Recht darauf hin, dass viele Prothesen so eng mit den Menschen, die sie tragen, verschmelzen, dass diese sie nicht mehr als äußerlich empfinden. Ein Beispiel sind die „adaptiv geregelten Beinprothesen", die den Patienten nicht nur eine Wiederannäherung an natürliche Bewegungen gestatten, sondern von ihnen auch als weitgehend „natürlich" erlebt werden.

Selbstverständlich sind Selbstwahrnehmung und Erlebnisweisen nicht unabhängig von sozialen Wahrnehmungs- und Erlebnisweisen. Wie das Beispiel der von Davis zitierten Frau zeigt, wäre ohne die gesellschaftliche Resonanz auf ihre körperliche Erscheinung auch ihre Selbstwahrnehmung eine andere. Der Wunsch nach einer künstlichen Veränderung würde gar nicht erst aufkommen. Aber ebenso selbstverständlich ist, dass auch die Konstruktion eines „wahren Selbst", auf dessen Hintergrund wir unsere äußere Erscheinungsweise als stimmig oder unstimmig empfinden, sozial vermittelt ist. Auch an diesem Konstrukt ist die Gesellschaft beteiligt, und es ist überdies in der Regel keine Konstante, sondern wechselt im Zeitverlauf – zwischen Lebensphasen, unterschiedlichen Rollen und möglicherweise sogar nach Stimmungslage. Unsere Lebenskonzepte und Selbstverständnisse entwickeln sich mit unserer Erfahrung, in wachsenden oder auch in schrumpfenden Kreisen. Nicht nur unser Musik- und Kunstgeschmack und unsere intellektuellen Vorlieben ändern sich, sondern auch unser Selbst (vgl. De Grazia 2000: 38). Auch beim Selbstbild prägt das Sein das Bewusstsein. Wie man sein möchte, hängt wesent-

5. Wie weit dürfen wir unsere individuelle Naturkontingenz verändern?

lich von den gesellschaftlich prämierten Mentalitäten ab. In einer Gesellschaft wie der der USA – und in der globalisierten Welt zunehmend weltweit –, in der Flexibilität, Soziabilität, Risikofreude und Initiative zu Schlüsselvariablen für den persönlichen und beruflichen Erfolg geworden sind, sind Ängste und Gehemmtheiten, wie sie Prozac zu überwinden hilft, für den einzelnen eher dysfunktional als in einer Gesellschaft, in der Lebensziele und Selbstbild wesentlich durch die Stabilität sozialer Beziehungen und persönlicher Bindungen definiert sind. Einer der ersten Diagnostiker dieser Entwicklung, Peter Kramer, schreibt in seinem viel zitierten Buch *Listening to Prozac*:

> Ein gehemmtes Temperament (trägt) auch zur sozialen Stabilität bei. Wenn man bedenkt, wie viele gehemmte Männer und Frauen in für sie schädlichen Beziehungen und Ehen bleiben, sind Verhältnisse zwischen einem dominanten und einem dysthymen Partner, so schmerzhaft es für den einzelnen auch sein mag, doch erstaunlich langlebig. ... Die Gegenwart schätzt nicht mehr alle Temperamente gleichermaßen, die früher für das Überleben der Menschheit notwendig waren (Kramer 1995, 191).

Dies ändert nichts daran, dass nicht nur der dem dynamisch-autonomiebetonten Zeitgeist entsprechende Wunsch nach Veränderung, sondern auch die Veränderungen selbst stabil als authentisch *empfunden werden* und damit auch authentisch *sein* können.

Nicht-gesundheitsbezogene und insofern „künstliche" Eingriffe in die jeweils eigene natürliche Beschaffenheit können also dem Individuum durchaus das Gefühl vermitteln, etwas Fremdes und ihm „von außen" Zugemutetes zu überwinden und eher „es selbst" zu werden. Zu erwarten ist dies umso eher, je mehr diese Eingriffe lediglich im *genetischen* Sinne und nicht auch im *qualitativen* Sinn künstlich sind, d. h. dem Einzelnen dazu verhelfen, seinen Artgenossen ähnlicher zu werden, statt sich von ihnen zu unterscheiden. Ein Beispiel ist die nicht auf einer hormonellen oder anderen medizinisch relevanten Störung beruhende Zwergwüchsigkeit. Die Betroffenen verdanken ihre Kleinwüchsigkeit keiner Pathologie, sondern der schlichten Tatsache, dass sie das Pech haben, sich am unteren Ende der für das Längenwachstum geltenden Glockenkurve zu befinden. Dennoch kann dieses Schicksal auf dem heutigen Stand der Technik durch gezielte Gaben von Wachstumshormonen (wenn auch nicht vollständig) korrigiert werden. Sollten sich die Betroffenen verpflichtet fühlen, diese Möglichkeit aus dem bloßen Grund ungenutzt zu lassen, dass sie ihre Naturausstattung ungenügend respektieren? Sollte ein von leichteren Depressionen Heimgesuchter, dem die Lebensfreude und die Begeisterungsfähigkeit abhanden gekommen sind, lediglich aus dem Grund, dass er damit eigenmächtig an seiner „Natur" herumdoktert, auf die Einnahme von Antidepressiva verzichten? Sollte ihm die künstlich herstellbare Lebensfreude etwa deshalb vorenthalten bleiben, weil er

5.4 Natürlichkeit im Umgang mit sich selbst – ein eigenständiger Wert?

sie sich „nicht verdient" hat? Aber Lebensfreude ist in den wenigsten Fällen verdient, und viele Depressive machen sich in ihrer Selbstlosigkeit um andere verdient, ohne sich dadurch entscheidend besser zu fühlen. Selbstverständlich ist auch hier die Wirkung oftmals nicht ohne Nebenwirkungen zu haben. Depressive Menschen sind nicht nur im Allgemeinen pflichtbewusster als Nichtdepressive, sie sind oft auch realistischer. Nichtdepressive haben dagegen mehr Elan und strahlen mehr Elan aus, haben dafür aber eher eine optimistisch verzerrte Realitätswahrnehmung und Zukunftseinschätzung. Würden Depressive häufiger Führungspersönlichkeiten, käme es nicht zu so eklatanten Fehleinschätzungen, wie sie allerorten in Wirtschaft und Politik zu beobachten sind. Dennoch dürfte es wenige geben, die allein deshalb diese Eingriffe für ethisch bedenklich halten.

Auch unter dem Gesichtspunkt der Authentizität scheint Natürlichkeit im Sinne des Verzichts auf künstliche Eingriffe allenfalls als respektables persönliches Ideal, aber nicht als verbindliches Prinzip gelten zu können. Das gilt nicht nur für künstliche Selbstbeeinflussungen im Sinne einer *Annäherung* an die Normalität, sondern auch für künstliche *Abweichungen* von der Normalität. Natürlichkeit scheint weder im genetischen noch im qualitativen Sinn für das menschliche Selbstverhältnis als moralisches Prinzip geeignet.

Bisher haben wir im Wesentlichen nur die erste Form einer künstlichen Veränderung der individuellen menschlichen Natur betrachtet: die künstliche Veränderung von Eigenschaften und Fähigkeiten analog zum Doping im Leistungssport. Diese Veränderungen bewegen sich weitgehend noch insofern im Bereich des Natürlichen, als sie die stoffliche Zusammensetzung der menschlichen Organismen zwar verändern, aber keine dem Organismus gänzlich fremden Stoffe dauerhaft zuführen. „Künstlich" sind die aus der Veränderung resultierenden Formeigenschaften, nicht die aus diesen Veränderungen hervorgehenden stofflichen Eigenschaften. Auch beim Doping werden – u. a. um die Nachweisbarkeit zu erschweren – bisher vorwiegend Substanzen eingesetzt, die die Zusammensetzung des Organismus nicht dauerhaft verändern. Dies könnte sich jedoch ändern, würden die Methoden der somatischen Gentherapie – als so genanntes Gendoping – auf den Bereich des Sports übertragen und genetisch veränderte Zellen in bestimmte Körperareale wie Muskeln und Sprunggelenke eingeführt, um dort lokalisierte sportlich relevante Funktionen in ihrer Wirksamkeit zu steigern.

In anderen Bereichen der nicht-gesundheitsbezogenen Anwendungen der Biomedizin könnte eine „Verkünstlichung" des Menschen in dem Sinn einer Denaturierung der stofflichen Zusammensetzung des Menschen durch die Einführung oder den Einbau organismusfremder Materialien ebenfalls bevorstehen. Das gilt vor allem für die Entwicklungen auf dem Feld der Neurobionik, der Unterstützung oder Steigerung neurologischer Funktionen durch integrierte Mensch-Maschine-Systeme und den Einbau elektronischer Elemente in den Organismus (vgl. Bothe/Engel 1993 und Maar/Pöppel/Christaller 1996). Analog zu den Psychopharmaka lassen sich auch in diesem Bereich für viele der zunächst zu gesundheitsbezogenen Zwecken entwickelten Hilfsmittel Anwendungen zu anderen Zwecken denken. Das zeigt etwa die von Rodney Brooks, einem der Pioniere auf diesem Gebiet, aufgestellte Liste der Möglichkeiten, künstliche Aggregate in biologische Organismen zu integrieren:

- Einbau von elektronischen Komponenten („Chips") in den Organismus, wobei der Chip entweder keine Verbindung mit dem Organismus aufweist (in Großbritannien tragen bereits heute alle Hunde einen unter der Haut implantierten Chip, der sich extern abfragen lässt, so dass die Identität des Tiers anhand eines landesweiten Registers festgestellt werden kann) oder an das Nervensystem angekoppelt ist (wie bei den Versuchen des englischen Kybernetikers Warwick, einen Chip in die Nerven am Handgelenk zu implantieren, vgl. Birnbacher 2002: 165);
- Implantate, die bestimmte Körperfunktionen ersetzen oder vervollkommnen: Herzschrittmacher, raffinierte Prothesen (möglicherweise durch das Gehirn steuerbar), „Gehirnprothesen", die defekte Nervenleitungen überbrücken;
- sensorische Prothesen, etwa künstliche Gehörschnecken, künstliche Gehörnerven oder die künstliche Netzhaut. Der Patient „hört" oder „sieht" mit dem Implantat, ohne dass diese selbst zum Gegenstand des Bewusstseins werden;
- Implantate, die neuartige Bewusstseinsfunktionen ermöglichen, etwa die Bewegung eines Mauszeigers über einen Bildschirm durch bloße Gedankenanstrengung (Brooks 2002: 236ff.).

Während Ansätze zu einer „Cyborgisierung" des Menschen – ebenso wie der Ausdruck „Cyborg" selbst (aus „cybernetic organism", vgl. Lem 1981: 583 ff.) – weniger als fünfzig Jahre alt sind, sind Vorstellungen eines „künstlichen" oder „verkünstlichten" Menschen uralt. Bereits in der *Theogonie* Hesiods wird Pandora als ein künstliches Wesen geschaffen. Prometheus „formte Menschen", um es mit Goethe zu sagen, „nach seinem Bilde". Interessanterweise war die Vision eines Cyborgs ähnlich wie heute zu allen Zeiten ambivalent besetzt. Dafür, dass sie es heute ist, gibt es gut nachvollziehbare Gründe auch jenseits der Natürlichkeitsrhetorik: Mit der Erprobung künstlicher Organe sind, wie die Versuche mit dem Kunstherzen gezeigt haben, schwerwiegende Risiken verknüpft. Bei Versuchen, die nicht der Aufrechterhaltung oder Wiederherstellung gesundheitsbezogener Funktionen dienen,

5.4 Natürlichkeit im Umgang mit sich selbst – ein eigenständiger Wert?

wiegen diese Risiken besonders schwer. Nicht zufällig werden die Versuche mit neuartigen elektronischen Implantaten, die nicht unmittelbar klinischen Zwecken dienen, zumeist im Selbstversuch erprobt. Darüber hinaus ist die Attraktivität vieler gegenwärtig projektierter künstlicher Erweiterungen des menschlichen Organismus oder seiner Funktionen zu Recht umstritten. Eine künstliche Verbesserung des Gedächtnisses könnte zur Behebung oder zumindest Verzögerung der altersbedingten Vergesslichkeit beitragen, ist aber nicht immer nur wohltätig, da sie womöglich auch verdrängte unangenehme Erinnerungen mit den damit verbundenen Schamgefühlen wachruft. Eine künstliche Verlängerung der Lebenserwartung über das bisherige Niveau hinaus bietet offenkundige Chancen, birgt aber auch erhebliche Risiken, solange sie asynchron zur Erhaltung der geistigen und körperlichen Vitalität verläuft. Allerdings scheinen auch hier wieder viele der von Biokonservativen vorgebrachten Bedenken übertrieben, etwa das Bedenken, dass eine weitere Lebensverlängerung die Grundlagen der Personenidentität aufheben würde, oder antiquiert, etwa die Sorge, dass mit einer weiteren Verkünstlichung unseres Organismus, etwa durch Organersatz aus der Stammzellforschung, dieser zunehmend nur noch als Mittel zum Zweck gesehen würde (so etwa Lauritzen 2005: 26) – so als würden wir nicht auch heute bereits unseren Organismus und seine Gesunderhaltung vorwiegend instrumentell sehen, als Mittel der Erhaltung subjektiver Lebensqualität.

Es bleibt dabei: Natürlichkeit im genetischen wie im qualitativen Sinn darf als ein respektables persönliches Ideal gelten – aber nicht mehr. Wobei „Respekt" in diesem Zusammenhang eine besondere Betonung verdient. Wir drücken diesen Respekt u. a. damit aus, dass wir von jemandem sagen, dass er seine natürliche Verfassung, sein Alter, seine Schwächen „in Würde" trägt, ähnlich wie wir von anderen sagen, dass sie eine Erkrankung oder Behinderung oder deren Folgen „in Würde" tragen. „Würde" bedeutet in diesem Zusammenhang ein Akzeptieren des Gegebenen in philosophischer Gelassenheit, eine gelungene Aussöhnung mit dem Kontingenten, eine Hinnahme des Schicksalhaften – nicht aus Schwäche, sondern aus Stärke. Sie als bewundernswert anzuerkennen, bedeutet jedoch nicht, diejenigen mit einem moralischen Tadel zu belegen, die mit künstlichen Mitteln eine Naturkontingenz abwenden oder umlenken, bevor sie ihnen zum Verhängnis wird. Die Respektierung der Natur in der eigenen Person sollte nicht – mit Spaemann (1987: 163) – in den Rang eines kategorischen Imperativs erhoben werden.

5.5 „Naturalisierung" der Menschenwürde

Es bleibt eine weitere Begründung für die intrinsische Werthaftigkeit der „Naturbelassenheit" der je eigenen physischen und psychischen Konstitution in Augenschein zu nehmen, die erst in den letzten Jahren – im Zeitalter des rapiden Wachstums der künstlichen Beeinflussungsmöglichkeiten – in Bezug auf die individuelle Natur zu Ehren gekommen ist: die „naturalisierende" Interpretation des Menschenwürdepostulats.

Diese Interpretation ist nicht schlechthin neu. Neu ist jedoch ihre Anwendung auf das Selbstverhältnis, soweit es das Verhältnis zur eigenen Naturausstattung betrifft, und die Umkehrung ihrer normativen Stoßrichtung. Während die *philosophes*, die Vordenker der Französischen Revolution, aber auch schon Pico de Mirandola im Zeitalter der Renaissance die Würde des Menschen primär in seiner Autonomie und seiner Fähigkeit, wenn nicht sogar Verpflichtung zur *Selbstvervollkommnung* sahen, wird das Prinzip der Menschenwürde nunmehr primär als Verpflichtung zur *Bewahrung und Erhaltung auch des Unvollkommenen* gesehen, soweit es dem Menschen in Gestalt seiner körperlichen und seelischen Naturausstattung mitgegeben worden ist. Statt als *progressives* Prinzip der erlaubten oder gebotenen Vervollkommnung und damit der überbietenden Veränderung der natürlichen Gegebenheiten wird das Menschenwürdepostulat als *konservatives* Prinzip der Respektierung der Naturbasis der Person verstanden. Statt einer primär psychologisch und sozial orientierten bekommt es eine biologisch orientierte Stoßrichtung. Nicht mehr Würde im Sinn der Unantastbarkeit von Freiheit und Privatsphäre und der Aufrechterhaltung von Selbstachtung und Existenzminimum stehen im Vordergrund, sondern Würde im Sinn der Unantastbarkeit biologischer Strukturen und Verläufe. Der Kerngehalt des Menschenwürdebegriffs wird nicht mehr primär in der Autonomie und Identität der Person gesehen, sondern in der Autonomie und Identität ihres biologischen Substrats.

Die zugrunde liegende Überlegung geht von der für sich genommen plausiblen Prämisse aus, dass der Mensch, dem das Menschenwürdepostulat einen Anspruch auf Achtung zuschreibt, nicht reiner Geist ist, sondern ein verkörpertes, psychophysisch konstituiertes Wesen. Die ihm zukommende Würde – gleichgültig, worin sie begründet gedacht wird – haftet nicht allein an seiner geistigen, sondern auch an seiner leiblich-materiellen Existenzweise. Aus dieser Prämisse haben u. a. Kant und Hegel (vgl. Hegel 1970: 111) gefolgert, dass auch die leibliche Seite des Menschen an dieser Würde teilhat. Am ausdrücklichsten ist dieser Schritt bei Kant vollzogen worden: Als Teilmoment des Menschen hat der menschliche Körper an der Würde der Person

5.5 „Naturalisierung" der Menschenwürde

teil und damit auch an dessen Unantastbarkeit. Auch wenn der menschliche Organismus als solcher nicht freiheitsfähig ist, kommt ihm doch aus der Freiheitsfähigkeit der Person, deren Teil er ist, ein besonderer Status zu: „Unser Körper gehört zu unserem Selbst und zu den allgemeinen Gesetzen der Freiheit, nach denen uns die Pflichten zukommen" (Kant 1990: 170). In diesem Sinn sprechen etwa Caysa von einer „Würde des Leibes" (Caysa 2001: 221) oder der *President's Council* von der „dignity of our own embodiment" (President's Council on Bioethics 2003: 170).

Soweit ist die Zuschreibung von Würde auch auf der leiblichen Seite des Menschen durchaus konsequent. Der nächste Schritt ist allerdings problematisch. Er besteht darin, dass die Vertreter der Unantastbarkeit des Leibes diese leibliche Würde von der Würde des *ganzen* Menschen ablösen und zu einem eigenen Recht des Leibes verselbstständigen, das dann auch *gegen* den Menschen, dessen Leib dieser Leib ist, gelten soll. Dem menschlichen Körper wird nicht nur ein eigenständiger Rechtsanspruch auf Respektierung seiner Würde zugesprochen, sondern dieser Rechtsanspruch wird auch so verstanden, dass er sich gegen den Menschen und seinen auf Veränderung zielenden Willen richtet. Nicht nur die „Instrumentalisierung" des eigenen Körpers durch Fremde soll moralisch kritikwürdig sein, sondern auch die „Instrumentalisierung" durch den Menschen selbst (so z.B. Sturma 2005: 180), also die Nutzung der eigenen leiblichen Ressourcen als „bloßen Mittels" zur Befriedigung der Bedürfnisse des ganzen Menschen. Eine solche liegt jedoch regelmäßig vor, wenn in die eigene Naturausstattung – etwa aus ästhetischen Gründen – gezielt eingegriffen wird.

Die Idee einer unzulässigen „Instrumentalisierung" des eigenen Körpers, die noch heute gelegentlich in Argumentationen gegen ein Eigentumsrecht an Körperteilen und -substanzen ins Spiel gebracht wird, findet ihre klassische Ausprägung bei Kant. Für Kant impliziert die Teilhabe des Leibes an der Menschenwürde, dass der menschliche Körper nicht nur von anderen, sondern auch von der Person selbst nicht als bloße Sache behandelt werden darf, wobei er „als Sache behandeln" nicht nur auf die Kommerzialisierung des Körpers oder seiner Teile wie etwa beim Verkauf von Haaren zur Perückenherstellung bezieht (vgl. Kant 1968c: 423), sondern auf jede Form der Verfügung über den eigenen Körper, die nicht ihrerseits der Förderung der Moralität dient. Nur solche Formen der Selbstverfügung sollen erlaubt sein, die sich direkt oder indirekt positiv auf die Moralität auswirken. In diesem Fall sind sie – als abgeleitete Pflichten – zugleich geboten. So hat für Kant der Mensch die Pflicht, „sich so zu disponieren", dass er zur Einhaltung seiner moralischen Pflichten optimal fähig ist (Kant 1990: 138). Dazu gehört die Pflicht zur Gesunderhaltung, insbesonde-

5. Wie weit dürfen wir unsere individuelle Naturkontingenz verändern?

re durch Mäßigung in Essen, Trinken und Sexualität, aber auch durch Bewegung und körperliche Ertüchtigung (Kant 1990: 172). In der *Grundlegung zur Metaphysik der Sitten* geht Kant sogar so weit, eine allgemeine abgeleitete Pflicht zu postulieren, „seine eigene Glückseligkeit zu sichern", um auf diese Weise die Versuchungen zu Pflichtverletzungen zu minimieren (Kant 1968a: 399).

Dass Kant die freie Verfügung über den eigenen Körper, sofern sie nicht indirekt der Moral dient, als Verletzung der eigenen Würde auffasst, zeigt seine auffallend intensive Verurteilung des ausschließlich hedonistischen Umgangs mit Sexualität (wer das tut, hat „seine Person weggeworfen", Kant 1990: 137) und sein Grundsatz „noli naturam humanam in te ipso laedere", der es zwar offen lässt, welche Eigenschaften Kant der „menschlichen Natur" im Einzelnen zurechnen möchte, aber zumindest der Interpretation große, allzu große Freiräume eröffnet.

Eine solche „Naturalisierung" – oder „Biologisierung" (Hilgendorf 2002: 398; Neumann 2004: 45) – der Menschenwürde in der Tradition Kants ist allerdings hochproblematisch. Sie ist schwerwiegenden Einwänden ausgesetzt, die seine Tauglichkeit als Begründung eines Eigenwerts von Natürlichkeit im menschlichen Selbstverhältnis in Frage stellen.

Erstens tendieren einige der Konzeption einer Würde des Leibes nicht nur zu einer Ablösung des Leibes von der ganzen Person, sondern zu einer Hypostasierung des Leibes zu einem eigenen Subjekt. Auch wenn diese Tendenz bereits in der Redeweise von „Rechten des Leibes" angelegt ist, so geht sie doch noch ein entscheidendes Stück weiter, indem sie diese Rechte nicht mehr nur als Partialrechte der Person, sondern als eigenständige Rechte eines Leibsubjekts beschreibt. So spricht etwa Caysa von „Fairness" gegenüber dem eigenen Körper oder von einem „ökologischen Körpervertrag", den der Mensch mit seinem Körper eingeht (Caysa 2001: 220).

Zweitens begehen einige Konzeptionen von „Rechten des Leibes", indem sie von der Unantastbarkeit des ganzen Menschen auf die Unantastbarkeit des Leibes schließen, den Fehlschluss vom normativen Status des Bedingten auf den normativen Status von dessen Bedingungen (so etwa Caysa 2001: 221). Dieser Schluss ist bereits oben (Kap. 4.2) als ungültig zurückgewiesen worden.

Drittens kommt es bei einer Interpretation des Menschenwürdepostulats, die den Leib zu einem Subjekt von Rechten verselbstständigt, zu einer Inkongruenz mit den metaphysischen Grundlagen dieses Prinzips. Diese liegen in dem, was den Menschen vor den übrigen verkörperten Wesen auszeichnet, an erster Stelle seiner Freiheit, Vernunft- und Moralfähigkeit. Nicht nur die Kantische Philosophie, in der der Menschenwürdebegriff des deutschen Verfassungsrechts wur-

5.6 Schlussfolgerungen

zelt, auch die stoische und die christliche Tradition lokalisieren die durch das Menschenwürdepostulat akzentuierte Sonderstellung des Menschen in seiner geistigen und nicht in seiner biologisch-materiellen Natur. (Auch die „Gottesebenbildlichkeit" des Menschen kann sich, wie bereits oben angemerkt, lediglich auf die geistige Natur des Menschen beziehen.) Mit dieser Begründung ist eine Interpretation des Menschenwürdepostulats, die selbst gewirkte Veränderungen der eigenen physischen Naturbeschaffenheit einschränkt, allenfalls so weit vereinbar, als durch diese Veränderungen die für den Besitz von Menschenwürde konstitutiven geistigen Potenziale beeinträchtigt werden. Sie erlaubt es jedoch nicht, „kosmetische" oder andere Veränderungen, die sich nicht auf den Geist auswirken, zu beschränken. Erst recht muss sie Veränderungen zulassen, durch die diese konstitutiven Fähigkeiten gesteigert werden (vgl. Heyd 2005: 64f.).

Viertens kehrt sich durch diese Interpretation die Stoßrichtung des Menschenwürdepostulats um: Nicht mehr wird der Mensch vor äußeren Eingriffen in basale Rechte geschützt, sondern der Leib gegen den Menschen. Diese Umkehrung entspricht jedoch in keiner Weise dem modernen Begriff der Menschenwürde. Das Menschenwürdepostulat, so wie es sich nicht nur auf der Grundlage der zweiten Formulierung des Kantischen Kategorischen Imperativs, sondern auf der Grundlage der sozialen Bewegungen des 19. Jahrhunderts herausgebildet hat, muss als ein Ensemble von naturrechtlich-moralischen Rechten verstanden werden und nicht als ein Prinzip, das den Menschen zu bestimmten Handlungen oder Unterlassungen verpflichtet. Der zentrale und im Mittelpunkt des Verfassungsrechts stehende Menschenwürdebegriff besagt, dass ihr Träger aufgrund seiner Zugehörigkeit zur menschlichen Gattung eine Reihe von moralischen Rechten besitzt, die anderen bestimmte negative (Unterlassungs-) und positive (Handlungs-) Pflichten auferlegen. Das Menschenwürdepostulat impliziert aber weder Pflichten gegen sich selbst noch Pflichten gegen den eigenen Körper. Soweit sich Pflichten gegen sich selbst überhaupt als primäre und nicht-abgeleitete Pflichten begründen lassen, lassen sie sich nicht aus einem Prinzip ableiten, das sich historisch als Freiheits- und nicht als Pflichtprinzip entwickelt hat.

5.6 Schlussfolgerungen

Als Schlussfolgerung ist festzuhalten: Natürlichkeitsargumente im Bereich der künstlichen Selbstmanipulation müssen entweder – falls sie als das genommen werden, was sie zu sein beanspruchen – als problematisch gelten, oder sie müssen, sofern sie lediglich „Ersatzformeln"

5. Wie weit dürfen wir unsere individuelle Naturkontingenz verändern?

für Argumente der individuellen Klugheit oder der sozialen Nützlichkeit darstellen, in die in ihnen zum Ausdruck kommenden Bedenken zurückübersetzt und auf ihre Berechtigung geprüft werden. Zwischen gesundheitsbezogenen und nicht-gesundheitsbezogenen Eingriffen in die natürliche Beschaffenheit des Individuums besteht jedenfalls keine prinzipielle und kategoriale Differenz. Wenn Differenzen bestehen, dann in pragmatischer Hinsicht, etwa hinsichtlich der Notwendigkeit einer kritischeren Berücksichtigung der Risiken bei nicht gesundheitsbezogenen Eingriffen und bei der Verpflichtung der Gesellschaft zur Hilfeleistung. Grundsätzlich sind sie jedoch in demselben Sinne „Verbesserungen" oder besser: Umgestaltungen der gegebenen Natur wie gesundheitsbezogene künstliche Eingriffe. Es gibt keinen Grund, die einen für prinzipiell zulässig, die anderen für prinzipiell unzulässig zu halten (so auch Kitcher 1998: 134 und Buchanan u. a. 2000: 152).

Für die rechtliche Normierung bedeutet das auf dem Hintergrund einer grundsätzlich liberalen Auffassung von den Aufgaben des Rechtssystems u. a., dass Verbote einer freiwilligen künstlichen Selbstgestaltung nur insoweit rechtsethisch zulässig sind, als diese Eingriffe fremdschädigend wirken, intensiven öffentlichen Anstoß erregen oder die Chancengleichheit gravierend beeinträchtigen. Bei selbstschädigenden Eingriffen sollten bei Erwachsenen lediglich moralischer Druck und rechtliche Sanktionen unterhalb der Schwelle zum Zwang zugelassen sein. Die Legitimationsfigur des „Anstoß Erregens" muss allerdings restriktiv interpretiert werden, wenn die Freiheit der Selbstverfügung des Einzelnen nicht gänzlich den Normalitätsvorstellungen der Gesellschaft geopfert werden soll. Derartige Normalitätsvorstellungen verstecken sich vielfach nicht nur hinter Natürlichkeitsprinzipien, sondern auch hinter Vorstellungen einer zum objektiven Prinzip erhobenen Würde, wie sie paradigmatisch in Bertold Brechts Erzählung von der „unwürdigen Greisin" beschrieben wird: Was ein würdiges Leben, was ein „würdiger Tod" ist, muss sich letztlich nach den Würdevorstellungen des Einzelnen bemessen und nicht nach den gesellschaftlichen Erwartungen. Die gesellschaftlichen Ideale von einer „guten Menschennatur", davon, „was der menschliche Körper benötigt, um in guter Verfassung zu sein" (Siep 2005: 166) dürfen nicht im Namen einer problematischen Natürlichkeit dem Einzelnen und seiner autonomen Lebens- und Selbstgestaltung als quasi objektiv bestehende und womöglich wissenschaftlich abgesicherte Normen vorgehalten oder sogar in Gestalt von strafrechtlichen Verboten (wie dem Verbot des Drogenkonsums nach § 25 Betäubungsmittelgesetz) gegen das Individuum durchgesetzt werden.

Die Gefahr, dass unbegründete Natürlichkeitsargumente dazu herangezogen werden, nicht nur moralische, sondern auch rechtliche Freiheitsbeschränkungen zu rechtfertigen, ist nicht von der Hand zu

5.6 Schlussfolgerungen

weisen. Ähnlich wie bei den jahrhundertelang als „unnatürlich" verschrienen sexuellen Perversionen übernehmen Natürlichkeitsprinzipien auch heute noch vielfach die Funktion der Scheinlegitimation von Rechtsnormen, hinter denen sich keine andere als ästhetische oder religiöse Vorbehalte gegen „monströse" Formen der künstlichen Selbstgestaltung verbergen. „Natürlichkeit" bietet sich bereits durch seine sprachliche Verknüpfung mit dem Normalen und Selbstverständlichen zu einer solchen Festschreibung des Gewohnten und Vertrauten und der Abwehr des Neuen und Unheimlichen an. Umso nachdrücklicher muss sich die Aufmerksamkeit einer ideologiekritischen Ethik auf diese Phänomene richten (vgl. Heinrichs 2003: 211).

6. Natürlichkeitsargumente in der Reproduktionsmedizin

6.1 Stufen der Künstlichkeit

Die schnellen Fortschritte in der Reproduktionsmedizin und der Humangenetik haben dem Menschen neue Gestaltungsspielräume in Bezug auf die eigene Gattung eröffnet. Bereits jetzt stehen dem Menschen Möglichkeiten einer gezielten Steuerung der Fortpflanzung zur Verfügung, von denen sich unsere Großeltern noch keine Vorstellung machten. Für die Zukunft ist mit weitergehenden Möglichkeiten einer Steuerung des reproduktiven Geschehens zu rechnen, insbesondere mit erweiterten Möglichkeiten einer qualitativen Auswahl des Nachwuchses durch die Testung fötaler Zellen im mütterlichen Blut. Aufgrund einer einfachen Blutprobe wird sich eine große Zahl von Merkmalen des heranwachsenden Fötus in einem sehr frühen Schwangerschaftsstadium diagnostizieren lassen.

Es fällt relativ leicht zu sagen, welche Mittel der Reproduktion (einschließlich der Verhinderung von Reproduktion) als „natürlich" und welche als „künstlich" gelten können. Es fällt schwerer, das Ausmaß der Künstlichkeit im Einzelnen zu bestimmen. Versucht man, unsere intuitiven Beurteilungen in dieser Hinsicht zu systematisieren, zeichnen sich drei Kriterien ab, aus denen sich jeweils unterschiedliche Rangfolgen ergeben.

Nimmt man als Kriterium den jeweiligen *technischen Aufwand* und sieht von heute noch nicht realisierten Verfahren ab, ergibt sich eine Abstufung, bei der die In-vitro-Fertilisation in der Skala der Künstlichkeit relativ hoch, die Leihmutterschaft relativ niedrig und die Geburtenkontrolle nach Knaus-Ogino noch weiter unten rangiert. Eine zweite Stufung ergibt sich, wenn man das Kriterium anlegt, wie weit ein Verfahren der assistierten Reproduktion natürliche Abläufe lediglich *nachahmt* (oder ihnen lediglich „nachhilft") und wie weit es kreative, von der Natur abweichende Wege einschlägt. Bei diesem Kriterium rangiert das Klonen mithilfe Kerntransfers in der Skala der Künstlichkeit ganz oben, die In-vitro-Fertilisation mit dem sozialen Vater als Samenspender und das Klonen durch Embryosplitting ganz unten. Obwohl in diesen beiden Fällen der technische Aufwand erheblich ist, dient er doch im Wesentlichen nur dazu, die entsprechenden natürlichen Prozesse technisch zu imitieren. Ein drittes Kriterium wäre das Ausmaß, in dem das reproduktive Verfahren eine Feinsteuerung der Abläufe in der Weise zulässt, dass die Eigenschaften des Kin-

6.1 Stufen der Künstlichkeit

des im voraus bestimmt und gezielt verwirklicht werden, also die *natürliche Variabilität* der Merkmale *ausgeschaltet* wird. Nach diesem Kriterium wäre ein Verfahren umso „natürlicher", je stärker es dem natürlichen Zufall bei der Festlegung der geno- und phänotypischen Merkmale des Kindes freie Hand lässt, wie „technisch" es ansonsten auch immer sein mag. Dabei ergäbe sich eine wiederum andere Abstufung. Das „künstlichste" Verfahren wäre das reproduktive Klonen (gleichgültig, mit welchem Verfahren), bei dem ein Kind erzeugt wird, das weitgehend dasselbe Genom besitzt wie ein in Gegenwart oder Vergangenheit existierender Mensch. Die künstliche Insemination oder die In-vitro-Fertilisation mit väterlichem Samen wäre nach diesem Kriterium relativ „natürlich", da hier das Ergebnis – über die Partnerwahl hinaus – nicht weiter prädeterminiert wird. Noch „natürlicher" wäre die Insemination mit Samen einer Zufallsauswahl von Samenspendern.

Diesen drei Rangfolgen entsprechen unterschiedliche Schwerpunkte der bioethischen Kritik an den modernen Reproduktionsverfahren. Der ersten Rangfolge entspricht die Kritik an der „Industrialisierung" der Reproduktion, wie sie etwa in dem Titel eines der ersten einschlägigen Monographien, *Fabricated man* (Ramsey 1970) zum Ausdruck kommt. Primärer Gegenstand der Kritik ist die durch die neuen Verfahren bedingte Ablösung der Reproduktion von der Intimität und Spontaneität der Sexualität bzw. der Mutter-Kind-Beziehung. Politisch brisant wurde diese Kritikrichtung in Deutschland vor allem durch die Tatsache, dass sie von dem Vorsitzenden einer der ersten zur Erörterung der ethischen Probleme der neuen Reproduktionsmedizin eingesetzten Kommissionen, Ernst Benda, geteilt wurde. So äußerte sich Benda zur Leihmutterschaft folgendermaßen:

> Die Mutter-Kind-Beziehung ist das natürlichste überhaupt denkbare Verhältnis zwischen Menschen. Es durch technische Manipulation zu verhindern oder aufzuspalten, ist unmenschlich (Benda 1985: 222).

Der zweiten Rangfolge entspricht die Kritik an der Eigenmächtigkeit, mit der der Mensch die Eigengesetzlichkeit der Natur umgeht und, indem er bestimmte normalerweise natürlich ablaufende Prozesse ganz oder teilweise durch strukturell ähnliche künstliche ersetzt, sich außerhalb der von der Natur vorgezeichneten Bahn bewegt. Diese Kritikrichtung findet sich vor allem in einer Reihe von theologischen Beiträgen, die vom Schöpfungscharakter der Natur ausgehen und dazu tendieren, die natürlichen Koordinaten der menschlichen Existenz mit der Würde göttlicher Gewolltheit auszuzeichnen. Ein Extrembeispiel sind in dieser Hinsicht bestimmte orthodox calvinistische Gruppierungen in den Niederlanden, die selbst noch die Impfung mit der Begründung ablehnen, sie sei respektlos gegenüber den Zielen Gottes:

Hat Gott ein Kind für eine Infektionskrankheit vorgesehen, soll sich der Mensch dem nicht entgegenstellen. Hier wäre auch die Verdammung „künstlicher" Reproduktionsverfahren durch den Vatikan anzusiedeln. Diese Verdammung ist allerdings nicht lückenlos. Nicht nur ist die Methode der Geburtenregelung nach Knaus-Ogino zugelassen. Erlaubt sind auch Verfahren, bei denen der Natur lediglich „nachgeholfen" wird (Pius XII. 1949: 113f.), wie etwa durch eine Potenzpille bei einer ansonsten „natürlichen" Zeugung.

Eine ähnliche Sichtweise scheint auch der gegenwärtigen Gesetzeslage in Deutschland hinsichtlich der Gametenspende zugrunde zu liegen (auch wenn diese nur einer von mehreren Faktoren sein dürfte), nach der die Samenspende erlaubt, die Eispende jedoch verboten ist: Die Samenspende lässt sich eher als Nachahmung natürlicher Prozesse verstehen als die Eispende. Während die Samenspende ein natürliches Vorbild hat, nämlich den außerehelichen Geschlechtsverkehr eines Mannes, existiert kein vergleichbares natürliches Vorbild für die Eispende. Genau so argumentierte etwa die Bund-Länder-Arbeitsgruppe „Fortpflanzungsmedizin" in ihrem Bericht von 1989:

> Die Eispende mit der Folge der in biologisch-genetischer Hinsicht gespaltenen Mutterschaft bedeutet einen tiefen Einbruch in das menschliche und kulturelle Selbstverständnis, zu dem die Eindeutigkeit der Mutterschaft gehört. Während die Samenspende einen natürlichen Vorgang nachahmt, wird mit der Eispende ein Schritt getan, der sich von der natürlichen Fortpflanzung weit entfernt (Bund-Länder-Arbeitsgruppe 1989: 21).

Der dritten Rangfolge entspricht eine Kritikrichtung, die sich hauptsächlich gegen die durch die modernen Reproduktionsverfahren ermöglichte Annäherung der Reproduktion an Züchtungsverfahren richtet, vor allem wenn diese – in Gestalt von genetischer Diagnostik oder Manipulation – mit der Anwendung gentechnischer Verfahren einhergeht. Charakteristisch für diese Kritikrichtung ist der Titel des in demselben Jahr wie *Fabricated man* erschienenen Bandes *Menschenzüchtung* (Wagner 1970). Hauptgegenstand der Kritik ist hierbei das, was Joseph Fletcher im Untertitel seines Buchs *The ethics of genetic control* (Fletcher 1974) als „ending reproductive roulette" positiv wertet: die bewusste Selektion von Nachkommen. Insbesondere dann, wenn keine gesundheitsbezogenen, sondern andere Zwecke im Vordergrund stehen, wird das Anstößige der künstlichen Reproduktion in denjenigen Zügen gesehen, in denen sie sich einer gezielten Herstellung von „Qualitätserzeugnissen" annähert, die bestimmten elterlichen oder gesellschaftlichen Ansprüchen genügen.

6.2 Welche Rolle spielen Natürlichkeitsargumente in der Reproduktionsmedizin?

In den Einstellungen zur „verkünstlichten" Reproduktion scheint die tatsächliche oder die wahrgenommene Natürlichkeit gegenwärtig keine Hauptrolle zu spielen. Positionen, die die Reproduktionsmedizin pauschal ihrer „Unnatürlichkeit" wegen ablehnen, finden sich nur vereinzelt. Ein sehr viel wichtigeres Kriterium von Akzeptanz und Ablehnung ist das der Gesundheitsorientierung: Die In-vitro-Fertilisation wird weitgehend akzeptiert, soweit sie der Überwindung einer aufgrund natürlicher Faktoren bestehenden Unfruchtbarkeit dient. Selbst die Präimplantationsdiagnostik wird – allem politisch-rechtlichen Streit zum Trotz – auch in Deutschland überwiegend positiv beurteilt, soweit sie es Eltern mit familiärer genetischer Belastung ermöglicht, ein gesundes Kind zu bekommen (Solter u. a. 2003:197). Der Wunsch nach einem von schweren genetischen Belastungen freien Kind scheint für die meisten so wenig kritikwürdig, dass sie dafür auch eine Nicht-Einpflanzung menschlicher Embryonen im Frühstadium in Kauf nehmen. Sehr viel häufiger werden die Methoden der Reproduktionsmedizin ambivalent bis ablehnend beurteilt, wenn sie nicht direkt oder indirekt gesundheitsbezogenen Zwecken dienen, insbesondere wenn dafür embryonales Lebens vernichtet werden muss: wenn die Präimplantationsdiagnostik mit der nachfolgenden Verwerfung von Embryonen im Blastozystenstadium zu anderen Zwecken vorgenommen wird als zum Ausschluss von Embryonen mit schweren genetischen Belastungen, oder wenn ein Schwangerschaftsabbruch nach Pränataldiagnostik lediglich zur Geschlechtswahl oder zur Vermeidung eines Kinds mit ästhetischen Beeinträchtigungen vorgenommen wird.

Auch wenn Natürlichkeitsargumente für die Akzeptanz reproduktionsmedizinischer Verfahren keine Hauptrolle spielen, scheinen sie doch eine signifikante Nebenrolle zu übernehmen. Denn zu den weithin abgelehnten Verfahren gehören auch solche, die unter Gesichtspunkten des Lebensschutzes weitgehend „unschuldig" sind, die sich allerdings ausgesprochen „unnatürlicher", ja exotischer Mittel bedienen, und das obendrein zu Zwecken, die auf den ersten Blick ziemlich trivial erscheinen: die bewusste Wahl des Geschlechts eines Kindes durch Spermiensortierung und das reproduktive Klonen. Bei diesen Techniken, bei denen Erwägungen des Schutzes der Menschenwürde und des Lebensschutzes zumindest *prima facie* nicht einschlägig sind, ist am ehesten zu erwarten, dass die Beurteilungen u. a. von impliziten Natürlichkeitsprinzipien geprägt sind. Auf diese Verfahren wird deshalb im Folgenden näher einzugehen sein.

Vorab lässt sich feststellen, dass es einen Bereich gibt, in dem eine traditionelle Natürlichkeitsnorm gegenwärtig einem Erosionsprozess unterliegt: dem Bereich der natürlichen Geburt. Bei der so genannten „Wunschsectio", bei der ein operativer Eingriff die natürliche Geburt ersetzt, ohne dass eine medizinische Indikation vorliegt, scheint sich gegenwärtig ein ähnlicher Prozess zunehmender gesellschaftlicher Akzeptanz zu vollziehen, wie ihn die „Gefälligkeitssterilisation" zu Zwecken der Geburtenregelung seit den 60er Jahren durchlaufen hat (vgl. Blume 1984: 56ff.): Während die Wunschsectio lange Zeit als unärztlich galt, ist die Arbeitsgemeinschaft Medizinrecht der Deutschen Gesellschaft für Gynäkologie und Geburtshilfe inzwischen von dieser Position abgerückt, bezeichnenderweise „unter Berücksichtigung gewandelter gesellschaftlicher Auffassungen, aktueller medizinischer Erkenntnisse und einer fortentwickelten Rechtsprechung und Rechtslehre" (Woopen 2002: 234). Dass es zu diesem Sinneswandel erst in diesem Jahrtausend kam, kann ähnlich wie im Fall der Sterilisation als Indiz für die Hartnäckigkeit gewertet werden, mit der sich Natürlichkeitsnormen im Bereich der Reproduktion gehalten haben. Nach einer jüngeren Umfrage geben inzwischen 3,8% der Frauen während der Schwangerschaft und 6,7% der Frauen nach der Geburt einem Kaiserschnitt den Vorzug vor einer Spontangeburt (Hellmers 2005: 147ff.). Auch wenn die Letalität beim Kaiserschnitt doppelt so hoch ist wie bei der Spontangeburt, ist das Risikoprofil aus Sicht vieler Frauen insgesamt günstiger. Beim Kaiserschnitt besteht ein geringeres Risiko perinataler Schädigungen des Kindes, es sind weniger Schmerzen zu ertragen, und es entfällt die Gefahr von Verletzungen, die zu Harn- oder Stuhlinkontinenz oder zu Störungen des sexuellen Empfindens führen können. Zwar hat sich – als Gegenbewegung gegen die fortschreitende Technisierung der Geburtshilfe in den Industrieländern – bei vielen Frauen eine Tendenz zurück zur technikfreien, „natürlichen" Geburt herausgebildet. Dabei wird die „Natürlichkeit" aber zumeist nicht so weit getrieben, dass Zugeständnisse bei den Sicherheitsansprüchen gemacht werden. Eine im Vollsinn „natürliche" Geburt ohne jeden Beistand und jede medizinische Betreuung ist angesichts der Risiken – die Geburt eines so gut entwickelten Neugeborenengehirns wie beim Menschen ist im Bauplan der Säugetiere evolutionär nicht vorgesehen (vgl. Bayertz 1987: 196) – ohnehin in allen Kulturen selten und findet sich heute weitgehend nur noch in den ärmsten Schichten, die sich eine medizinische Betreuung nicht leisten können. (Ich selbst wurde in den 70er Jahren – auf einem Bürgersteig in Agra – unfreiwillig Zeuge einer solchen im Vollsinn „natürlichen" Geburt.)

Angesichts der „Natürlichkeit" – im Sinne der Üblichkeit – der „natürlichen" Geburt verwundert es allerdings nicht, dass die prinzipielle Verfügbarkeit der künstlichen Alternative keineswegs dazu geführt hat, dass in der Geburtshilfe auch für die natürliche Geburt eine Verpflichtung zur Aufklärung über die auf die Frau zukommenden

Risiken anerkannt wird. Wahrscheinlich ist hierbei u.a. auch der Wunsch leitend, die Frau nicht „unnötig" zu verunsichern. Ob diese einseitige Bevorzugung der „natürlichen" gegenüber der assistierten Geburt mit dem Prinzip der Patientenautonomie zu vereinbaren ist (vgl. Bockenheimer-Lucius 2002: 196), steht allerdings auf einem anderen Blatt.

6.3 Natürlichkeitspräferenzen versus Natürlichkeitsprinzipien

Wie kann man herausfinden, in welchen Fällen Natürlichkeitsprinzipien für die Beurteilung reproduktionsmedizinischer Verfahren eine Rolle spielen? Als Test dafür, wie weit – explizit oder implizit – bestimmte Beurteilungen reproduktionsmedizinischer Methoden von Natürlichkeitsprinzipien abhängen, bietet sich James Rachels' „Principle of agency" an. Dieses Prinzip besagt: *Wenn es gut wäre, wenn ein bestimmter Sachverhalt „natürlich" und ohne die kausale Beteiligung menschlichen Handelns eintritt, dann ist es zulässig, diesen Sachverhalt durch Handeln herbeizuführen* (vgl. Rachels 1998: 154). Je weniger jemand dieses Prinzip für plausibel hält, desto wahrscheinlicher ist es, dass er implizit einem Natürlichkeitsprinzip folgt.

Selbstverständlich kann das „principle of agency" nur dann als Prüfinstrument dienen, wenn es unter eine Ceteris-paribus-Bedingung gestellt und so verstanden wird, dass die aktive Herbeiführung des betreffenden Sachverhalts keine zusätzlichen moralischen Probleme beinhaltet oder herbeiführt, es also frei von moralischen „Kosten" ist. Ein zusätzlicher moralischer Kostenfaktor wären z.B. etwaige sich in dem Handeln manifestierende üble Absichten oder Motive. Willkommene Ereignisse, die sich als Nebenfolge der Verwirklichung übler Absichten oder Motive ergeben, werden nicht in demselben Maße und nicht mit derselben Unbedenklichkeit begrüßt wie dieselben Ereignisse, wenn sie sich infolge natürlicher Abläufe ergeben. Der mephistophelische Wille, „der das Böse will", bleibt auch dann bedrohlicher als die willenlose Natur, wenn er – im Einzelfall – „das Gute schafft". Auch wenn der Effekt derselbe ist, ärgert man sich über einen unerwarteten Regenschauer, der einem die Hose durchnässt, weniger als über einen Zeitgenossen, der einem böswillig oder fahrlässig einen Eimer Wasser über die Hose gießt. Darüber hinaus können menschliche Handlungsweisen, die sich in der Regel wohltätig auswirken, Risiken bergen, die natürlichen Abläufen mit in der Regel denselben Folgen fremd sind, z.B. Risiken einer fehlerhaften Anwendung, des Missbrauchs oder des Abgleitens auf einer „Schiefen Ebene" (vgl. dazu Guckes 1997). Nicht in allen Fällen, in denen etwa der „natürlich" eintretende Tod eines Schwerkranken als – unter den gegebenen Umständen – erwünschte „Erlösung" von einem schweren Leidenszustand begrüßt wird, wäre auch eine aktive Sterbehilfe, die dieselbe „Erlösung" gezielt herbeiführt, zulässig. Anders als der gnädige *Tod* wirft die gnädige *Tötung* Folgeprobleme auf, etwa die Gefahr, dass dem auf sich warten lassenden Tod auch in Fällen nachgeholfen wird, in denen der Todgeweihte gern weitergelebt hätte. Darüber hinaus ist die aktive Herbeiführung eines Sachverhalts im Allgemeinen mit einem bestimmten Aufwand an Aufmerksamkeit, Planung und gezielter Durchführung verbunden, der bei einem „natürlichen" Zustandekommen des erwünschten oder als positiv beurteilten Ereignisses entfällt.

Vieles spricht allerdings dafür, dass die gängigen moralischen Intuitionen mit dem „principle of agency" auch dann nicht in Einklang zu bringen sind, wenn die sich gegenüberstehenden natürlichen und anthropogenen Ereignisse in allen weiteren Hinsichten parallelisiert werden. Wie wir bereits oben gesehen haben, gehört es zu den Gemeinplätzen der Risikoforschung, dass anthropogene Schäden und Risiken überwiegend als schwerwiegender eingeschätzt werden als natürliche Schäden und Risiken. Analoges gilt im Bereich der Reproduktion für natürliche Wohltaten im Vergleich zu anthropogenen. Die Freude ist groß, wenn in einer Familie mit einer ausgeprägten genetischen Belastung ein gesundes Neugeborenes zur Welt kommt. Gezielt herbeigeführt, etwa durch die Selektion eines unbelasteten Embryos nach Präimplantationsdiagnostik, fällt die Freude bei vielen geringer aus – so, als komme es nicht auf den günstigen oder ungünstigen Ausgang der Lotterie an, sondern darauf, in einer risikoreichen Lotterie das große Los zu ziehen.

Lässt sich die Asymmetrie in der Bewertung des natürlich-zufälligen und des anthropogen-gezielten Zustandekommens, wie Rachels (1998: 161) meint, letztlich nur religiös, im Sinne der Interpretation des natürlichen Geschehens als Ausdrucks eines göttlichen Willens, erklären? Sie lässt sich durchaus auch säkular erklären, nämlich im Sinne einer tendenziellen Bevorzugung des Natürlichen vor dem Künstlichen. Von zentraler Bedeutung für die Ethik der Reproduktionsmedizin ist dabei, dass diese Bevorzugung in verschiedenen Modalitäten und mit unterschiedlicher Intensität ausgeprägt sein kann. Solange die Präferenz für das Natürliche nichts weiter ist als eine persönliche Vorliebe oder ein persönliches Ideal, ist sie ohne tief greifende ethische Konsequenzen. Erst wenn diese Präferenz in den Rang eines Prinzips erhoben wird, d.h. nicht mehr nur Ausdruck einer persönlichen Vorliebe ist, sondern Allgemeingültigkeit postuliert, kommt es zu den Konflikten, durch die die gegenwärtige Lage der Reproduktionsmedizin in Deutschland geprägt ist, nämlich dem Konflikt mit dem Willen anderer, die diese Präferenzen nicht teilen und die von den

u. a. wegen ihrer „Künstlichkeit" abgelehnten reproduktionsmedizinischen Verfahren für sich selbst Gebrauch machen wollen.

Die Präferenz für ein Waltenlassen des Zufalls bei den Weichenstellungen, die über die Beschaffenheit unserer Kinder entscheiden, ist so weit verbreitet wie nachvollziehbar. Nichts macht uns glücklicher als das, was wir aus den Händen anderer ohne eigenes Zutun erhalten. Je höher der Anteil eigener Voraussicht, Planung und Steuerung an dem, was wir zum Geschenk erhalten, desto geringer das eigentlich Geschenkhafte daran und desto dürftiger die Freude des Beschenkten. Ein weiteres Glücksmoment an dem, was wir uns nicht selbst ausgesucht haben, ist der Überraschungsgehalt. Zwar ist die Schwangerschaft für viele Eltern zunehmend mit Ängsten und Beunruhigungen verknüpft. Aber meist dominieren doch die Spannung und die freudige Erwartung auf das Kind, dessen genauere Beschaffenheit selbst bei der perfektesten pränatalen Diagnostik genug Überraschungsmomente enthält. Wenn viele werdende Eltern bewusst darauf verzichten, sich über das Geschlecht ihres Kindes informieren zu lassen, auch wenn diese Information aufgrund der ausgefeilten Diagnostik verfügbar ist, kann dies als Ausdruck der Präferenz dafür gewertet werden, sich die Spannung nicht verderben zu lassen. Überhaupt gibt es gute Gründe, einem Eindringen von Planung und Zweck-Mittel-Rationalität in den Bereich der Fortpflanzung mit Skepsis zu begegnen. Sexualität und Reproduktion sind in einer durchrationalisierten Welt eines der wenigen Refugien von Spontaneität und Unmittelbarkeit. Auch wenn ganz und gar „natürliche" Methoden einer Feinsteuerung der Reproduktion verfügbar wären, würden diese sicher nicht durchweg, sondern nur unter besonderen Bedingungen eingesetzt.

Wird die Präferenz für die natürliche Reproduktion zu einem Prinzip aufgewertet, ändert sich ihr Charakter grundlegend. Denn nun handelt derjenige, der in der Reproduktion in das Walten der Natur mit künstlichen Mitteln eingreift, nicht mehr nur in einer von den eigenen Vorlieben und Idealen abweichenden und möglicherweise befremdlichen Weise, sondern moralisch falsch. Die natürliche Reproduktion hat gewissermaßen ihre Farbe gewechselt: Aus einem Optativ ist ein Imperativ geworden, aus einem So-möge-es-sein ein So-muss-es-sein. Wer – wie die meisten – im Bereich der Reproduktion eine *Natürlichkeitspräferenz* hat, wird es bedauern und in vielen Fällen auch für unverständlich oder lächerlich halten, wenn Eltern von den Möglichkeiten pränataler Diagnostik und Manipulation um relativ trivialer Ziele willen Gebrauch machen (etwa nach dem von genetischen Beratern berichteten Muster: „Er soll aber auf jeden Fall Abitur machen"). Wer im Bereich der Reproduktion – wie etwa das katholische Lehramt – ein *Natürlichkeitsprinzip* vertritt, wird über das Bedauern und Unverständnis hinaus eine künstliche Steuerung der Fortpflanzung moralisch verurteilen und, sofern er diese Verurteilung konsequent vertritt, Maßnahmen fordern, die eine entsprechende Praxis verhindern oder in engen Grenzen halten. Wer ein Natürlichkeitsprinzip vertritt, ist nicht mehr frei, anderen, die eine Präferenz für eine künstliche Methode der Reproduktion haben, die Verwirklichung dieser Präferenz freizustellen. Soweit sein Prinzip für ihn mehr als ein Lippenbekenntnis ist, muss er sich nicht nur für berechtigt, sondern auch für verpflichtet halten, andere an ihrem Tun zu hindern. Allerdings bezahlt der Vertreter von Natürlichkeitsprinzipien einen hohen Preis: Er ist in weit höherem Maße als der Vertreter von Natürlichkeitspräferenzen begründungspflichtig. Im Gegensatz zu einer persönlichen Präferenz, die als Geschmackssache durchgehen kann, bedarf ein mit universalem Geltungsanspruch auftretendes Natürlichkeitsprinzip einer auch für Nicht-Überzeugte akzeptablen Begründung. Ob im Fall von Natürlichkeitsprinzipien eine solche Begründung verfügbar ist, ist mit Recht umstritten. Denn der Natur vorbehaltlos und vertrauensvoll die Entstehung und Zusammensetzung der nächsten Generation zu überlassen, ist mit gravierenden Risiken verknüpft. Dies wird regelmäßig von denen übersehen, die – wie Peter Strasser – ein „Recht auf Kreatürlichkeit" (Strasser 2002: 63 ff., vgl. dazu Bernat 2004: 7 ff.) postulieren oder – wie Hans Jonas – den natürlichen Zufall zu einer nahezu metaphysischen Kategorie aufwerten (vgl. Jonas 1985: 212).

Natürlichkeitsprinzipien wären in der Reproduktionsmedizin bedeutend weniger populär, wenn sie nicht auf der anderen Seite Vorzüge hätten, die insbesondere angesichts der zunehmenden Möglichkeiten, in die Reproduktion steuernd einzugreifen, nicht hoch genug veranschlagt werden können. Der wichtigste davon ist die dadurch bewirkte *Entlastung von reproduktiver Verantwortung* und die Minderung des normativen Drucks auf eine „Qualitätskontrolle" des eigenen Nachwuchses. Mit der Verfügbarkeit von Mitteln zu einem steuernden Eingreifen erhöht sich zwangsläufig der Verantwortungsdruck, Risiken für das Kind oder für Dritte durch eine Inanspruchnahme dieser Mittel zu vermeiden oder zumindest zu mindern. Dieser Druck kann dabei sowohl die Gestalt eines individuellen Gewissensdrucks als auch die gesellschaftlicher Erwartungen annehmen. Da viele der heute verfügbaren Möglichkeiten einer gezielten Steuerung der Eigenschaften des Nachwuchses die Vernichtung von Embryonen oder Föten beinhalten und dadurch mit Lebensschutzprinzipien in Konflikt kommen, übernehmen gegenwärtig noch Lebensschutzprinzipien den Löwenanteil an der Minderung von Verantwortungsdruck. Solange ein Paar eine selektive Abtreibung nach Pränataldiagnostik oder eine selektive Implantation nach Präimplantationsdiagnostik aus Gründen des Lebensschutzes für sich ausschließt, stellt sich die Frage nicht, ob und

6.3 Natürlichkeitspräferenzen versus Natürlichkeitsprinzipien

wie weit es möglicherweise verpflichtet ist, bestimmte Risiken für das Kind oder für andere durch die Inanspruchnahme dieser Verfahren zu vermeiden. Das könnte sich ändern, sobald risikoarme Verfahren verfügbar werden, die eine verlässliche Selektion von Nachkommen ohne Beeinträchtigungen des Lebensschutzes ermöglichen. Indem Natürlichkeitsprinzipien noch einen Schritt weiter gehen, schließen sie selbst für diesen Fall Verantwortungszuschreibungen aus. Nach ihnen ist eine Intervention in das natürliche Geschehen selbst dann tabu, wenn kein Leben auf dem Spiel steht und sich das „Gott-Spielen" darauf beschränkt, der Natur, auch ohne Leben zu vernichten, in die Parade zu fahren. Wer Natürlichkeitsprinzipien vertritt, kann sich auch in Fällen, in denen er sich nicht zum Herrn über Leben und Tod macht, im Schadensfall entlasten und etwaige von außen an ihn herangetragene Erwartungen und Forderungen mit dem Einwand abweisen, für ihn seien die Ratschlüsse der Natur (der Vorsehung, Gottes, Allahs) als „gottgegeben" hinzunehmen. Natürlichkeitsprinzipien fungieren insofern höchst erfolgreich als Barrieren gegen inneren und äußeren Druck und gegen das Eindringen von planender Rationalität in den Bereich der Reproduktion mit der Folge einer „Zerstörung des natürlichen, ungebrochenen Verhältnisses zum Kinderhaben" (Rehmann-Sutter 1998: 436).

Gleichzeitig wäre einer – von Habermas und anderen zu Recht als Folge „reproduktiver Verantwortung" erwarteten – *Rechenschaftspflichtigkeit* für etwaige reproduktive Versäumnisse der Eltern der Boden entzogen. Es bestünde keine Gefahr mehr, dass die Kinder bei ihren Eltern reproduktionsmedizinische Fehlleistungen einklagen und – nach dem Muster der „wrongful life"-Prozesse – von ihren Eltern Erklärungen oder sogar Schadensersatz dafür verlangen, dass diese sie so unvollkommen, wie sie sind oder sich fühlen, zur Welt gebracht haben. Gegen jedes derartige Ansinnen könnten sich die Eltern, sofern sie Natürlichkeitsprinzipien vertreten, erfolgreich zur Wehr setzen. Zwar könnten sie sich nicht mehr auf höhere Gewalt berufen – sobald die Möglichkeiten zur Intervention bereitstehen, bedarf auch die Nichtintervention der Rechtfertigung –, aber sie könnten sich auf Natürlichkeitsprinzipien berufen, die ihnen ein Eingreifen in den Lauf der Natur kategorisch verbieten, auch dann, wenn bedeutend weniger wünschenswerte Konsequenzen als im Fall des Eingreifens absehbar sind.

Natürlichkeitsprinzipien können also in einem emotional stark besetzten Bereich wie dem der Reproduktion eine beträchtliche Entlastungsfunktion übernehmen. Sie schützen das Individuum vor der Hysterie eines reproduktiven Perfektionismus und entlasten die Beziehungen zwischen den Generationen von andernfalls denkbaren Eskalationen der Schuldzuweisung. Das ist die eine Seite. Die andere

Seite ist, dass Natürlichkeitsprinzipien nicht nur zur Leichtfertigkeit im Umgang mit den Risiken verführen, die Kindern und anderen aus dem Gottvertrauen einer der Natur überlassenen Fortpflanzung erwachsen, sondern dass die Begründungslast für ein solches Prinzip schwerer ist, als rationale Argumente tragen können. Problematisch wird ein solches Prinzip spätestens dann, wenn die dafür in Kauf genommenen Risiken gravierend sind und elementare, etwa gesundheitliche Güter, betreffen, ein Bereich, in dem, wie wir gesehen haben, Natürlichkeitsprinzipien auch im vorherrschenden Wertbewusstsein nicht an erster, sondern allenfalls an zweiter Stelle zum Zuge kommen.

Die folgenden Beispiele berücksichtigen deshalb ausschließlich Anwendungsfelder, in denen Natürlichkeitsprinzipien nicht mit Prinzipien der Schadensvermeidung konkurrieren, sondern mit weniger vordringlichen Handlungsgründen. Nur wenige werden ein künstliches Eingreifen in den natürlichen Reproduktionsvorgang für unzulässig halten, wenn dieser notwendig ist, um schweren Schaden abzuwenden. Viele werden jedoch Bedenken haben, dasselbe zu tun, wenn weniger vordringliche oder sogar „exotische" Interessen auf dem Spiel stehen, etwa das Interesse, dass ein gezeugtes Kind ein bestimmtes Geschlecht hat, oder das Interesse, ein genetisches Double (seiner selbst oder eines anderen) zur Welt zu bringen. Beiden Verfahren ist gemeinsam, dass sie ohne Verletzungen von Lebensschutzprinzipien angewendet werden können und insofern eine Verwerfung aufgrund des Lebensschutzes entfällt. Unsere Frage muss auch hier wieder lauten: Wie weit lassen sich diese Bedenken rechtfertigen? Haben die weithin herrschenden Vorbehalte gegen bestimmte künstliche Eingriffe nicht nur eine psychologische, sondern auch eine rationale Grundlage?

6.4 Geschlechtswahl als Testfall der Biopolitik

In unserer Zeit ist es quasi axiomatisch geworden, dass es Sache der Eltern ist, über die Zahl ihrer Kinder und den Zeitpunkt von deren Geburt zu bestimmen. Ein Recht auf Selbstbestimmung bei der Zahl und der Rhythmisierung der Geburten wird im Anschluss an Artikel 16 der UN-Menschenrechtserklärung von 1948 sogar weithin als Grundrecht bejaht und gegen staatliche Eingriffe verteidigt, etwa gegen die restriktive Ein-Kind-Politik in der Volksrepublik China, die nicht nur die Eltern, sondern auch das zweite Kind mit empfindlichen Sanktionen belegt.

Demgegenüber ist eine Wahl der qualitativen Merkmale der eigenen Kinder weiterhin ein gesellschaftliches Tabu, zumindest soweit

6.4 Geschlechtswahl als Testfall der Biopolitik

diese qualitativen Merkmale nicht mit eindeutig negativ bewerteten gesundheitsbezogenen Merkmalen zusammengehen. In Deutschland ist die Geschlechtswahl in allen Formen durch das Embryonenschutzgesetz von 1990 strafrechtlich verboten, mit der Ausnahme von Fällen, in denen diese die Übertragung einer schweren geschlechtsgebundenen genetischen Erkrankung verhindern soll, etwa der Hämophilie oder der Muskeldystrophie vom Typ Duchenne. Auch das Menschenrechtsübereinkommen zur Biomedizin des Europarats, das von Deutschland nicht unterzeichnet worden ist, aber dennoch bei nationalen Richtlinien als normativer Orientierungsrahmen dient, enthält in Artikel 14 ein entsprechendes Verbot. Beide Rechtsnormen gelten ausdrücklich auch für Verfahren, die unter Gesichtspunkten des Lebensschutzes unbedenklich sind. Die deutsche Strafbestimmung berücksichtigt sogar ausschließlich den Fall der Spermienselektion, nämlich den Fall, dass die Geschlechtswahl durch die künstliche Befruchtung einer menschlichen Eizelle mit einer Samenzelle erfolgt, „die nach dem in ihr enthaltenen Geschlechtschromosom ausgewählt worden ist" (§3 EschG).

Technisch ist heute eine nicht vollständig, aber doch weitgehend sichere Geschlechtswahl möglich, ohne dass vorgeburtliches Leben vernichtet werden muss. Mithilfe der so genannten Flow-Methode lassen sich Spermien danach, ob sie ein x- oder ein y-Chromosom tragen, trennen und diese dann mithilfe künstlicher Insemination in den Uterus übertragen. Die Erfolgsrate beträgt über 90% für Mädchen und über 70% für Jungen. Zu erwarten ist, dass die Spermienseparationstechnik in Zukunft – schon um Eltern mit erblichen geschlechtsgebundenen Erkrankungen die Zeugung gesunden Nachwuchses zu ermöglichen – weiter verbessert wird. Überdies wird an Impfstoffen gearbeitet, die dazu führen, dass das Immunsystem einer Frau selektiv entweder androgene oder gynogene Spermatozoen angreift (Warren 1999: 137). Damit stünde eine zusätzliche Methode der präkonzeptionellen Geschlechtswahl zur Verfügung.

Wie steht es mit der Nachfrage? Alle bisher durchgeführten Umfragen zeigen, dass in der westlichen Welt nur wenige Paare an einer Geschlechtswahl interessiert sind. Die allermeisten haben weder eine eindeutige Präferenz für eines der Geschlechter – lediglich bei Erstgeborenen wünschen sich mehr Eltern einen Jungen als ein Mädchen – noch können sie der Vorstellung einer „geplanten" Reproduktion insgesamt sehr viel abgewinnen. Zu dieser Einstellung dürfte beitragen, dass mit der bei der Geschlechtswahl notwendigen künstlichen Insemination ein klinisch-medizinisches Element in die Intimität der Reproduktion eindringt.

Anders ist die Situation in Ländern, in denen traditionell – wie auch in der griechischen Antike – eine starke Präferenz für männliche Nachkommen herrscht und in denen es seit einiger Zeit, nicht zuletzt infolge der Verfügbarkeit der selektiven Abtreibung nach Pränataldiagnostik, in der Geschlechterverteilung zu erheblichen Ungleichgewichten gekommen ist. Dies gilt insbesondere für China, wo die traditionelle Präferenz für Söhne durch die Ein-Kind-Regel noch verschärft worden ist. Auf 100 weibliche Geburten kommen in China heute nahezu 120 männliche. Ähnliches gilt für die ehemals zur UdSSR gehörenden moslemischen Staaten Innerasiens. In Indien haben trotz des 1996 erlassenen Verbots der vorgeburtlichen Geschlechtsbestimmung Kliniken, die selektive Abtreibungen von weiblichen Föten vornehmen, weiterhin Konjunktur. Die Nachfrage hat hier sowohl religiöse als auch wirtschaftliche Gründe. Mit der Zeugung eines Sohnes verbessert sich nach hinduistischem Glauben das individuelle Karma (vgl. Savulescu/Dahl 2000: 277). Vor allem aber bedeutet die hohe Mitgift, die bei der Verheiratung von Töchtern erwartet wird, für viele Eltern den wirtschaftlichen Ruin. Viele Inder können sich Töchter schlicht nicht leisten. Die für ein demokratisches Land wie Indien immer wieder erstaunliche Stabilität der traditionellen religiösen und kulturellen Institutionen hat auch hier zu einem dramatischen Ungleichgewicht der Geschlechter geführt. Auf 100 weibliche Geburten kommen 117 männliche.

Die Befürchtung, dass eine gesetzliche Freigabe der Geschlechtswahl in den westlichen Industrieländern zu ähnlichen Ungleichgewichten führen könnte, wird durch die empirischen Daten nicht gestützt. Die ganz überwiegende Mehrzahl der Paare präferiert eine ausgewogene Geschlechterverteilung auch bei ihren Nachkommen, eine „balancierte" Familie. Eltern, bei denen der Wunsch nach einem bestimmten Geschlecht so ausgeprägt ist, dass sie erwägen, die Dienste von *Gender Clinics* in Anspruch zu nehmen, sind in der Regel Eltern, die bereits mehrere Kinder desselben Geschlechts haben und sich ein Kind des anderen Geschlechts wünschen (vgl. Savulescu/Dahl 2000: 276). Auch die *Gender Clinics* selbst schützen sich in der Regel vor dem Vorwurf, zur Ungleichverteilung der Geschlechter und zu unerwünschten demografischen Verschiebungen beizutragen, indem sie ausschließlich Paare zur Behandlung annehmen, die bereits mindestens zwei Kinder desselben Geschlechts haben und sich ein weiteres des jeweils anderen Geschlechts wünschen.

Die Folgen einer Freigabe der Geschlechtswahl unter diesen restriktiven Bedingungen wären demnach, so scheint es, auch in Deutschland alles andere als dramatisch. Es ist nicht zu sehen, welcher Schaden durch das in Deutschland bestehende gesetzliche Verbot abgewendet werden soll. Wie aber sonst wäre ein strafrechtliches Verbot zu legitimieren? Auch dann, wenn es nur wenige in ihrer Freiheit be-

6.4 Geschlechtswahl als Testfall der Biopolitik

schneidet, muss die Frage gestellt werden, welches Rechtsgut durch dieses Verbot geschützt werden soll.

Weniger schwierig als die Frage nach der *Legitimation* ist die Frage nach den *Motiven* der entsprechenden Gesetzgebung zu beantworten. Die Antwort kann keine andere sein als: schlichter Populismus. Vielen Rechtspolitikern scheint die verbreitete Abneigung gegen die Geschlechtswahl Grund genug für ein Verbot. In der Bevölkerung hat die Geschlechtswahl insbesondere deshalb einen schlechten Beigeschmack, weil sie mit dem in vielen asiatischen und lateinamerikanischen Ländern herrschenden Sexismus assoziiert wird: mit der Praxis der Kindstötung bei weiblichen Neugeborenen im früheren China, mit der erwiesenermaßen schlechteren medizinischen Versorgung von Töchtern gegenüber Söhnen in Indien und mit der Beschimpfung und zum Teil legalisierten Verstoßung von Frauen, die keine Söhne gebären, in einigen moslemischen Ländern. Diese zunächst rein assoziative Verbindung ist wohl einer der maßgeblichen Gründe dafür, dass bei einer niederländischen Umfrage mehr als die Hälfte der Befragten meinten, dass nicht nur das Geschlecht des Kindes den Eltern vor der Geburt nicht mitgeteilt werden sollte, sondern dass auch der Staat der Verfügbarkeit von Methoden der Geschlechtswahl enge Grenzen setzen sollte. Nur 30% der Befragten meinten, dass der Staat in dieser Frage neutral bleiben sollte (Rathenau Instituut 1996).

Die Niederlande sind für diese Frage ein geeigneter Beleg, denn hier ist das Verbot erst ausgesprochen worden, als sich 1995 eine *Gender Clinic* in Utrecht etabliert hatte. Anders als in Deutschland war dieser Schritt in den Niederlanden allerdings von einer ausgedehnten öffentlichen Debatte begleitet. Das Verbot ist in einem 1997 erlassenen Gesetz enthalten, nach dem bestimmte medizinische Dienstleistungen verboten werden können, wenn sie in gesellschaftlicher, ethischer oder rechtlicher Hinsicht unerwünscht sind. Bemerkenswerterweise wurde dieses Verbot ausgesprochen, nachdem der *Gezondheidsraad*, in den Niederlanden das höchste wissenschaftliche Beratungsgremium in medizinischen Fragen, in einem umfassenden Bericht *gegen* ein Verbot argumentiert hatte. Die Politik bediente sich eines Arguments, das von diesem Gremium ausdrücklich verworfen worden war, nämlich des Arguments der unzulässigen Instrumentalisierung (Gezondheidsraad 1995). Offiziell wurde das Verbot damit begründet, dass „Kinder nicht zu Gegenständen der Wünsche ihrer Eltern gemacht werden sollten" und dass eine Auswahl der Kinder nach nicht-gesundheitsbezogenen Kriterien „das verbreitete Gefühl" verletze, dass „Kinder mehr sein sollten als die Befriedigung der Wünsche ihrer Eltern". Ausdrücklich wird hier auch ein Natürlichkeitsargument herangezogen:

6. Natürlichkeitsargumente in der Reproduktionsmedizin

Obwohl in der Medizin das Argument der naturgegebenen Grenzen keine Bedeutung hat – die Medizin ist im wesentlichen ständig bestrebt, diese Grenze zu verrücken –, sind wir der Auffassung, dass diese Grenze sehr wohl zur Orientierung dient, wenn es die Frage zu beantworten gilt, wo eine Wunschmedizin ihre Grenze finden sollte. Wir sehen in der Geschlechtswahl aus nicht-medizinischen Gründen eine Grenzüberschreitung (Toelichting 1998).

Dies ist allerdings eher eine Motivanalyse als eine tragfähige Begründung. Erstens ist nicht zu sehen, warum die Grenze gerade hier gezogen werden soll und nicht bereits bei der Wahl des Zeugungszeitpunkts. Zweitens ist unklar, warum überhaupt eine Grenze gezogen werden muss. Zumindest dann, wenn die Geschlechtswahl ausschließlich der Ausbalancierung der Familie dient und keine massiven Verschiebungen in der gesellschaftlichen Geschlechterverteilung zu befürchten sind, ist nicht ersichtlich, warum der Staat im Namen von „naturgegebenen Grenzen" in die erklärten Präferenzen seiner Bürger eingreifen soll, wenn die Überschreitung der ehemaligen, aber nunmehr gerade nicht mehr bestehenden natürlichen Grenzen weder fremd- noch selbstschädigende Folgen erwarten lässt (so auch Pennings 1996). Auch der vom *President's Council* beschworene Mythos einer „tieferen Bedeutung" der ungesteuerten Fortpflanzung (President's Council on Bioethics 2003: 81) ist nicht geeignet, diese Einschätzung zu relativieren. Diese „tiefere Bedeutung" ist nur für jemanden nachvollziehbar, der die Fortpflanzung von vornherein als „Geschenk" erlebt oder erleben möchte. Sie besteht aber gerade für denjenigen nicht, der Gründe hat, auf dieses „Geschenk" zu verzichten. Die kulturhermeneutische Redeweise verschleiert hier ein schlichtes Diktat. Bedeutungen „bestehen" nicht einfach, sondern werden durch bedeutungsverleihende Akte konstituiert. Auch dadurch, dass die Mehrheit sie anerkennt und wertschätzt, werden sie für die Minderheit der Dissentierenden nicht verbindlich. Solange nicht zu befürchten ist, dass sich eine Geschlechtswahl in unzulässig instrumentalisierenden Umgangsweisen mit den auf diese Weise gezeugten Kindern auswirkt – eine Gefahr, die von den Gegnern der künstlichen Reproduktion immer wieder ausgemalt, aber empirisch in keiner Weise belegt wird –, können entsprechende Warnungen lediglich auf zwei Arten von Prinzipien gestützt werden: auf ein Prinzip des Kulturkonservatismus oder auf ein Natürlichkeitsprinzip. Ein Prinzip des Kulturkonservatismus wäre allerdings gerade hinsichtlich der Geschlechtswahl misslich. Es verpflichtete darauf, die entsprechenden Praktiken in Asien, die tradierten kulturellen Gepflogenheiten entsprechen, zu unterstützen statt zu bekämpfen.

Da Konservatismus weder ein anerkanntes Moralprinzip noch ein anerkanntes Rechtsgut ist, sahen sich die Kommentatoren des deutschen Embryonenschutzgesetzes gezwungen, das in Deutschland gel-

6.4 Geschlechtswahl als Testfall der Biopolitik

tende Verbot der Geschlechtswahl mit Gründen zu stützen, die zumindest den Anschein der Plausibilität erwecken. Dazu gehört an erster Stelle ein Natürlichkeitsprinzip:

> Geschütztes Rechtsgut ist die natürliche, zufällige Geschlechterproportion, in die durch Manipulation im Sinne einer 'Zuchtauswahl' störend eingegriffen würde (Keller u. a. 1992: 215).

Diese Interpretation gibt möglicherweise die Intentionen des Gesetzgebers durchaus angemessen wieder, wirft aber darum nicht weniger Fragen auf. Die zentrale Frage ist, warum die Zufälligkeit der Geschlechterverteilung um ihrer selbst willen schützenswert sein soll, wenn eine quantitativ eng begrenzte Praxis der Geschlechtswahl zur Ausbalancierung der Familie, wie sie in den Industrieländern zu erwarten wäre, die Geschlechterproportion gar nicht verändert. Was „gestört" würde, wäre nicht die Geschlechterverteilung insgesamt, sondern die Naturordnung. Aber die Störung der Naturordnung ist für den Menschen das Natürlichste überhaupt. Die Rede von einer „Störung" kann nicht anders gewertet werden denn als „pure Rhetorik" (Lübbe 2003: 217). Aber diese Rhetorik ist nicht nur als solche problematisch. Sie ist in diesem Fall auch irreführend, da sie die unrealistische Vision einer ohne gesetzliches Verbot zu erwartenden Verschiebung der Geschlechterverhältnisse ins Spiel bringt. Und auch die als Addendum hinzugefügte Begründung, dass durch das Verbot der Geschlechtswahl „mithin auch das Menschenbild des genetisch nicht manipulierten Menschen" geschützt sei (Keller u.a. 1992: 215), macht die Sache nur schlimmer, indem es in einem einzigen Halbsatz drei Irreführungen gleichzeitig begeht: die, dass die Geschlechtswahl eine Form genetischer Manipulation ist (während sie in keiner Weise ins Genom eingreift); dass der Schutz eines „Menschenbilds" (wie antiquiert es auch sein mag) für sich genommen einen Schutzgrund darstellt; und dass („mithin") all dies aus dem Vorhergehenden folgt. Das verzweifelte Bemühen, für das Verbot der Geschlechtswahl einen tragfähigen Rechtsgrund zu finden, verweist auf das Dilemma, in das sich jeder begibt, der sich zur Begründung von Zwangsnormen auf ein Natürlichkeitsprinzip beruft. Trotz seiner weiterhin bestehenden Popularität ist ein solches Prinzip rational nicht begründbar. Wer nicht ohnehin und von vornherein eine starke Präferenz für Natürlichkeit besitzt, ist durch Gründe schwer von der Überlegenheit des Natürlichen über das Künstliche zu überzeugen. Deuten lässt sich die abwegige juristische Argumentation lediglich als Versuch der Scheinlegitimation einer im Wesentlichen durch Herkommen geheiligten identitätsstiftenden Norm. Dieser Versuch ist allerdings zum Scheitern verurteilt. Wäre das Tabu nicht bereits erschüttert, erübrigte es sich, es durch strafrechtliche Verbote aufrechtzuerhalten.

6.5 Natürlichkeitsprinzipien in der Debatte um das reproduktive Klonen

Wie viele Argumente gegen die Geschlechtswahl sind auch viele Argumente gegen das reproduktive Klonen nur im Rahmen und unter Voraussetzung der Gültigkeit von Natürlichkeitsprinzipien plausibel. Anders als einige der Argumente gegen die Geschlechtswahl berufen sich die entsprechenden Argumente gegen das reproduktive Klonen allerdings nur selten ausdrücklich auf Natürlichkeit als normatives Prinzip. Wie ich im Folgenden zeigen möchte, verbergen sich Natürlichkeitsargumente jedoch hinter einer Art von Argumenten, die in der Kritik am reproduktiven Klonen ganz im Vordergrund stehen, nämlich Argumenten der *Menschenwürde*.

Ohne die Berufung auf die Menschenwürde würden die meisten Argumente gegen das reproduktive Klonen nicht so kategorisch formuliert werden können, wie es gemeinhin der Fall ist. Diese Argumente berufen sich ganz bewusst nicht auf Risikoargumente. Vielmehr wollen sie das reproduktive Klonen auch für den Fall ausschließen, dass es risikofrei angewendet werden könnte. Auch für den Fall, dass die Gefahren aus seiner Anwendung für das potenzielle Klonkind, dessen Umfeld und die Gesellschaft insgesamt beherrschbar wären, sollte diesen Argumenten zufolge jeder Versuch einer Anwendung unterbleiben.

Auch in den einschlägigen Deklarationen zu den moralischen und rechtlichen Aspekten der Humanklonierung steht das Argument der Unvereinbarkeit mit der Menschenwürde an erster Stelle. Dass das reproduktive Klonen mit der Menschenwürde unvereinbar ist und deshalb gesetzlich verboten sein sollte, scheint, so legen es diese Deklarationen nahe, einem weltweiten Konsens zu entsprechen. In der Regel wird dieses Urteil so verstanden, dass es nicht nur eine besonders intensive moralische Verwerfung des reproduktiven Klonens beinhaltet, sondern dass diese Verurteilung unbedingt und konsequenzunabhängig ist. In Deutschland ist diese Verurteilung sogar so weit getrieben worden, dass das Embryonenschutzgesetz in § 6 Abs. 2 – im Gegensatz etwa zur Regelung in der Schweiz (vgl. Koch 2003: 107f.) – vorsieht, dass eventuell geklonte Embryonen nicht in einen Uterus transferiert werden dürfen, während für künstlich hergestellte Embryonen ansonsten eine Verpflichtung zum Transfer besteht.

Für den kritischen Beobachter stellen sich an dieser Stelle zwei Fragen:

1. Welcher Begriff von Menschenwürde wird in dieser Verurteilung vorausgesetzt? Entspricht dieser Begriff dem, der in anderen bio-

6.5 Natürlichkeitsprinzipien in der Debatte um das reproduktive Klonen 155

ethischen Kontexten, in denen es um die Menschenwürde geht, vorausgesetzt wird?

2. Welche spezifischen Züge weist das reproduktive Klonen auf, die es mit dem Prinzip der Achtung der Menschenwürde in Konflikt geraten lassen, die andere Verfahren der künstlichen Reproduktion, die diesem Verdikt nicht unterworfen sind (etwa die In-vitro-Fertilisation), nicht aufweisen?

Die meisten Stellungnahmen zur Ethik des reproduktiven Klonens geben auf diese Fragen keine befriedigende Antwort. Man hat den Eindruck, das emphatische Urteil der Menschenwürdewidrigkeit werde für so evident gehalten, dass man auf jede weitere Erläuterung verzichten könne. Allerdings findet man in einem der internationalen Statements (einem der WHO) interessanterweise so etwas wie die Einladung, sich an der Suche nach legitimierenden Gründen für die Verurteilung des reproduktiven Klonens zu beteiligen – was man u.a. als Eingeständnis verstehen kann, dass die verfügbaren Argumente weit davon entfernt sind, die emphatische anfängliche Verurteilung zu rechtfertigen:

> As stated in resolution WHA51.10 '... cloning for the replication of human individuals is ethically unacceptable and contrary to human dignity and integrity'. Elaboration of the ethical, scientific, social and legal considerations that are the basis of this call for the prohibition of reproductive cloning should continue (World Health Organisation 1999).

Um einer Antwort auf die gestellten Fragen näher zu kommen, ist als erstes die Frage nach dem intendierten *Subjekt* zu stellen, dessen Menschenwürde durch das Klonen als gefährdet angesehen wird. Menschenwürde ist ja keine selbstständige Größe, sondern bedarf eines Trägers, eines Würdesubjekts. *Wessen* Würde steht beim reproduktiven Klonen auf dem Spiel? Prinzipiell kommen dafür vier Kandidaten in Frage:

1. das Klonkind,
2. die Personen, deren Zellen im Prozess des Klonens verwendet werden,
3. der Embryo als das unmittelbare Produkt des Klonverfahrens, sowie
4. die Menschheit als Ganze, d. h. die menschliche Gattung.

Zur ersten, die Kandidaten 1 und 2 umfassenden Gruppe gehören die Würdesubjekte persönlicher, zur zweiten, die Kandidaten 3 und 4 umfassenden Gruppe die Würdesubjekte unpersönlicher Art. Die Unterscheidung zwischen *persönlichen* und *unpersönlichen* Trägern von Menschenwürde ist nicht unwichtig, denn sie verweist auf die Bedeutungsvielfalt des Ausdrucks „Menschenwürde". So, wie dieser

Ausdruck gegenwärtig in ethischen Zusammenhängen verwendet wird, steht er nicht für einen einheitlichen und homogenen Begriff, sondern für eine Familie miteinander verwandter Begriffe, die nicht nur semantisch, sondern auch syntaktisch unterschiedlich funktionieren (vgl. Birnbacher 2004: 253 ff.). Während der Begriff der Menschenwürde in seiner Anwendung auf Personen einen personalen Würdeträger voraussetzt, ist dies bei den Begriffen von Würde, die auf die Frühformen menschlicher Existenz und auf die Gattung als Ganze bezogen werden, nicht der Fall. Während „Menschenwürde" in ihrer Anwendung auf Personen als ein diesen Personen zukommendes moralisches *Recht* erklärt werden kann, ist dies bei den unpersönlichen Arten von Würdezuschreibung ausgeschlossen. Die jeweiligen nicht-persönlichen Wesen sind zwar Träger von Würde, können aber kaum als Träger von moralischen Rechten aufgefasst werden. Menschlichen Embryonen, menschliche Leichnamen und der menschlichen Gattung als Ganzer lassen sich allenfalls juridische Rechte, aber keine moralischen Rechte sinnvoll zuschreiben.

Was genau heißt „Menschenwürde" in ihrer Anwendung auf individuelle Personen?

In ihrer *zentralen* Bedeutung stellt Menschenwürde ein Ensemble *moralischer Rechte* dar, die anderen bestimmte negative und positive Pflichten auferlegen. Achtung der Würde in diesem Sinne bedeutet, andere menschlich zu behandeln, indem man sie als Menschen und nicht als Sachen behandelt. Darüber hinaus existiert eine *marginale* Bedeutung von Menschenwürde, in der diese eine Art *moralischen Status* bezeichnet: Würde in diesem Sinn hat etwas mit Moralität zu tun und kann – im Gegensatz zur Menschenwürde im zentralen Sinn – abgestuft werden. Würde in diesem Sinn kann auch verwirkt oder zumindest beeinträchtigt werden, nämlich durch besonders schwerwiegende moralwidrige Handlungen, insbesondere Handlungen, die die Menschenwürde (im ersten, zentralen Sinn) anderer missachten. Individuelle Menschenwürde im zentralen Sinn ist typischerweise die verletzte Würde des Opfers. Individuelle Menschenwürde im marginalen Sinn ist typischerweise die Würde des Täters. Wird die Menschenwürde missachtet, wird die Würde beider, des Täters wie des Opfers beeinträchtigt, die des Opfers dadurch, dass es in einer Weise behandelt wird, in der es *qua* Mensch nicht behandelt werden sollte; die des Täters dadurch, dass er andere so behandelt, wie keiner es – *qua* Mensch – tun sollte.

Wenn „Menschenwürde" in seiner zentralen individualistischen Bedeutung so etwas wie ein Ensemble moralischer Rechte ist – welche Rechte sind das? Das Ensemble beinhaltet mindestens die folgenden fünf moralischen Rechte:

6.5 Natürlichkeitsprinzipien in der Debatte um das reproduktive Klonen 157

1. das Recht, von Würdeverletzungen im Sinne schwerwiegender Verächtlichmachung und Demütigung verschont zu bleiben,
2. das Recht auf ein Minimum an Handlungs- und Entscheidungsfreiheit,
3. das Recht auf Hilfe in unverschuldeten Notlagen,
4. das Recht auf ein Minimum an Lebensqualität im Sinne von Leidensfreiheit, und
5. das Recht, nicht ohne Einwilligung und in schwerwiegend schädigender Weise zu fremden Zwecken instrumentalisiert zu werden.

Auch wenn diese Liste unbestimmt ist – so unbestimmt wie der Begriff der Menschenwürde selbst –, scheint sie doch zumindest die wichtigsten Verhaltensweisen abzudecken, die gemeinhin als Verletzungen der Menschenwürde eingestuft werden: die Verfolgung aus rassischen oder religiösen Gründen, die Folter, die Gehirnwäsche, aber auch die Verweigerung oder Vorenthaltung des biologischen Existenzminimums. Sie deckt ebenfalls jene Akte der „Instrumentalisierung" ab, die Kant mit der zweiten Formel des Kategorischen Imperativs ausschließen wollte, etwa die Versklavung, der Verkauf von Landeskindern in fremde militärische Dienste und unmenschliche Bestrafungen wie die Vierteilung zur Ergötzung von Tyrannen und Pöbel.

Kann man sagen, dass das Klonkind in diesem Sinn von „Menschenwürde" – bzw. in einer an diese Begriffserklärung anschließenden Weise – in seiner Würde beeinträchtigt wird? Man wird hier zu keinem anderen Befund kommen können als dem, dass dies *nicht* der Fall ist. Das wesentliche Merkmal von Missachtungen der Menschenwürde im individuellen Sinn besteht darin, dass das betroffene Individuum durch das Verhalten anderer in gravierender Weise geschädigt oder in anderer Weise negativ affiziert wird – sogar in so extremer Weise, dass wir zu sagen versucht sind, dass es wie eine Sache und nicht wie ein Mensch behandelt wird. Nichts von dieser Art ist im Falle des reproduktiven Klonens zu erwarten.

Das soll nicht besagen, dass vom Klonen keinerlei schädigende Einflüsse auf das Klonkind zu erwarten sind. Das reproduktive Klonen ist alles andere als moralisch unschuldig. Negative *psychologische* Effekte betreffen vor allem das unter den Bedeutungselementen des Menschenwürdebegriffs aufgeführte Recht auf Freiheit (Nr. 3 auf der obigen Liste) und das Recht, vor schwerwiegenden Instrumentalisierungen bewahrt zu werden (Nr. 5). Was das Freiheitsrecht betrifft, so könnten die Erwartungen an ein Klonkind seitens der Eltern so intensiv und durchschlagend sein, dass sie dessen Recht auf eine „offene Zukunft" beschneiden und seinen Spielraum für eine authentische Wahl über seinen individuellen Lebensweg unzulässig einengen. Falls sich die Lebenszeiten des „Originals" und des Klonkinds überschneiden und das „Original" die Erziehung des Klonkinds in die eigenen Hände nimmt, besteht die Gefahr, dass das Kind so eng an das „Original" gebunden wird, dass sich seine Chance auf Entwicklung einer eigenständigen Persönlichkeit gravierend verschlechtert. Ähnliche Gefahren bestehen hinsichtlich der „Instrumentalisierung". Das Klonkind könnte so aufwachsen, dass es eine möglichst getreue Replik des „Originals" wird und sich sein Lebensweg primär an den Wünschen anderer statt an seinen eigenen Potenzialen orientiert.

Dass diese Risiken bestehen, kann jedoch für sich genommen nicht rechtfertigen, das Klonen als eine Verletzung der Menschenwürde des Klonkinds zu verstehen. Erstens sind diese Gefahren nur kontingenterweise mit dem Verfahren des reproduktiven Klonens verknüpft. Sie sind ihm nicht immanent, sondern äußerlich. Nicht das Verfahren des reproduktiven Klonens selbst engt die Optionen des Klonkinds ein oder unterwirft seine Entwicklung den Erwartungen anderer, sondern die Art und Weise, wie es erzogen wird, nachdem der Prozess des Klonens abgeschlossen ist. Diese sekundären Gefahren können deshalb weder das kategorische Urteil über das Klonen, das sich in den meisten einschlägigen Deklarationen findet, begründen noch die besondere Intensität der damit ausgedrückten Verurteilung.

Auch die Tatsache, dass die genetische Konstitution des Klonkinds durch das Klonen im Wesentlichen vorherbestimmt ist, kann nicht als Beeinträchtigung der Freiheit des Klonkinds aufgefasst werden. Dessen individuelle Freiheit könnte durch seine genetische Konstitution allenfalls in dem Maße eingeschränkt sein, als diese eine autonome Entwicklung ausschließt oder diese stark erschwert, z. B. durch eine schwerwiegende und die Persönlichkeitsentwicklung massiv beeinträchtigende genetisch bedingte Erkrankung. Die Wahrscheinlichkeit dafür ist jedoch für ein Klonkind nicht größer als für ein normal gezeugtes Kind (oder, da das geklonte Genom sich bereits einmal „bewährt" hat, sogar geringer). Die Tatsache, dass das Genom des Klonkinds nicht das Ergebnis einer Zufallsverteilung, sondern einer gezielten Wahl ist, berechtigt jedenfalls nicht zu der Annahme, dass das Klonkind in seiner Entwicklung weniger frei ist als ein normal gezeugtes Kind. Auch bei einem normal gezeugten Kind steht das Genom des Kinds mit der Vereinigung von Ei und Samenzelle weitgehend fest, ohne dass dadurch dessen Freiheit beeinträchtigt würde.

Analoges gilt für die Dimension der „Instrumentalisierung". Selbstverständlich kann das Klonkind Opfer einer Instrumentalisierung werden. Aber dasselbe Schicksal kann auch ein normal gezeugtes Kind erleiden. Falls das Klonkind zu fremden Zwecken instrumentalisiert wird, ist die Quelle dafür in keinem Fall in dem Verfahren zu suchen, das ihm allererst zur Existenz verholfen hat. Denn zu dem Zeitpunkt, zu dem die Instrumentalisierung einsetzen könnte, ist der

6.5 Natürlichkeitsprinzipien in der Debatte um das reproduktive Klonen

Prozess des Klonens bereits seit langem abgeschlossen. Erst nachdem das Klonkind geboren ist, kann es instrumentalisiert werden. Was unser Denken in diesem Punkt leicht irreführt, ist die Vorstellung von einer durchgreifenden „Kontrolle", der das Klonkind unterworfen ist. In der Tat bedeutet Klonen, ein hohes Maß an Kontrolle auszuüben, zunächst über die genetische Konstitution des Kindes, dann und dadurch aber auch über seinen Phänotyp. Es bedeutet jedoch nicht *eo ipso*, ein ähnlich hohes Maß an Kontrolle auch über den Ablauf seines konkreten Lebens auszuüben.

Die psychosozialen Gefahren, die dem Klonkind aus der Art seiner Entstehung erwachsen, dürften zudem nur in seltenen Fällen so dramatisch sein, dass sie ernsthaft als menschenwürdewidrig gelten können. Die Entwicklung eines Kindes durch die Ausübung psychischen Druckes in eine bevorzugte Richtung voranzutreiben oder ein Kind mit einer bevorzugten psychischen Identität, z.B. einer bestimmten religiösen Orientierung zu imprägnieren, sind zu nah an der Normalität, um die im Vorwurf der Menschenwürdewidrigkeit liegende massive moralische Verurteilung zu rechtfertigen. Andernfalls wäre bereits die christliche Taufe eine Menschenwürdeverletzung. Jürgen Habermas' Befürchtung, dass eine weitgehende Vorausbestimmung der genetischen Konstitution der nachfolgenden Generation die Grundlagen von Gleichheit, Autonomie und wechselseitiger Achtung – und damit die Grundlagen einer demokratischen Gesellschaftsordnung – unterminieren könnte, scheint mir ebenso unbegründet wie seine Forderung, dass wir deshalb eine solche Vorprogrammierung, soweit sie nicht unter gesundheitsbezogenen Zwecken steht, bereits im Ansatz verbieten sollten (Habermas 2001). Selbstverständlich sind die Möglichkeiten der modernen Reproduktionsmedizin nicht ohne soziales Gefahrenpotenzial. Dazu gehört insbesondere eine die Spontaneität der Reproduktionssphäre empfindlich störende Zuschreibung elterlicher Verantwortung für die „Qualität" des Nachwuchses. Aber diese Übel laufen nicht auf eine Verletzung der Menschenwürde hinaus. Sie würden es allenfalls dann, wenn sie mit weiteren, substanzielleren Übeln zusammengehen, etwa dem vorsätzlichen Klonen einer Rasse von Sklaven oder geborenen Parias.

Substanzieller als die psychischen sind die *physischen* Risiken für das Klonkind. In der Tat ist nach allem, was wir aus Klonversuchen am Tier wissen, mit so massiven Schädigungsrisiken zu rechnen, dass nicht nur die – von einigen Scharlatanen angekündigte – Anwendung dieses Verfahrens, sondern bereits dessen Erprobung im Humanexperiment kaum als vertretbar gelten kann. Angesichts der schwachen Gründe, die für den Einsatz dieses Verfahrens sprechen, lassen allein schon diese Risiken ein reproduktives Klonen beim Menschen als unzulässig erscheinen.

Das impliziert allerdings nicht, dass das reproduktive Klonen bereits deshalb auch als menschenwürdewidrig gelten kann. Erstens ist eine auf Risikoüberlegungen gegründete Ablehnung folgenorientiert und nicht kategorisch. Zweitens ist nicht jede ungerechtfertigte Gefährdung eine Menschenwürdeverletzung. Eine Menschenwürdeverletzung läge allenfalls dann vor, wenn bei einem Klonversuch erstens eine Schädigung des Klonkinds hochwahrscheinlich wäre und zweitens das Klonkind ausschließlich oder primär als „Versuchskaninchen" benutzt würde, es also ausschließlich oder primär darum ginge, das Verfahren zu testen, und nicht auch darum, den Eltern einen Kinderwunsch zu erfüllen.

Liegt die Menschenwürdeverletzung beim Klonen möglicherweise darin, dass das zukünftige Klonkind zum *Gegenstand* elterlicher Wünsche gemacht wird? Dass das Klonkind Gegenstand elterlicher Wünsche ist, ist nicht zu bezweifeln. Aber läuft diese *Vergegenständlichung*, wie gelegentlich behauptet wird (siehe z. B. Rosenau 2004) bereits auf eine menschenwürdewidrige *Verdinglichung* hinaus?

Dadurch, dass ein Kind Gegenstand eines Wunsches ist, wird es noch nicht zu einer Sache, auch dadurch nicht, dass es Gegenstand des Wunsches nach einem Kind mit bestimmten Eigenschaften ist. Eltern, die sich ein Mädchen wünschen, machen das gewünschte Mädchen durch diesen Wunsch nicht zu einer bloßen Sache. Im Übrigen kann eine „Verdinglichung" mit der Menschenwürde nur dann unvereinbar sein, wenn ein Mensch wie eine Sache *behandelt* wird. Ein mentaler Akt wie ein Wunsch reicht dazu nicht aus. Weder der Wunsch nach einem Kind mit bestimmten Eigenschaften noch die Schritte, die Eltern zur Verwirklichung dieses Wunsches unternehmen, *affizieren* das Kind in irgendeiner Weise. Solange das Klonen noch nicht abgeschlossen ist, existiert das Kind lediglich als intentionaler Gegenstand elterlicher Wünsche und als intentionaler Gegenstand des Versuchs, diesen Wünschen zur Realität zu verhelfen. Zu einer Menschenwürdeverletzung gehört aber mehr: die Realität des in seiner Menschenwürde verletzten x als auch die Realität des sie konstituierenden Verhaltens. Es ist weder möglich, die Würde eines bloß vorgestellten x zu verletzen, noch, die Würde eines realen x durch ein bloß vorgestelltes Verhalten (etwa eine vorgestellte Vergewaltigung oder Folterung) zu verletzen. Die Menschenwürdeverletzung eines intentionalen Objekts könnte allenfalls als *symbolische*, *uneigentliche* Verletzung gelten. Aber es ist fraglich, ob im Fall des reproduktiven Klonens selbst davon die Rede sein kann. Auch auf der mentalen Ebene der Vorstellungen und Wünsche scheint dem Klonkind nichts Schwerwiegendes „angetan" zu werden. Wie immer das sein mag – in jedem Fall muss es in die Irre führen, derartige bloß symbolische Menschenwürdeverletzungen normativ mit realen Menschenwürdeverletzungen auf eine Ebene zu stel-

6.5 Natürlichkeitsprinzipien in der Debatte um das reproduktive Klonen

len und auf sie dieselben moralischen oder juristischen Urteilskategorien anzuwenden.

Auch die Tatsache, dass das Klonkind mit *weitergehenden* Zwecken erzeugt wird als dem, einem wie immer beschaffenen Kind zur Existenz zu verhelfen, bringt das Verfahren des reproduktiven Klonens nicht in Konflikt mit dem Menschenwürdepostulat. Der Wunsch nach einem Kind aus dynastischen Gründen oder zur Erhaltung oder Stabilisierung einer Zweierbeziehung ist sicherlich nicht ohne moralische Probleme. Aber diese Probleme rechtfertigen kein so massives moralisches Verdikt wie das in dem Appell an die Menschenwürde enthaltene.

Besteht das Entwürdigende des Klonens vielleicht darin, dass das Kind durch die gezielte Wahl seiner genetischen Ausstattung zu so etwas wie einem *Erzeugnis*, zu etwas *Hergestelltem* wird und dass sich die Reproduktion in dieser Hinsicht einem Prozess industrieller Produktion annähert? Offensichtlich ist das Klonen eine Art Herstellung, allerdings weniger in einem industriellen als vielmehr in einem handwerklichen, auf das individuelle Produkt bezogenen Sinn. Aber schon aus formalen Gründen kann das Produkt, das Klonkind, durch den Herstellungscharakter seiner Erzeugung nicht entwürdigt, zur Sache erniedrigt oder auf den Status eines Untermenschen herabgedrückt werden: Erst dann, wenn der Prozess der Herstellung an sein Ende angelangt ist und das Kind allererst existiert, könnte es zum Gegenstand einer entwürdigenden Behandlung werden.

Aus diesen Überlegungen lässt sich kein anderer Schluss ziehen als der, dass nicht zu sehen ist, in welcher Weise im reproduktiven Klonen eine Verletzung der individuellen Menschenwürde des geklonten Kindes liegen soll (so auch Gutmann 2001). Das, was die etablierte Norm der Achtung der Menschenwürde in ihrem zentralen, individuenbezogenen Sinn fordert, nämlich einen Menschen als Menschen und nicht als eine Sache zu behandeln, wird beim reproduktiven Klonen in keiner Weise gefährdet.

Was ist von der Idee zu halten, dass das reproduktive Klonen der Würde der Zellspender oder anderer Personen widerstreitet, die an dem Verfahren des Klonens kausal beteiligt sind? Diese Idee erscheint von vornherein wenig tragfähig. In dem oben unterschiedenen *marginalen* Sinn der persönlichen Menschenwürde könnte die Menschenwürde nur dann verletzt sein, wenn bereits feststünde, dass das Klonen die Menschenwürde anderer verletzt. Klonen könnte nur dann die Menschenwürde der daran beteiligten Personen beeinträchtigen, wenn es für die Menschenwürdewidrigkeit des Verfahrens unabhängige Gründe gäbe. Diese sind jedoch nicht in Sicht.

Der dritte Kandidat für eine Rekonstruktion des in den offiziellen Argumenten gegen das Klonen vorausgesetzten Begriffs von Menschenwürde ist die *unpersönliche* Würde. Unpersönliche Würde kommt dem Menschlichen als *Eigenschaft* zu, gleichgültig, ob es sich bei dem Träger dieser Eigenschaft um ein echtes Subjekt im Sinn einer menschlichen Person oder um eine sekundäre Form des Menschlichen handelt, etwa um einen menschlichen Embryo oder einen menschlichen Leichnam.

Unpersönliche Würde ist ein etablierter Bestandteil gängiger Redeweisen über Menschenwürde. Nicht in allen Fällen, in denen gemeinhin von Menschenwürdeverletzungen gesprochen wird, ist ein Subjekt beteiligt, und *a fortiori* wird nicht bei allen Menschenwürdeverletzungen ein Subjekt in seinen Rechten verletzt. Wenn der Handel mit menschlichen Embryonen oder menschlichen Leichnamen als menschenwürdewidrig verworfen wird, kann damit nicht gemeint sein, dass durch diese Verhaltensweisen bestimmte moralische Rechte verletzt werden. Zwar lassen sich viele Umgangsweisen mit menschlichen Leichnamen, die als menschenwürdewidrig verurteilt werden, als Verletzungen moralischer Rechte rekonstruieren, nämlich als Verletzungen der Rechte der jeweiligen früheren lebenden Personen. Aber bereits bei menschenwürdewidrigen Formen des Umgangs mit menschlichen Embryonen stößt eine solche Rekonstruktion an Grenzen: Wer die Embryonenforschung als menschenwürdewidrig ablehnt, kann nicht so verstanden werden, als wolle er sagen, durch diese Forschung würden bestimmte Rechte der *potenziellen zukünftigen Personen* verletzt, zu denen sich die betroffenen Embryonen entwickeln werden. Denn diese Personen wird es in der Regel nicht geben. Das Umstrittene an der verbrauchenden Embryonenforschung ist ja gerade, dass sie mit dem Überleben des Embryos unvereinbar ist. Es wäre jedoch abwegig, die Verletzung der Menschenwürde eines menschlichen Embryos als die Verletzung der Rechte einer bloß *potenziellen* Person zu verstehen.

Stellen wir auch für diese Bedeutung von Menschenwürde wieder die entscheidende Frage: Bedeutet das reproduktive Klonen eine Verletzung der Menschenwürde des Embryos in dem Sinne, dass dieser durch das Verfahren unzulässig „instrumentalisiert", also – im Kantischen Sinne – zu einer bloßen Sache oder zu einem bloßen Mittel gemacht wird, d.h. zu einem Mittel zu anderen Zwecken als seinem eigenen Überleben und seiner eigenen Entwicklung? Die Antwort kann auch hier nicht anders lauten als: Eine solche fremdnützige Instrumentalisierung liegt eindeutig nicht vor. Der durch das reproduktive Klonen hergestellte Embryo wird mit keiner anderen Intention hergestellt als der, zu überleben und sich zu einem ausgewachsenen menschlichen Wesen zu entwickeln. Weder die Herstellung des Embryos noch seine Kultivierung involviert eine „Instrumentalisierung" in dem Sinne, dass der Embryo zu fremden Zwecken manipuliert wird. Die bloße *Her-*

stellung des Embryos kann als solche nicht menschenwürdewidrig sein, da andernfalls dasselbe auch für die In-vitro-Fertilisation gelten müsste. Sobald jedoch der Embryo existiert, wird er, falls er überhaupt manipuliert wird, zu keinem anderen Zweck manipuliert als dem seiner Fortexistenz und Fortentwicklung. Wenn etwas im Prozess des reproduktiven Klonens „instrumentalisiert" wird, dann allenfalls die Materialien, von denen das Klonen seinen Ausgangspunkt nimmt: der Kern der somatischen Zelle des „Originals" und die entkernte Eizelle, mit der sie verschmolzen wird. Diese Materialien können jedoch nicht für sich genommen als Träger von Menschenwürde gelten, auch nicht von Menschenwürde im Sinne der unpersönlichen Würde.

6.6 Gattungswürde und Natürlichkeit

Es bleibt der *vierte* Kandidat zu prüfen, die Vorstellung, dass das reproduktive Klonen die Würde *der menschlichen Gattung als Ganzer* verletzt. Diese Vorstellung mag zunächst befremdlich erscheinen. Aber in gewisser Weise ist der Begriff einer *generischen* Würde die grundlegende Idee, aus der sich die Vorstellung der Menschenwürde in allen weiteren Bedeutungen erst herleitet. Alle diese weiteren Bedeutungen hängen von der Voraussetzung ab, dass Menschen als solchen und unabhängig von allen weiteren Merkmalen ein privilegierter Status zukommt. Nur deswegen, weil die *Gattung* Mensch eine Sonderstellung genießt, genießt sie auch jedes ihr angehörende Individuum, gleichgültig, ob es als Individuum die für die Gattung spezifischen oder typischen Eigenschaften aufweist.

Bietet dieser vierte Begriff von Menschenwürde einen Anknüpfungspunkt für ein Verdikt über das reproduktive Klonen? Nähern wir uns dieser Frage auf dem Umweg über eine *Analogie*, nämlich die verbreitete Vorstellung, dass wir die *Gattungsgrenzen* zwischen Mensch und Tier respektieren und das Entstehen von Interspezies-Hybriden zwischen Mensch und Tier vermeiden sollten. Keimbahninterventionen oder andere Manipulationen, die auf die Herstellung von Mensch-Tier-Hybriden zielen (etwa auf Zwischenwesen zwischen Mensch und Menschenaffe), sind weithin geächtet, wenn auch zumeist aus einer gewissen instinktiven Abscheu heraus und weniger aus Gründen. Sicher sind sie nicht nur deswegen geächtet, weil damit dem potenziellen Hybridwesen ein möglicherweise elendes Leben erspart bleibt. Auch nicht deshalb werden sie geächtet, weil die *individuelle* Menschenwürde eines solchen Hybridwesens beeinträchtigt wäre – obwohl dies gelegentlich behauptet wird (vgl. z.B. Beyleveld/Brownsword 2001: 169). Wenn diese Achtung – wie üblich – mit dem Menschenwürdepostulat begründet wird (vgl. z.b. Starck 1986, A 46), dann nicht mit Bezug auf die *individuelle* Menschenwürde des potenziellen Hybridwesen, sondern mit Bezug auf die Würde der *Gattung*. Das Prinzip hinter dem Verbot von Hybriden scheint eine Art *Reinheitsprinzip* zu sein, vergleichbar dem Verbot von Mischehen zwischen Rassen oder Ethnien in vielen Kulturen: Die Grenze zwischen den Gattungen sollte nicht verwischt, die Eindeutigkeit der Gattungszugehörigkeit nicht in Frage gestellt und damit eine grundlegende Orientierung der Angehörigen der Gattung Mensch nicht erschüttert werden.

So gesehen, entspringt das Verbot der Herstellung von Mensch-Tier-Hybriden nicht primär dem Wunsch, Schaden von dem potenziellen Hybridwesen abzuwenden, sondern dem Wunsch, Schaden von anderen abzuwenden: Erstens von denjenigen, bei denen die potenzielle Geburt eines modernen Analogons zu Frankensteins Monster tief greifende Ängste und Irritationen auslösen würde. Nur so ist erklärbar, dass die Herstellung von Mensch-Tier-Hybriden verboten ist, nicht aber die Herstellung von Hybridwesen aus verschiedenen anderen Tiergattungen wie etwa der Maulesel oder die biotechnisch hergestellte „Schiege" aus Schaf- und Ziegenzellen. Wenn Kurt Bayertz die berechtigte Frage stellt, warum wir auf die Idee von Mensch-Tier-Hybriden mit einem so tiefen Unbehagen reagieren, „während uns weder Muli noch Maulesel irritieren, die ja ebenfalls interspezifische Hybriden sind" (Bayertz 1987: 83), so kann die Antwort nur lauten, dass uns als Menschen Mensch-Tier-Hybride näher stehen und dass insofern eine klare Grenze zwischen Mensch und Tier für die Eindeutigkeit unserer fundamentalen Klassifikationen und insofern für unsere Orientierung in der Welt wichtiger ist als die zwischen Pferd und Esel. Zweitens dient das Verbot dazu, die „moral confusion" und die damit einhergehenden Unsicherheiten zu verhindern, die die Existenz von Zwischenwesen zwischen Mensch und Tier zwangsläufig mit sich bringen würde (Robert/Baylis 2003: 9). Schließlich fällt es uns bereits heute schwer genug, uns auf ein angemessenes moralisches Verhältnis zu „Grenzfällen" wie frühen menschlichen Embryonen, Hirntoten und Menschenaffen zu einigen.

Mit dieser Analogie haben wir jedoch kaum mehr als den Ansatz einer Erklärung. Die Analogie zwischen der Herstellung von Mensch-Tier-Hybriden und dem reproduktiven Klonen ist alles andere als perfekt. Zwar ist auch das reproduktive Klonen ähnlich wie die Mischung von Organismen verschiedener biologischer Gattungen hochgradig manipulativ. Es überschreitet aber weder die Gattungsgrenze noch produziert es Monster. Es produziert lediglich zeitlich gegeneinander versetzte eineiige Zwillinge. Die Geburt eines Klonkinds würde zwar Irritationen bewirken, sie würde aber nicht Irritationen von dem

6.6 Gattungswürde und Natürlichkeit

metaphysischen Ausmaß bewirken, die sich bei der Geburt eines Mensch-Tier-Hybridwesens einstellen würden. Dennoch scheint die Analogie mit dem nahezu universalen Verbot einer vorsätzlichen Herstellung von Gattungshybriden der beste Ansatzpunkt für ein Verständnis der Vorbehalte gegen das reproduktive Klonen. Der Widerstand gegen das Klonen scheint wesentlich darin begründet, dass hierin etwas *Monströses* oder *Perverses* gesehen wird. Anders als bei der Herstellung von Mensch-Tier-Hybriden kann das Monströse des Klonens jedoch nicht auf das Monströse seiner Resultate zurückgeführt werden. Das Monströse liegt in der Art der Herstellung, nicht im Produkt.

An dieser Stelle wird offenkundig, dass dem nahezu instinktiven Widerstand gegen das reproduktive Klonen ein *Natürlichkeitsprinzip* zugrunde liegt (so auch Van den Daele 2005: 29). Was das reproduktive Klonen mit der vorsätzlichen Herstellung von Monstern gemeinsam hat – ohne dass es Monster gebiert –, ist der Faktor der Grenzüberschreitung, die Tatsache, dass mit dem reproduktiven Klonen eine prometheische Technologie eine weitere von der Natur gezogene Grenze überschreitet. Indem die bewusste Verdoppelung eines gegebenen Genoms an die Stelle der Zufallskombination der Gene tritt, wird ein weiteres basales natürliches Geschehen menschlicher Steuerung unterworfen. Die Autonomie der Natur wird ein weiteres Mal in Frage gestellt.

Indem man das Befremdliche des Klonens auf seine *Unnatürlichkeit* zurückführt, wird die Kontinuität sichtbar zwischen der Ablehnung des reproduktiven Klonens und der ebenso verbreiteten – und ebenso quasi instinktiven – Ablehnung der Keimbahnintervention. In beiden Fällen wird das Prinzip der Menschenwürde in seiner Anwendung auf die menschliche Gattung dazu benutzt, um eine potenzielle Ausdehnung technischer Kontrolle über die natürlichen Prozesse in einem emotional sensiblen Bereich mit einem Bann zu belegen. Beide Male wird durch den Bann vorgesorgt gegen eine mögliche Verwirrung tief liegender Orientierungen und Gewissheiten. Der eigentliche Schutzgrund beim Verbot des reproduktiven Klonens ist weder ein etwaiges Recht auf natürliche Entstehung auf Seiten des geklonten Embryos noch etwaige retrospektive Präferenzen des Klonkinds, auf natürliche statt auf künstliche Weise gezeugt worden zu sein, sondern die Natürlichkeitsvorstellungen der Allgemeinheit. Ein Recht des Embryos auf natürliche Entstehung kann es bereits aus logischen Gründen nicht geben, da es zum Zeitpunkt der zur Entstehung des Embryos führenden Manipulation, „noch kein Subjekt gibt, das Träger eines solchen Rechts sein könnte" (Bernat 2004: 9). Eine retrospektive Präferenz würde auf der anderen Seite zur Begründung eines kategorischen Verbots nicht ausreichen, da nicht sicher ist, ob das

Klonkind seine Entstehungsweise rückblickend verwirft. Schließlich wäre es ohne die exotische Entstehungsweise gar nicht zur Welt gekommen.

Falls diese Analyse zutrifft und die vermeintliche „Monstrosität" des reproduktiven Klonens wesentlich darin liegt, dass damit eine grundlegende *natürliche* Grenze überschritten wird, ist es nur fair zu verlangen, dass dies auch offen gelegt und nicht durch eine irregeleitete Berufung auf die Menschenwürde verschleiert wird. Verschleiernd ist diese Berufung vor allem deswegen, weil die *Würde* der Menschheit in den Traditionen, die von dem Gattungsbegriff der Menschenwürde Gebrauch machen, in der Regel in der Fähigkeit zur Transzendierung natürlicher Grenzen gesehen worden ist und nicht in ihrer Respektierung. Die Vorstellung, dass die Naturordnung, so wie wir sie vorfinden, zu achten oder sogar als sakrosankt zu betrachten ist, ist eher kennzeichnend für bestimmte theologische Denktraditionen, die in der Naturordnung eine göttlich verfügte Ordnung sehen, die der Mensch in ihren vorgegebenen Strukturen unangetastet zu lassen hat. Die Deklarationen, die das Klonen und die Menschenwürde zusammenbringen, scheinen von daher unbewusst strategisch motiviert. Sie beuten das dem etablierten Begriff der Menschenwürde innewohnende Pathos aus, um etwas von seinem eigentlichen Sinn ganz Verschiedenes und weit weniger Hochgesinntes zu schützen: die Erhaltung von so viel wie möglich von dem, was wir uns angewöhnt haben, als natürlich und unverfügbar anzusehen.

Nur selten wird der Bezug zu Natürlichkeitsprinzipien explizit hergestellt. Eine der wenigen Stellungnahmen, die dies tun, ist die erste Stellungnahme einer interdisziplinären Arbeitsgruppe in Deutschland zum reproduktiven Klonen. In dieser wird mit erstaunlicher Bedenkenlosigkeit von der Würde des Menschen zur Würde der Natürlichkeit übergegangen, so als bezeichneten beide Begriffe dieselbe Sache:

> Offensichtlich steht die freie Entfaltung der individuellen Person mit der Wahrung der Struktur der natürlichen Reproduktion in einem so engen Zusammenhang, dass um der Würde und Freiheit der einzelnen Person willen auch die Würde der mit der menschlichen Gattung verbundenen natürlichen Reproduktion respektiert werden muss (Eser u. a. 1989: 236).

Diese Position ist allerdings so stark, dass sie sämtliche Verfahren einer assistierten Reproduktion ausschließt. Obendrein ist nicht zu sehen, wieso die Würde des Menschen gerade von seiner Reproduktionsweise abhängen soll – etwas, was der Mensch nicht nur mit den Säugetieren, sondern auch mit vielen „niederen" Tieren gemeinsam hat (vgl. Gutmann 2001: 373). Dass sich hinter der Berufung auf die generische Menschenwürde in der Debatte um das reproduktive Klonen ein Natürlichkeitsprinzip verbirgt, lässt sich zusätzlich – in Anlehnung an den Bericht des *President's Council* (2003: 61) – durch ein *Gedanken-*

experiment stützen. Man stelle sich vor, es gäbe eine „natürliche" Methode, nicht nur den Zeitpunkt der Geburt, sondern auch die Beschaffenheit des Nachwuchses durch intentionales Handeln zu bestimmen, etwa durch die Wahl des Zeugungszeitpunkts. Immer wenn die Zeugung in einer bestimmten Phase des weiblichen Zyklus stattfindet, bildete sich statt eines Embryos mit einem aus dem Genom beider Partner gemischten Genom ein Embryo mit dem Genom nur eines der Partner.

In gewisser Weise könnte man auch hier von einem „Herstellen" sprechen, allerdings einem Herstellen mit natürlichen Mitteln. Die Künstlichkeit erschöpfte sich in der bewussten Beachtung des Zeugungszeitpunkts, ein Akt, der, da er ohne „technische" Hilfsmittel auskommt, selbst nach Auffassung des katholischen Lehramts als „natürlich" gelten kann. Ansonsten ergäben sich jedoch bei diesem Verfahren möglicherweise dieselben Sekundärfolgen wie beim reproduktiven Klonen.

Z. B. würden auch bei einer „natürlichen" Klonmethode die Kinder den Eltern vorwerfen können, sie entweder bewusst als Klone bzw. als Zwillinge gezeugt zu haben oder dies zumindest in Kauf genommen zu haben. Stünde aber auch in diesem Fall das Klonen in dem Ruf, ein Akt menschenwürdewidriger Verdinglichung zu sein? Das ist kaum anzunehmen. Selbst in dem Fall, dass gewisse technische Mittel eingesetzt werden müssten, um die Entstehung eines Klons zu unterstützen, wäre dies nicht offenkundig. Diese Mittel könnten so vertraut und unspektakulär sein, dass sie kaum noch als solche wahrgenommen würden. In demselben Maße, in dem diese technischen Mittel ihren ausgeprägt „technischen" Charakter verlören, fehlte es an einem Angriffspunkt für den Vorwurf der „Verdinglichung".

6.7 Schlussfolgerungen

Natürlichkeitsargumente spielen in der Debatte um die neuen Möglichkeiten der Reproduktionsmedizin keine tragende, aber doch eine signifikante Nebenrolle. Bezeichnend dafür ist, dass sie überall dort in den Vordergrund treten, wo sich bestimmte umstrittene Verfahren nicht bereits durch Lebensschutzargumente ausschließen lassen, etwa bei der Geschlechtswahl und beim reproduktiven Klonen. Statt sich auf den Schutz des menschlichen Lebens zu berufen, berufen sich die Vertreter kulturkonservativer Auffassungen in diesen Bereichen vorwiegend auf den Schutz der menschlichen Würde, wobei dieser Begriff allerdings nicht primär auf das menschliche Individuum, sondern auf die menschliche Gattung als Ganze bezogen wird. Das Pathos des Menschenwürdebegriffs dient dann regelmäßig dazu, ein durch Herkommen und Gewohnheit gefestigtes Menschenbild gegen Infragestellungen durch technische Entwicklungen zu verteidigen. In demselben Maße jedoch, in dem sich hinter der Berufung auf die Gattungswürde Natürlichkeitsprinzipien verbergen, müssen solche Argumente als problematisch gelten. Natürlichkeit ist insbesondere in Bezug auf die Lebensgrenzen – Geburt und Tod – ein emotional ansprechendes Ideal. Es in den Rang eines Allgemeingültigkeit beanspruchenden moralischen Prinzips zu erheben, erscheint jedoch ebenso verfehlt wie der Versuch, seine Befolgung nicht nur durch moralische, sondern auch durch strafrechtliche Normen zu erzwingen.

7. Natürlichkeit als Grenze der Umgestaltung der menschlichen Natur

7.1 Die Idee einer Gattungsethik

„Gattungsethik" ist in der Ethik und Bioethik ein relativ neuer Terminus. Er ist von Jürgen Habermas in seinem Buch *Die Zukunft der menschlichen Natur* (Habermas 2001: 27) eingeführt worden, um eine Kategorie von Normen zu bezeichnen, die über die Integrität des Individuums hinaus die Integrität der Gattung schützen sollen. Wer von „Gattungsethik" spricht, überträgt ein Argumentationsmuster, das sich in Bezug auf menschliche Individuen bewährt hat, auf die menschliche Gattung als Ganze. Ihm zufolge bestehen normative Schranken nicht nur für Eingriffe in die Integrität des Individuums, wie sie sich im Begriff der individuellen Menschenwürde sowie in der Konzeption elementarer individueller Schutz- und Abwehrrechte gegen Eingriffe von Seiten anderer herausgebildet haben, sondern auch für Eingriffe in die Integrität und Identität der Gattung. Habermas plädiert ausdrücklich für eine „Moralisierung" der menschlichen Natur. Sie soll eine Barriere bilden gegen Selbstveränderungen der Gattung mit technischen Mitteln, insbesondere im Bereich der Reproduktionsmedizin.

Eine „Gattungsethik" braucht nicht bei Null anzufangen. Sie kann sich auf weit verbreitete moralische Intuitionen berufen, etwa auf die weithin geteilte Ablehnung von Visionen wie der einer *Brave New World*, in der Menschen – gegen ihre „Natur" – mit biotechnischen Mitteln zu glücklichen Sklaven zugerichtet werden, oder von Utopien wie der von B. F. Skinners „Futurum Zwei", in der Menschen unter der Führung eines Meisterpsychologen als gutem Hirten mit lernpsychologischen Methoden zu friedfertigen Schafen konditioniert werden. Wie wir gesehen haben, sind bestimmte „gattungsethische" Prinzipien aber bereits heute Teil nahezu aller Gesetzeskodizes, denn nahezu alle enthalten ein Verbot der Herstellung von Inter-Spezies-Hybriden. Und dieses Verbot wird gemeinhin nicht mit den unzumutbaren Folgen für das potenzielle Hybridwesen selbst, sondern mit einem – allerdings nur selten ausformulierten – generischen Menschenwürdepostulat begründet. Als intolerabel gelten solche Ansinnen nicht, weil sie das Produkt des Unterfangens in seiner Würde verletzen, sondern weil sie die Würde der Menschengattung als Ganzer verletzen. Das Menschenwürdepostulat dient hier wesentlich dazu, die Eindeutigkeit fundamentaler Einteilungen der Welt und dadurch fundamentaler Orientierungen zu sichern.

In der gegenwärtigen Debatte um Sinn und Inhalt einer Gattungsethik (vgl. Kaufmann 2005) spielen Natürlichkeitsprinzipien eine wesentliche Rolle und übernehmen einen Gutteil der Argumentationslast. Denn Gegenstand dieser Ethik sind nur solche Eingriffe in das Wesen der Gattung, die sich auf deren Naturgrundlagen richten. Die Frage, auf die die Gattungsethik eine Antwort zu geben versucht, ist nicht, wie weit die Gattung *sich* – etwa im Sinne des Selbstvervollkommnungsprinzips der Aufklärung (vgl. Passmore 1975) – formen, gestalten und vervollkommnen soll und darf, sondern wie weit sie ihre *Natur* formen, gestalten und vervollkommnen soll und darf. Steht dem Menschen als Gattung die Umgestaltung seiner eigenen Natur ebenso frei wie die Umgestaltung der äußeren Natur, oder sollte die „menschliche Natur" als in bestimmten Hinsichten sakrosankt gelten? Hat die Naturseite des Menschen einen moralischen Status, oder ist der Mensch ermächtigt, seine Naturseite ebenso zu verändern wie die kulturellen Lebensformen, in denen er seine natürlichen Ausgangsbedingungen überformt, kultiviert und erweitert? Dürfen die „experiments of living" (Mill), mit denen der Mensch seine Entfaltungsmöglichkeiten erkundet, so weit gehen, auch die Naturgrundlage, von der sie abhängen, zum Gegenstand experimentierenden Ausprobierens zu machen?

Grosso modo sind die Positionen in dieser Debatte so verteilt, dass auf der einen Seite „Biokonservative" Positionen vertreten, die näher beim konservativen Pol, „Transhumanisten" Positionen vertreten, die näher beim progressiven Pol angesiedelt sind. Idealtypische Biokonservative sind der Auffassung, dass wir darauf verzichten sollten, die menschliche Natur über Eingriffe in die Naturseite des Menschen – ob auf genetischem oder anderem Wege – zu verändern, während idealtypische Transhumanisten glauben, dass solche Veränderungen wünschenswert, auf jeden Fall aber zulässig sind. Für die Transhumanisten ist die Selbstveränderung der Gattung mit dem Mitteln von Wissenschaft, Technik und Medizin ein Schritt in Richtung einer „posthumanistischen" Zukunft, in der einige der Begrenzungen, die gegenwärtig die *condition humaine* ausmachen, überwunden sind. Exponierte „Transhumanisten" wie Nick Bostrom (vgl. Bostrom 2005) fordern, dass wir nicht weniger, sondern eher mehr avancierte medizinische Möglichkeiten zur Vervollkommnung des Menschen einsetzen sollten, während exponierte „Biokonservative" wie Leon Kass (vgl. Kass 1997) davon ausgehen, dass die Zukunftsvisionen der Transhumanisten die Identität des Menschen als Gattung zerstören. Selbstverständlich sind dies grobe Vereinfachungen. Transhumanisten begrüßen nicht jeden wissenschaftlichen Fortschritt, der die biologischen Koordinaten des menschlichen Lebens verschiebt, und Biokonservative lehnen nicht jeden solchen Fortschritt ab. Auch Tanshumanisten erlauben sich Zweifel daran, ob es wünschenswert ist, Kinder zu klonen oder die durchschnittliche menschliche Lebenserwartung über 100 Jahre hinaus zu verlängern. Auch Biokonservative begrüßen die mit dem medizinischen Fortschritt wachsenden Potenziale der Diagnose, Therapie und Prävention schwerer Krankheiten und Behinderungen. Charakteristisch für Biokonservative ist jedoch, dass sie den natürlichen Grundlagen der menschlichen Natur einen Eigenwert zusprechen, den ihnen Transhumanisten absprechen. Anders als für die Transhumanisten ist für sie die Identität der Gattung an die Identität ihrer natürlichen Konstitution gebunden. Was die Biokonservativen für eine Gefährdung der Identität der Gattung halten, ist für die Transhumanisten eher eine Bestätigung und konsequente Weiterentwicklung dieser Identität.

7.2 Was heißt „menschliche Natur"?

Der Ausdruck „natürliche Grundlagen der menschlichen Natur" ist mit Bedacht gewählt, denn ohne Umschweife und nähere Erläuterungen von der „menschlichen Natur" zu sprechen, wird der Komplexität dieses Allerweltsbegriffs nicht gerecht. Anders als es auf den ersten Blick scheint, ist die Redeweise von der „menschlichen Natur" mehrdeutig (vgl. Bayertz 2003: 137). Mit dem Ausdruck „menschliche Natur" kann einmal die *Naturseite* des Menschen gemeint sein, sein biologisches Substrat, ein andermal die *Gesamtheit seiner Wesensmerkmale* einschließlich der für den Menschen wesentlichen Sphäre der Kultur und der Technik.

In der ersten Bedeutung beinhaltet „Natur" lediglich die biologische Seite des Menschen – eine Abstraktion, da wir den Menschen, außer vielleicht in den raren Exemplaren von „Wolfsmenschen", stets nur in enkulturierter Gestalt kennen. Da der Mensch ohne Kultur kaum überlebensfähig wäre, hat es eine vorkulturelle menschliche Existenzweise wohl nie gegeben. Dennoch übernimmt der Begriff einer „natürlichen" menschlichen Natur eine wichtige argumentative Funktion. Auf ihn beziehen wir uns, wann immer wir von den „natürlichen" Bedürfnissen des Menschen, seiner „natürlichen" Triebausstattung usw. sprechen und diese gegen die durch die jeweilige Kultur überformten und ausdifferenzierten Bedürfnisse abgrenzen. Verweise auf die „natürliche" Menschennatur übernehmen insofern eine wichtige *kulturelle* Funktion – etwa als Konstruktionen eines Naturzustands der menschlichen Natur vor aller Kultur wie im Fall von Rousseaus „edlem Wilden". Die besondere Sprengkraft solcher Konstruktionen liegt in ihrer doppelten kulturkritischen Funktion. Einmal entwerfen sie ein Gegenmodell zu einer als korrumpiert erlebten Gegenwartskultur: Rousseaus „edler Wilde" ist ein Einzelgänger, der nicht nur autark und ohne soziale Beziehungen zu anderen lebt, sondern auch von Standesunterschieden und gesellschaftlichen Konventionen keine Vorstellung hat. Der Naturzustand wird nicht glorifiziert, aber er dient als Modell für die Möglichkeit von Freiheit, Unschuld und Selbstgenügsamkeit und als Kontrastwelt gegen eine Kultur der gesellschaftlichen Zwänge, Abhängigkeiten und Intrigen. Zum anderen dienen solche Konstruktionen als Korrektive des Selbstmissverständnisses von Kulturen, sich selbst für schlechthin alternativlos zu halten und kulturell geprägte Bedürfnisorientierungen und Verhaltensgewohnheiten, Regeln und Institutionen zu scheinbaren „Naturgegebenheiten" zu hypostasieren.

Wenn von der „Natur des Menschen" die Rede ist, wird diese „Natur" allerdings häufiger in einem formalen Sinn von „Natur" verstanden, d.h. in demjenigen Sinn, in dem auch artifizielle Gegenstände eine „Natur" haben und selbst noch von der „Natur" eines vollständig künstlichen Menschen gesprochen werden könnte. In diesem Sinn bezieht sich „Natur" auf das Wesen oder die wesentliche Beschaffenheit einer Sache, das Ensemble der Eigenschaften, die es zu dem machen, was es ist, seine definierenden, konstitutiven oder notwendigen Eigenschaften. Dass ein wie immer geartetes Ding eine bestimmte „Natur" in diesem Sinne besitzt, besagt nichts darüber, ob und wie weit es natürlich oder künstlich, echt oder unecht, ursprünglich oder vom Menschen überformt ist. Für den Menschen heißt das, dass seine „Natur" – im Sinne von Plessners „Gesetz der natürlichen Künstlichkeit" (Plessner 1975: 309) – wesentlich auch seine kulturellen Aspekte umfasst. Nicht nur „von Natur *aus*" – wie es bei Gehlen heißt (Gehlen 1969: 9) –, sondern auch „seiner Natur *nach*" ist der Mensch ein Kulturwesen.

Allerdings bestehen zwischen der Naturseite und der Kulturseite vielfältige Kontinuitäten. Auch noch in den am weitesten vom Natursubstrat entfernten, verfeinertsten, kultiviertesten, „sublimiertesten" Ausprägungen der Kultur finden sich Spuren der Naturbasis, auf der sie aufruht. Das für Wissenschaft und Technik konstitutive menschliche „Neugierverhalten" und die Lust am Ausprobieren nicht unmittelbar lebensdienlicher Verhaltensmöglichkeiten sehen wir auch bei anderen Säugetiergattungen, ausgeprägt etwa bei Ratten. Den Drang zur Manipulation und Gestaltung der Umwelt zum Zweck der Erhöhung der Überlebens- und Fortpflanzungschancen kennen wir von vielen anderen natürlichen Gattungen, gelegentlich auch in Gestalt von ästhetisch ansprechenden Bauten, wie beim Gärtnerlaubenvogel (vgl. von Frisch 1974: 244). Nicht zuletzt die in der Natürlichkeitsdebatte umstrittensten, weil ausgeprägt „künstlichen" Technologien der Reproduktionsmedizin können die „Natürlichkeit" der ihnen zugrunde liegenden Motivationen nicht verleugnen. Sie lassen sich als konsequente Weiterentwicklung von bereits in der vormenschlichen Evolution vorfindlichen Strategien zur Optimierung reproduktiver Investitionen verstehen. So gesehen, verfolgt die moderne Reproduktionsmedizin keine anderen Ziele, als es die Natur unbewusst „immer schon" getan hat. Indem sie die Mittel gezielter und rationeller einsetzt, verfolgt sie dieselben Strategien lediglich auf einem effizienteren und „ökonomischeren" Niveau (vgl. Vogel 1993: 213).

Die Mehrdeutigkeit der Redeweise von der „Natur des Menschen" zwingt zu einer entsprechenden Differenzierung der Bedeutung, in der von einer „Veränderung", „Überschreitung" oder „Überwindung" der gegenwärtigen Natur des Menschen gesprochen werden kann. Ist die biologische Natur des Menschen gemeint, seine „Menschennatur" (Beck 1988: 38), oder sein „Wesenskern" im Sinne der für seine Existenzform essenziellen, seine kulturellen Lebensformen einschließenden Eigenschaften (vgl. Fukuyama 2002: 213) oder beide zusammen? Heißt Trans- und Posthumanismus, dass sich die biologische Natur des Menschen ändern soll, oder dass sich sein Wesen ändern soll oder das eine infolge des andern?

7.3 „Posthumanismus"?

Transhumanisten verstehen sich als Verkünder oder Anreger des Übergangs des Menschen in ein „posthumanes" Zeitalter, in dem es gelungen ist, die biologische Natur des Menschen mittels Wissenschaft, Technik und Medizin so grundlegend umzugestalten und zu erweitern, dass gegenwärtig bestehende Grenzen menschlicher Selbstentfaltung überwunden sind. Nimmt man den Ausdruck „Posthumanismus" beim Wort, besagt er, dass die Menschheit ihre gegenwärtigen Gattungsgrenzen so weit hinter sich gelassen hat, dass sie als gänzlich neue Gattung, als eine „Nachfolgegattung" der Gattung Mensch verstanden werden muss. Allerdings dürften nur wenige diese wörtliche Interpretation vertreten wollen. Nur wenige von denen, die sich gegenwärtig des Ausdrucks „Posthumanismus" bedienen, werden ernsthaft annehmen, dass diese Wesen nicht mehr der Gattung Mensch, sondern einer anderen Gattung angehören. „Posthumanismus" und „Transhumanismus" fungieren eher als Slogans denn als seriöse Begriffsbildungen. Auch Julian Huxley, der den Ausdruck

„Transhumanism" 1957 als erster verwendet zu haben scheint, beschrieb seine Vision einer Selbsttranszendenz des Menschen durch die sukzessive Umgestaltung seiner sozialen und natürlichen Umwelt, nicht als Überschreitung der Gattungsgrenzen. Nicht die Grenzen der Gattung sollten überwunden werden, sondern die der Gattung durch den noch unentwickelten Stand von Wissenschaft und Technik gezogenen Grenzen (Huxley 1957:17). Auch wenn die Visionen der heutigen Transhumanisten sehr viel weiter reichen als die Huxleys, scheint doch auch der mit neuartigen technischen Hilfsmitteln ausgestattete Mensch, von dem die Transhumanisten träumen, bei allen Fähigkeiten, über die er verfügt, die Gattungsgrenzen ebenso wenig hinter sich zu lassen wie Nietzsches Übermensch.

Allerdings wird in der gegenwärtigen Debatte auf beiden Seiten, auf der Seite der Transhumanisten wie auf der Seite der Biokonservativen, von einer Minderheit ernsthaft von einem Überschreiten der Gattungsgrenzen gesprochen – mit entgegengesetzten normativen Vorzeichen. Auf der biokonservativen Seite ist die Redeweise von einer „Abschaffung" des Menschen, wie in C.S. Lewis' Diatribe gegen die technologische Zivilisation von 1943 (Lewis 1943) bzw. von einem „Ende" des Menschen (Fukuyama 2002) eine rhetorische Figur, mit der auf die Gefahren einer technologischen Entwicklung hingewiesen werden soll, die im Begriff steht, die Identität des Menschen zu verändern. „Identität" wird dabei im Sinn bestimmter für den Menschen für „wesentlich" und von dem jeweiligen Autor für unaufgebbar gehaltener Werte definiert, bei C. S. Lewis etwa durch die Liebe zur Tradition, Spiritualität, die Fähigkeit, im Leben einen übergreifenden Sinn zu sehen und die Bereitschaft zur Respektierung des natürlich Gewordenen. Kennzeichnend für diese Art Literatur ist die Häufigkeit, mit der von bestimmten Entwicklungen als „entmenschlichend" gewarnt wird. Bereits bevor er den Vorsitz des *President's Council on Bioethics* übernahm, schrieb Leon Kass über das reproduktive Klonen, dass es „entmenschlichend sei, wie gut das Resultat auch immer sein mag" (Kass 1997: 23), und es überrascht nicht, dass der Report *Beyond Therapy* diese Redeweise auf weitere inkriminierte Verhaltensweisen überträgt, etwa das Doping oder den Drogenkonsum. In dieser Bedeutung bezieht sich „posthuman" nicht auf eine irgendwie geartete biologische Transformation, sondern auf eine Erosion von Werten, in denen sich nach Ansicht der Autoren die spezifische Würde des Menschen manifestiert. „Posthuman" ist hier nicht das Gegenteil von „menschlich", sondern dass Gegenteil von einem normativ aufgeladenen „wahrhaft menschlich" (Lewis 1943: 49) oder „im vollen Sinne menschlich" (Kass 1997: 23).

Auf der Seite der Transhumanisten hat Lee Silver das Bild einer Menschheit entworfen, die – analog zu bestimmten Science-fiction-

7.3 „Posthumanismus"?

Szenarien (vgl. z.B. Butler 1999) – das menschliche Genom soweit durchschaut und beherrscht, dass es daran gehen kann, die kognitiven Fähigkeiten ihrer Nachkommen mit gentechnischen Methoden zu verbessern. In Lee Silvers Vision definiert sich die neue Gattung, GenRich genannt, nicht nur als eine eigene biologische Gattung, sondern verzweigt sich infolge weiterer gentechnischer Veränderungen in ihrer späteren Entwicklung sogar in eine unbestimmte Anzahl weiterer Nachfolgegattungen (Silver 1998: 329 ff., vgl. Irrgang 2005: 200 f.).

Zeigt dieses Szenario, dass die genetisch „verbesserte" Rasse der GenRich tatsächlich eine neue, „posthumane" Gattung konstituieren würde? Diese Frage zu stellen bedeutet, eine Büchse der Pandora schwieriger Fragen auf der Schnittlinie von Biologie und Philosophie zu öffnen. Der scheinbar so eindeutige Begriff der Gattung ist bei näherem Zusehen heillos unklar. In der Biologie hat sich bisher kein einheitliches Kriterium der Gattungszugehörigkeit durchsetzen können. Gegenwärtig koexistieren vielmehr zwischen neun und zweiundzwanzig verschiedene Gattungsdefinitionen (Robert/Baylis 2003:3). Das bei Wirbeltieren häufig verwendete Kriterium der Fähigkeit, durch geschlechtliche Vereinigung Nachwuchs zu zeugen, ist auf die Vielzahl der sich ungeschlechtlich fortpflanzenden Lebewesen nicht anwendbar, und die bei Pflanzen üblichen phänotypischen Kriterien sind nicht gefeit gegen Willkür. So kommt es, dass das sexuelle Kriterium zu dem kontraintuitiven Ergebnis führt, dass Wölfe, Füchse und Hunde trotz aller phänotypischen Verschiedenheit zu ein und derselben Spezies gehören, während manche Baumarten bereits dann verschiedenen Arten zugerechnet werden, wenn sie sich lediglich in geringfügigen Details, etwa der Form der Blätter, unterscheiden.

Auch bei der Menschengattung ist alles andere als klar, welches Kriterium über die biologische Gattungszugehörigkeit entscheiden soll. Hält man sich an das sexuelle Kriterium, würde der Mensch gar keine eigene Gattung ausmachen, da biologisch eine Zeugung von Nachwuchs mit einem Menschenaffen nicht sicher ausgeschlossen werden kann. Besteht man andererseits darauf, dass der *homo sapiens* eine eigene Spezies ausmacht, muss man sich auf ein anderes Kriterium stützen. Dies anzugeben fällt jedoch nicht leicht. Ein allseits akzeptierter Set von notwendigen und hinreichenden Bedingungen ist nicht in Sicht (vgl. Roughley 2005: 138). Zwar lässt sich eine Reihe von notwendigen Bedingungen angeben. Diese scheinen aber weder einzeln noch kumulativ in der Lage, Menschen von anderen Tieren und von potenziellen intelligenten Maschinen abzugrenzen. Eine notwendige Bedingung dafür, dass ein Wesen ein menschliches Wesen ist, ist die, dass sein Körper zu einem substanziellen Teil aus biotischem Gewebe besteht. Perfekte Roboter, die Menschen funktional äquivalent sind, oder künstliche „Replikanten" mit menschlichen Zügen und menschlichem Verhalten auf der Basis eines nicht-biotischen Substrats gehören nicht dazu, während „natürlich" entstandene Menschenwesen ohne Bewusstseinsfähigkeit oder – wie Azephale – ohne Gehirn dazugehören. Damit ist die heikle, vorerst allerdings nur für Science-fiction-Fälle relevante Frage aufgeworfen, wie viel biotisches Gewebe ein Lebewesen besitzen muss, um als menschlich gelten zu können. Ein Mensch-Maschine-System, das u.a. ein vollständiges menschliches Gehirn enthielte, würde vermutlich der menschlichen Spezies zugerechnet, selbst dann, wenn alle übrigen Körperteile aus nicht-biotischer Materie bestünden. Auf der anderen Seite würde ein Mensch-Maschine-System, das vollständig aus Siliziumchips und anderen nicht-biotischen Komponenten bestünde, höchstwahrscheinlich auch dann nicht als Mensch klassifiziert, wenn sich sein gesamter übriger Körper aus normalen menschlichen Organen und Gliedmaßen zusammensetzte.

Offensichtlich ist ein rein quantitatives Kriterium, das besagt, ein wie großer Teil eines zusammengesetzten Quasi-Organismus aus menschlichen Teilen bestehen muss, um als menschlich zugelten, nicht adäquat. Wenn ein substanzieller *Teil* eines Organismus menschlich sein muss, um das Ganze als menschlich gelten zu lassen, dann muss „substanziell" auf eine qualitative Weise verstanden werden. Damit allerdings sind weitere Schwierigkeiten vorprogrammiert.

Vieles spricht dafür, dass das, was die Gattung *Homo sapiens* zusammenhält, ein *Cluster* wechselnder Merkmale ist, eine Struktur mit „Familienähnlichkeiten" im Wittgensteinschen Sinn, die sich der Definierbarkeit durch einen konjunktiven Set von notwendigen und hinreichenden Bedingungen entzieht (vgl. Boyd 1999: 145, Roughley 2005: 138). Das heißt: Auch wenn sich hinreichende Bedingungen für die Zugehörigkeit zur menschlichen Gattung angeben lassen, ist dennoch zweifelhaft, ob es nur einen einzigen Satz solcher Bedingungen gibt. Was das Menschsein konstituiert, scheinen Gruppen von Merkmalen zu sein, von denen keine für das Menschsein schlechthin notwendig ist. Auch wenn einige der in den Clustern enthaltenen Merkmale notwendig sind, sind diese immer nur zusammen mit den übrigen Merkmalen des jeweiligen Clusters hinreichend. Interessanterweise kann man diese Vermutung bereits in Lockes Diskussion der realen und nominalen Wesenheiten finden. Über den Begriff „Mensch" schrieb er 1690: „Wir werden finden, dass die nominale Wesenheit keiner einzigen Art von Substanzen bei allen Menschen die gleiche ist" (Locke 1976: II, 69).

Diese Vermutung bestätigt sich, wenn man die drei nicht-disjunktiven Kriterien durchgeht, die für die Zugehörigkeit zur menschlichen Gattung in Frage kommen: das essenzialistische, das genealogische und das genomische Kriterium. Keines dieser Kriterien führt, wenn man es isoliert anwendet, zum Ziel.

7.3 „Posthumanismus"?

1. Das *essenzialistische* Kriterium besagt, dass Menschen eine bestimmte über die empirischen Kennzeichen des Menschen hinausgehende metaphysische Eigenschaft gemeinsam haben, die dem Menschsein zugrunde liegt und die in allen Mitgliedern der Gattung und in keinem Nicht-Mitglied instanziiert ist. Ein essenzialistisches Kriterium wirft gravierende epistemische und logische Probleme auf, von denen einige bereits von Locke zur Sprache gebracht wurden (vgl. Locke 1976: II, 71). Erstens würde eine dem Menschsein zugrunde liegende metaphysische Eigenschaft kein Kriterium liefern, das es erlauben würde, Zweifelsfälle zu entscheiden. Ein Kriterium muss einen empirischen Gehalt haben, um anwendbar zu sein. Zweitens wirft die Realität von Inter-Spezies-Hybriden, wie etwa der „Schiege", des in den 90er Jahren mit biotechnologischen Mitteln hergestellten Zwitters aus Ziege und Schaf, logische Probleme auf: Besitzen diese Hybridbildungen die Wesenseigenschaften nur einer Gattung oder beider? Wenn nur einer, welcher? Angesichts der Unmöglichkeit, solche Aussagen empirisch zu verifizieren, müsste jede Antwort mehr oder weniger willkürlich sein.

2. Alternativ käme ein *genealogisches* Kriterium in Betracht, nach dem alle Abkömmlinge eines Wesens der Gattung G ebenfalls der Gattung G angehören. Ein solches Kriterium deutet Robert Spaemann an, wenn er in Bezug auf die Definition des Menschen schreibt:

> ‚Menschheit' ist nicht, wie ‚Tierheit', nur ein abstrakter Begriff zur Bezeichnung einer Gattung, sondern ist zugleich der Name einer konkreten Personengemeinschaft, der jemand nicht angehört aufgrund bestimmter faktisch feststellbarer Eigenschaften, sondern aufgrund des genealogischen Zusammenhangs mit der ‚Menschheitsfamilie' (Spaemann 1996: 256).

Dieses Kriterium ist insofern unvollständig, als es zu seiner Anwendung voraussetzt, dass zu einem bestimmten Zeitpunkt die Menge der existierenden Wesen der Gattung G feststeht. Darüber hinaus ist unklar, ob wir bereit sind, die Gesamtheit unserer biologischen Nachfahren ungeachtet ihrer Eigenschaften zur menschlichen Gattung zu rechnen. In H. G. Wells' Roman *Die Zeitmaschine* begegnet der Zeitreisende in ferner Zukunft den rattenähnlichen Nachkommen der Menschheit und zweifelt, ob er sie der Gattung Mensch zurechnen soll. Für ihn haben sie so wenig mit den Angehörigen seiner eigenen Gattung gemein, dass er sich entscheidet, sie nicht als Angehörige, sondern als „Nachfolger" der Menschheit gelten zu lassen (Wells 1982: 106).

3. Das *genomische* Kriterium wird vielen auf den ersten Blick als das am weitesten plausibelste erscheinen. Auch dieses Kriterium ist allerdings problematisch. Erstens aus dem Grund, dass es keinen Genombestand zu geben scheint, der sich durch die Genome alle bekannten Menschen durchhält und insofern zur genetischen Charakterisierung des spezifisch Menschlichen dienen könnte. Auch wenn es wahrschein-

lich ist, dass 99,9% des Genoms aller Menschen identisch sind, gilt dies nur in einem relativen und nicht in einem absoluten Sinn. Es scheint keinen feststehenden Anteil des je individuellen Genoms zu geben, der allen Menschen gemeinsam ist (vgl. Robert/Baylis 2003: 4). Zweitens scheint es unmöglich, für die mögliche genetische Variation im Voraus eine feste Grenze anzugeben. Es ist nicht klar, ob wir wirklich wissen, wo die menschliche Gattung aufhört und eine andere Gattung anfängt, insbesondere wenn wir daran denken, in wie vielfältigen Weisen zukünftige Generationen versuchen könnten, das menschliche Genom mit Hilfe einer weiter entwickelten Gentechnologie zu modifizieren.

Wir wissen, dass die Hinzufügung eines identischen Chromosoms hinsichtlich der Zugehörigkeit zur Gattung keinen Unterschied macht, da wir mit einer ganzen Zahl von Trisomien vertraut sind und wissen, dass sie die Gattungszugehörigkeit nicht beeinflussen. Aber es lässt sich kaum antizipieren, wie wir Wesen einordnen würden, in denen ein oder mehrere Chromosomen durch künstliche Chromosomen mit signifikant abweichender genetischer Information ersetzt worden sind. Und es ist kaum anzunehmen, dass wir die daraus entstehenden Wesen unabhängig von phänotypischen Kriterien ausschließlich auf der bloßen Grundlage genetischer Informationen der einen oder der anderen Gattung zuordnen werden. Eins der Argumente von Locke gegen den Essenzialismus scheint vielmehr auch auf das genomische Kriterium zuzutreffen, sofern wir für die „realen Wesenheiten", von denen Locke spricht, bestimmte definierte genetische Strukturen einsetzen:

> Setzen wir aber auch voraus, dass die *realen* Wesenheiten der Substanzen von denen gefunden werden könnten, die ernsthaft nach ihnen forschen, so könnten wir dennoch vernünftigerweise nicht annehmen, dass die Dinge nach jener realen Beschaffenheit unter allgemeinen Namen eingereiht werden; die Einreihung kann vielmehr nach keinem anderen Prinzip als nach dem ihrer *augenfälligen* Erscheinung vorgenommen werden (Locke 1976: II, 68).

Es ergibt sich, dass falls eine befriedigende Definition der Gattung Mensch überhaupt möglich ist, sie vier allgemeine Bedingungen erfüllen muss: Sie muss empirisch sein statt metaphysisch; sie darf nicht lediglich genealogisch sein; sie muss (im Sinne eines Cluster-Begriffs) eine disjunktive Form haben; und sie wird notwendig neben genomischen Merkmalen auch bestimmte typische phänotypische menschliche Merkmale berücksichtigen müssen. Aber selbst falls eine Definition formuliert werden sollte, die diesen Bedingungen genügt, ist es immer noch eine offene Frage, ob sie eine so eindeutige Abgrenzung zwischen dem im biologischen Sinn Menschlichen und dem im biologischen Sinn Nicht-Menschlichen erlaubt, wie sie die Redeweise von „Trans-" oder „Posthumanismus", wörtlich verstanden, unterstellt. Erstens ist es denkbar, dass es im Zuge der technischen Entwicklung zu Zweifelsfällen (wie etwa Mensch-Maschine-Hybriden) kommt, für die strittig ist, ob sie der menschlichen Gattung zugerechnet werden können. Zweitens ist damit zu rechnen, dass sich die biologische Definition des Menschen den technischen Möglichkeiten flexibel anpasst und dass das, was aus heutiger Sicht die Grenzen des Menschlichen übersteigt, problemlos weiterhin dem Menschlichen zugerechnet wird. Aus beiden Gründen scheint es unmöglich, eine eindeutige Grenze anzugeben zwischen dem, was innerhalb und dem, was außerhalb der Grenzen des Menschlichen liegt.

Wir müssen die Frage, wie wahrscheinlich es ist, dass selbstbewirkte Veränderungen – und insbesondere selbstbewirkte genetische Veränderungen – die biologische Identität der Gattung tangieren, offen lassen. Die Grenzen der Gattung scheinen zu wenig durch hinreichend eindeutige Kriterien festgelegt, um schlüssige Aussagen zu erlauben. Nur soviel lässt sich sagen, dass die gegenwärtig von einigen „Transhumanisten" entworfene Vision einer zukünftigen Technik, die es erlaubt, das Genom des Menschen nicht nur gezielt, sondern auch in substanziellem Ausmaß zu verändern, nicht notwendig bedeutet, dass die auf diese Weise geschaffenen Wesen einer vom Menschen verschiedenen Gattung angehören und insofern im wörtlichen Sinn die Bezeichnung „posthuman" rechtfertigen.

7.4 Die Offenheit der menschlichen Natur

Veränderungen der „menschlichen Natur" im biologischen Sinne implizieren nicht notwendig Veränderungen der „menschlichen Natur" im umfassenden Sinn. Die menschliche Natur im umfassenden Sinn kann nur so bestimmt werden, dass sie u. a. die fortwährende Selbstmodifikation der biologischen Natur des Menschen mit kulturellen Mitteln einschließt. Kulturelle Faktoren wirken sich primär auf die Ontogenese aus, darauf, wie das biologische Substrat des Menschen in einer konkreten Lebensgeschichte gestaltet, umgestaltet, entwickelt und differenziert wird. Aber ebenso wirken sich diese Faktoren auch auf die Phylogenese aus, z.B. durch kulturelle Regulatoren des Fortpflanzungsverhaltens wie Heiratsbeschränkungen, Regeln zur Auswahl der Ehepartner und der Förderung oder Vereitlung von Geburten. Die genetische Zusammensetzung jeder Generation ist in gleicher Weise das Resultat kultureller Faktoren, wie sie das Resultat biologischer Faktoren ist. Die Veränderung des natürlichen Substrats des Menschen durch kulturelle Faktoren – auf der Ebene des Genotyps wie auf der Ebene des Phänotyps – ist ein wesentlicher Bestandteil der menschlichen Natur im zweiten, umfassenden Sinn.

7. Natürlichkeit als Grenze der Umgestaltung der menschlichen Natur

Wenn der Mensch von Natur aus ein Kulturwesen ist, dann besteht die Natur des Menschen im umfassenden Sinn u. a. darin, seine biologische Natur fortwährend zu verändern. Die Chance, diese Natur direkter und gezielter mit technologischen Mitteln zu verändern, als es ihm in der bisherigen Geschichte der Menschheit möglich war, bedeutet insofern keinen radikalen Bruch mit der menschlichen Natur, sondern verstärkt lediglich eine in dieser angelegte Tendenz. Weder Technologien wie die Gentechnik oder das reproduktive Klonen, die den natürlichen Reproduktionsprozess modifizieren, noch Technologien wie die Neuroprothetik oder das Tissue Engineering, die neuartige Nutzungen des dem Menschen von Natur mitgegebenen Substrats erlauben, verändern die menschliche Natur in grundlegender Weise.

Damit ist die Frage aber weiterhin offen, wo die Grenze liegt, an der die Anwendung von Technologien, die den Menschen „besser" funktionieren lassen, von einer Veränderung oder sogar einem Wechsel der menschlichen Natur im umfassenden Sinne gesprochen werden muss. Wenn diese Frage nicht leicht zu beantworten ist, dann deshalb, weil über die konstitutiven Bedingungen der menschlichen Natur kein Konsens in Sicht ist. Während es sich bei der Kontroverse über das, was den Menschen als biologisches Wesen ausmacht, um eine wissenschaftliche Kontroverse handelt, an der sich primär Biologen, Anthropologen und Psychologen beteiligen, handelt es sich bei der Kontroverse darüber, was die menschliche Natur im umfassenden Sinn ausmacht, um eine kulturelle Kontroverse, an der sich primär Philosophen, Theologen und Pädagogen beteiligen. Während die wissenschaftliche Frage über die biologische Menschennatur im Prinzip mit Bezug auf Tatsachen beantwortbar ist, sind die Kriterien für die kulturelle Frage sehr viel weniger klar. Auf dem Hintergrund der langen Geschichte durchaus heterogener philosophischer Wesenskonstruktionen sind Zweifel erlaubt, ob über das, was den „Kerngehalt" der menschlichen Natur ausmacht, überhaupt jemals eine Einigung zu erzielen ist.

Lässt sich eine Definition finden, die auf der einen Seite hinreichend konkret ist, um dafür, was diesseits und jenseits der „menschlichen Natur" ist, als Kriterium fungieren zu können, und die gleichzeitig offen genug ist, um für alle Parteien annehmbar zu sein? Ein kurzer Blick auf die verfügbaren Optionen zeigt, dass jeder mögliche Vorschlag zu einem Dilemma führt: Entweder ist die Definition zu unspezifisch, um gegenwärtige und zukünftige Selbsttransformationen des Menschen mit Hilfe von Technologie auszuschließen, oder sie ist zu parteilich, um für alle Parteien akzeptabel zu sein. Bezeichnenderweise hat dieses Dilemma dieselbe Struktur wie das, mit dem der Anthropologe konfrontiert ist, der eine biologische Definition des Menschen geben möchte: Entweder sind die definierenden Merkmale zu

7.4 Die Offenheit der menschlichen Natur

unspezifisch, um hinreichend zu sein, oder sie sind zu spezifisch, um der großen Vielfalt kultureller Lebensformen gerecht zu werden.

Zunächst ist klar, dass die menschliche Natur weder durch die *universalen* noch durch die *spezifischen* Eigenschaften des Menschen als Gattung befriedigend definiert werden kann. *Universale* Eigenschaften wie Verkörpertheit, Sterblichkeit oder Verletzlichkeit sind zu unspezifisch, um die menschliche Natur von den „Naturen" anderer Tierarten abzusetzen, und außerdem ist es unwahrscheinlich, dass diese Eigenschaften auch noch in den wildesten posthumanistischen Träumen überwunden sind. Auch wenn die Lebensspanne einer möglichen „posthumanen" Menschheit die der gegenwärtigen Menschheit um eine beträchtliche Zeitspanne übersteigt und eine „posthumane" Menschheit weniger krankheitsanfällig wäre als die gegenwärtige, wären auch „posthumane" Menschen immer noch verkörpert, sterblich und verletzlich.

Mit dem gesuchten „Wesenskern" des Menschen kann aber auch nicht die Gesamtheit der *spezifischen* Merkmale des Menschen gemeint sein. Denn zu diesen gehören neben intuitiv als „wesentlich" empfundenen Merkmalen wie Reflexionsfähigkeit, hochgradig entwickelte Lernfähigkeit, die Fähigkeit zu elaborierter sprachlicher Verständigung und die Fähigkeit zu differenzierter Moralität auch so „unwesentliche" Merkmale wie der Besitz eines Wurmfortsatzes des Blinddarms. Nicht alle spezifisch menschlichen Eigenschaften gehören zu dem „Wesenskern", den Biokonservative durch Eingriffe in die menschliche Konstitution unangetastet wissen wollen. Andererseits umfasst dieser „Wesenskern" auch nicht-spezifische Eigenschaften und insbesondere auch solche, die der Mensch mit anderen Säugetierarten gemeinsam hat, etwa Empfindungsfähigkeit, Emotionalität und die Fähigkeit zur Aufnahme und Aufrechterhaltung sozialer Beziehungen. Auch stehen diese spezifischen Merkmale des Menschen in der Kontroverse zwischen Biokonservativen und Transhumanisten eher am Rand. Der Traum der Transhumanisten ist – solange man sich an die Äußerungen ihrer Hauptvertreter hält – kein Traum von einem Menschen, der diese spezifischen Merkmale hinter sich gelassen hat.

Der wohl beste Kandidat für eine Explikation dessen, was mit dem „Wesenskern" des Menschen als Gattung gemeint sein kann, ist die Gesamtheit der *typischen* Merkmale des Menschen. Typische Merkmale sind Merkmale, die zwei Bedingungen erfüllen: Erstens sind sie Merkmale, die Menschen *im Normalfall* aufweisen, d. h. die nur in besonderen Fällen oder unter besonderen Umständen nicht realisiert sind und dann als abweichend, untypisch, „anormal" auffallen. Zweitens kommen als „typische" Merkmale nur solche in Frage, denen aus der Innen- oder der Außenperspektive eine bestimmte Bedeutung, eine bestimmte Wichtigkeit zukommt. In diesem Sinn ist es normal

7. Natürlichkeit als Grenze der Umgestaltung der menschlichen Natur

und typisch, dass Menschen fünf funktionierende Sinne haben, dass sie für Infektionskrankheiten anfällig sind und dass sie in der frühen Kindheit auf eine längere Phase der Fürsorge angewiesen sind, um Sprachfähigkeit, Reflexionsfähigkeit und moralische Überzeugungen auszubilden. Um typisch zu sein, muss ein Merkmal aber auch hinreichend wichtig sein. Es darf sich nicht nur um Details der menschlichen Biochemie handeln, ohne Auswirkungen auf das persönliche oder gesellschaftliche Leben.

Typische Merkmale sind in der Regel weder universal noch spezifisch. Empfindungsfähigkeit und Emotionalität können beide als typische Merkmale der Angehörigen der Gattung Mensch gelten, aber beide sind weder universal noch spezifisch. Es kann Menschen geben, die von Geburt an empfindungs- und emotionsunfähig sind, und Empfindungsfähigkeit und Emotionen (zumindest in kognitiv einfachen Formen) finden sich nicht nur beim Menschen, sondern auch bei anderen höheren Tieren. Ähnliches gilt für andere typische menschliche Eigenschaften wie die eindeutige Zugehörigkeit zu einem der beiden Geschlechter, die lange Abhängigkeit von der Familie nach der Geburt und der starke Einfluss kultureller Faktoren auf die ontogenetische Entwicklung.

Kann die „menschliche Natur", wenn wir sie als das Ensemble der typischen Merkmale bestimmen, als Orientierung für künftige Selbstgestaltungen der Gattung dienen? Kann „Natürlichkeit", in diesem Sinn verstanden, als Kriterium der Gattungsidentität und damit als Grenze der Selbsttransformation der Gattung fungieren? Aus drei Gründen scheint dies nicht einmal eine entfernte Möglichkeit zu sein.

Der erste Grund liegt in der unvermeidlichen *historischen Relativität* von Urteilen über die typischen Merkmale einer Gattung, deren Existenz in eine unbestimmt lange Zukunft hineinreicht. Alle Merkmale, die wir als für den Menschen „typisch" beschreiben, beziehen sich auf vergangene Existenzweisen des Menschen. Alle Urteile über die menschliche Natur, ob im biologischen oder im umfassenden Sinn, können stets nur vorläufige Geltung beanspruchen (vgl. Bayertz 1987: 197). Aussagen über die menschliche Natur im *biologischen Sinn* werden angemessenerweise als Aussagen über die *bisherige* biologische Evolution des Menschen verstanden. Aussagen über die menschliche Natur im *umfassenden* Sinn werden angemessener als Aussagen über die *kulturelle und soziale Entwicklung* des Menschen verstanden. Was wir gegenwärtig die biologische Natur des Menschen nennen, ist die Natur des Menschen, wie sie sich über Hunderttausende von Jahren in einer Jäger-und-Sammler-Gesellschaft entwickelt hat. Unsere biologische Natur ist zum größeren Teil immer noch die Natur des Steinzeitmenschen. Und auch das, was wir als für den Menschen als *Kulturwesen* typisch halten, gilt nur für eine relativ kurze Periode seiner

7.4 Die Offenheit der menschlichen Natur

biologischen und sozialen Evolution. Jedes empirische Menschenbild ist lediglich ein „Schnappschuss" aus einer generationenübergreifenden und zukunftsoffenen Entwicklung (Fukuyama 2000: 213).

In beiden Bedeutungen von „Natur des Menschen" wird sich die „Natur des Menschen" in Zukunft ändern, wenn auch mit sehr unterschiedlicher Geschwindigkeit. Wie es sicher ist, dass sich die kulturelle Natur des Menschen in der *näheren* Zukunft ändern wird, ist es sicher, dass sich die biologische Natur des Menschen in der *ferneren* Zukunft ändern wird. Auf lange Sicht ist zu erwarten, dass sich die biologische Natur des Menschen den dann bestehenden Umweltbedingungen in ähnlicher Weise anpasst, wie sie sich der natürlichen Umwelt der Steinzeit angepasst hat. Was „typisch" für den Menschen der Gegenwart ist, muss nicht auch „typisch" für den Menschen der Zukunft sein, der über ein erheblich gesteigertes technologisches und medizinisches Potenzial verfügt. So gesehen, muss jede philosophische Aussage darüber, was für den Menschen „typisch" oder „sein Wesen" ist, die Kritik von Mme. de Staëls Diktum herausfordern: „Les philosophes veulent enchaîner le futur".

Ein Versuch, die bisherige Geschichte der Menschheit zum Standard der menschlichen Natur zu machen, birgt nicht nur epistemische, sondern auch moralische Risiken. Der Grund dafür ist, dass Aussagen zur menschlichen Natur förmlich dazu einladen, normativ verstanden zu werden und als Standards von „Normalität" zu fungieren – mit der Folge, dass Merkmale oder Verhaltensweisen, die dieser Natur nicht entsprechen, diskriminiert werden. Ein berühmtes Beispiel dafür ist die herkömmliche Rechtfertigung der Diskriminierung der Frauen mit Bezug auf eine in ihrer „Natur" liegende Abhängigkeit und Verletzlichkeit, gegen die bereits John Stuart Mill opponierte:

> Was man ... jetzt die Natur der Frauen nennt, ist etwas durch und durch künstlich Erzeugtes – das Resultat erzwungener Niederhaltung nach der einen, unnatürlichen Anreizung nach der andern Richtung (Mill/Taylor Mill/Taylor 1976: 158).

Jede Ableitung einer „Natur von x" aufgrund des kontingenten Verlaufs der bisherigen Geschichte mit einem bestimmten Umgang mit x wäre eine ungerechtfertigte Hypostasierung.

Ein zweiter Grund dafür, dass die „menschliche Natur" im umfassenden Sinne als Orientierung für künftige Veränderungen der Gattung nicht ernsthaft in Frage kommt, ist die bereits oben genannte Tatsache, dass der (erfolgreiche) Versuch, seine eigene Natur und die natürliche Umwelt über das gegebene Maß hinaus zu steigern, ein zentrales „typisches" Merkmale der menschlichen Gattung ausmacht. Wenn etwas für den Menschen „wesentlich" ist, dann die Fähigkeit und Bereitschaft zu Selbsttransformation, Selbsttranszendenz und Kreativität – Eigenschaften zweiter Ordnung, die einen fortwähren-

7. Natürlichkeit als Grenze der Umgestaltung der menschlichen Natur

den Wandel der Eigenschaften erster Ordnung ermöglichen –, der kulturellen, aber auch der physischen Ausdifferenzierung und Weiterentwicklung der menschlichen Gattung. Zum Wesen des Menschen gehört u. a. auch die Fähigkeit, sein „Wesen" nicht nur jeweils selbst zu definieren, sondern auch seine Existenzweise der jeweiligen Definition entsprechend zu gestalten. Dieser Gedanke hat seinen Platz bereits in Pico de la Mirandolas Rede über die Würde des Menschen von 1496: Der Mensch sei nicht von Natur aus auf eine bestimmte Lebensform festgelegt, sondern seine Lebensform bestehe genau darin, über seine Lebensform entscheiden zu können. Der Mensch sei „ein Geschöpf von unbestimmter Gestalt", ermächtigt, aber auch verurteilt zur Selbsterfindung und Selbstgestaltung. Seine „Natur" im Sinne seines Wesens, bestehe nicht darin, einer vorgegebenen Natur zu folgen, sondern diese Natur allererst zu definieren:

> Die Natur der übrigen Geschöpfe ist fest bestimmt und wird innerhalb von uns vorgeschriebener Gesetze begrenzt. Du sollst die deine ohne jede Einschränkung und Enge, nach deinem Ermessen, dem ich dich anvertraut habe, selber bestimmen (Pico della Mirandola 1990: 7).

Auch wenn man nicht so weit gehen möchte, mit David Heyd zu behaupten, dass „der einzigartige Wert der Menschheit – ihre Würde – in ihrer Macht zur Selbsttranszendenz (liegt), die sie befähigt, anders zu sein als das natürlich Gegebene" (Heyd 2005: 71), so wird man doch zumindest sagen können, dass wenn der Menschheit als ganzer eine Würde zuzusprechen ist, diese zumindest *auch* in ihrer Fähigkeit zur Selbstgestaltung liegt. Die Freiheit des Menschen als „Freigelassenen der Schöpfung" besteht gerade auch in der Freiheit, seine eigene Natur zum Gegenstand planvoller Gestaltung zu machen.

Der dritte Grund, aus dem eine Orientierung an der „menschlichen Natur" als Leitfaden der Gattungsentwicklung wenig aussichtsreich scheint, ist die Tatsache, dass eine Bestimmung des „Wesens des Menschen", wenn dieses mit den „typischen" Merkmalen des Menschen gleichgesetzt wird, nicht „wertfrei" möglich ist, sondern ihrerseits normative Wertungen beinhaltet. Begriffe wie „Natur des Menschen" oder „Normalität" setzen einen Standard voraus, der besagt, was von einem „vollständigen" oder einem „voll entwickelten" Menschen erwartet werden kann, und definieren damit, was als anormal, abweichend und zurückgeblieben gelten soll. Es scheint jedoch fraglich, ob es nur einen einzigen solchen Standard für Normalität gibt, insbesondere in pluralistischen und multikulturellen Gesellschaften. Stattdessen gibt es eine Vielfalt von „Menschenbildern" mit jeweils spezifischen Standards dafür, was am Menschen als Gattungswesen wichtig und normal ist.

Eine beträchtliche Variationsbreite zeigt sich bereits in den Eigenschaften, die verschiedene Vertreter des Biokonservativismus dem zu

7.4 Die Offenheit der menschlichen Natur

schützenden „Wesenskern" des Menschen zuordnen und insbesondere in der Gewichtung dieser Eigenschaften. Für religiöse Autoren wie C. S. Lewis spielt die Vernunftfähigkeit des Menschen gegenüber Spiritualität und Liebe zur Tradition eine bemerkenswert untergeordnete Rolle, während für Habermas diejenigen Eigenschaften ausschlaggebend sind, die das Individuum zur Teilnahme an gesellschaftlichen Diskursen befähigen, also Vernunft, Besonnenheit und Toleranz. Für Fukuyama ist Emotionalität die für den Menschen wichtigste und am meisten erhaltenswerte Dimension, während christliche Autoren vor allem die Unvollkommenheit und Leidensanfälligkeit der Menschennatur in den Mittelpunkt rücken und der transhumanistischen Utopie von einer „leidensfreien Welt" wenig abgewinnen können.

Eine Berufung auf die „menschliche Natur" ist nicht geeignet, solche Differenzen aufzulösen. Dafür ist das Bild, das sich jede der miteinander streitenden Parteien vom Menschen macht, von vornherein zu stark von ihren jeweiligen normativen Standpunkten geprägt. Insofern ist auch in Bezug auf das Gattungswesen des Menschen Natürlichkeit keine besonders hilfreiche Kategorie. Auch an seine eigene Natur kann der Mensch die Entscheidung, wie er sich weiterhin entwickeln möchte, nicht delegieren. Ein säkularer Humanist, als der sich der gegenwärtige Autor versteht, wird allerdings befremdet sein von dem nahezu metaphysischen Nachdruck, mit dem viele Biokonservative eine weitere Indienstnahme der Technik – und insbesondere der Gentechnik – zum Wohle des Menschen als „Hybris" negativ bewerten (so etwa Böhme 2001: 190) oder den „Zustand der Unvollkommenheit, Verletzlichkeit und Hilfsbedürftigkeit" (Siep 2004: 114f.) in den Rang einer anthropologischen Konstante erheben und dadurch tendenziell perpetuieren. Der säkulare Humanist wird im Gegenteil jeden Versuch willkommen heißen, die Bedingtheiten und Abhängigkeiten des Menschen von der äußeren, aber auch von seiner eigenen Natur abzumildern und seine Autonomie zu stärken – nicht nur durch Bildung und Erziehung, sondern auch durch die Weiterentwicklung von Technik und Medizin. Für einen klassischen Humanisten wie Mill war die Selbstvervollkommnung der Gattung alles andere als Hybris. Sie war sogar eine Art Verpflichtung. In seinem Essay *Natur* schrieb er:

> Die Pflicht des Menschen bezüglich seiner eigenen Natur ist dieselbe wie seine Pflicht bezüglich der Natur aller übrigen Dinge, nämlich nicht, ihr zu folgen, sondern sie zu verbessern (Mill 1984: 53).

Aber auch wenn man nicht so weit geht, eine *Pflicht* zur Selbstvervollkommnung zu fordern (wem gegenüber? könnte man fragen), so wird man dem Menschen doch zumindest das *Recht* zur Selbstvervollkommnung nicht absprechen können.

Auf der anderen Seite wird allerdings auch der säkulare Humanist der verbreiteten Skepsis gegenüber Strategien einer „Verbesserung" des Menschengeschlechts Verständnis entgegenbringen. Die Erfolgsbilanz der bisherigen „Bewegungen", die eine solche Selbstverbesserung auf ihre Fahnen geschrieben haben: Aufklärung, Marxismus, Comtescher Positivismus und Eugenik, ist bestenfalls gemischt. Wenn sie gescheitert sind, dann entweder dadurch, dass sie auf Fehleinschätzungen beruhen oder sich in ihrer Umsetzung moralisch unvertretbarer Mittel bedienten oder beides. Viele ihrer Ziele sind damit nicht diskreditiert. Das Ziel eines „Ausgangs des Menschen aus selbstverschuldeter Unmündigkeit" ist auch in einer Zeit des massenhaften Zulaufs zu fundamentalistischen Glaubensrichtungen nicht entwertet. Die Ziele der Eugenik-Bewegung waren größtenteils rassistisch und nationalistisch (so schon bei ihrem „Erfinder" Francis Galton), zum Teil gingen sie aber in eine ähnliche Richtung wie die moderne Sozialmedizin: eine verbesserte subjektive Lebensqualität. Die Vision des Marxismus, die Befreiung des Einzelnen aus ökonomischen Abhängigkeiten, bleibt gültig, und ebenso das Bacon-Projekt einer Lebenserleichterung durch die Überwindung von Naturzwängen. Das Scheitern vieler Projekte einer Selbstverbesserung des Menschen und ihre partielle Fehlentwicklung zu Heilslehren und gewaltlegitimierenden Ideologien kann kein Grund sein zu Resignation und Schopenhauerschem Quietismus.

7.5 Menschenbilder als intrinsische Werte?

Ebenso wenig kann es ein guter Grund sein, bestimmte Unvollkommenheiten des Menschen deshalb festzuschreiben, weil sie sich zu Merkmalen eines aufgrund der historischen Erfahrung ausgebildeten „Menschenbilds" verfestigt haben. Soweit Menschenbilder nicht ihrerseits normativ sind – also Bilder davon sind, wie der Mensch *sein sollte*, und nicht davon was er *ist* –, reflektieren sie individuelle und kollektive Erfahrungen und daraus abgeleitete Erwartungen. Auch sie sind durch die Zukunft überholbar. Menschenbilder und Selbstverständnisse wandeln sich historisch mit den realen Veränderungen der menschliche Existenzweise, und es ist schwer zu sehen, warum das Bild vom Menschen, das sich auf einer bestimmte Stufe dieser Entwicklung herausgebildet hat, für die zukünftige Weiterentwicklung maßgebend sein soll. Ein „Menschenbild" oder eine bestimmte Konzeption menschlicher „Identität" ist nicht *eo ipso* verbindlich. Soweit es in seinen deskriptiven Anteilen den Tatsachen nicht entspricht, ist es ebenso kritikwürdig wie wenn es von falschen normativen Annahmen ausgeht. Viele Men-

7.5 Menschenbilder als intrinsische Werte?

schenbilder sind deskriptiv inadäquat, indem sie den Menschen einseitig idealisieren oder dämonisieren. Andere sind inadäquat, insofern sie „die Zukunft an die Kette legen" und der Anpassungsfähigkeit und Variabilität des Menschen zu wenig Raum geben.

Die Tatsache, dass ein „typisches" menschliches Merkmal sich im Selbstbild der Gattung verfestigt hat, kann allerdings ein Grund sein, Veränderungen, die dieses Selbstbild erschüttern, mit Umsicht vorzunehmen und die irritierenden und desorientierenden Auswirkungen einer solchen Erschütterung in Rechnung zu stellen. Die psychischen „Kosten" der Erosion von Selbstverständlichkeiten werden von Tabubrechern ebenso leicht unterschätzt wie sie von Konservativen überschätzt werden. Es ist leicht, die Tabus anderer lächerlich zu finden, aber schwer, eigene Tabus anzutasten. Die Speisegebote anderer Völker tun wir leicht als irrational ab, unterschätzen aber die psychologischen Widerstände, die es uns selbst kosten würde, Hunde oder Katzen zu Grundnahrungsmitteln zu machen (vgl. Glover 1984: 41).

Sprechende Beispiele für die Dynamik von Tabubrüchen durch die Ersetzung „natürlicher" durch „künstliche" Verfahren in einem emotional hochgradig besetzten Bereich bietet die rechtsethische Debatte um die künstliche Insemination im Deutschland der 50er und 60er Jahre. Die in dieser Debatte herangezogenen Natürlichkeitsprinzipien geben ein Musterbeispiel dafür ab, wie sich bestimmte verfestigte Natur- und Menschenbilder zur Verteidigung kulturkonservativer Positionen instrumentalisieren lassen. Die Durchschlagskraft der von den meisten Beteiligten vertretenen Natürlichkeitsprinzipien wurde verstärkt durch einen unter den juristischen Protagonisten verbreiteten Rechtsmoralismus. Diese Juristen waren – aus heutiger Sicht nahezu unglaublicherweise – nicht nur überzeugt, dass die künstliche Insemination (immerhin ein Verfahren, das in keinem nennenswerten Maße Technik erfordert) gegen „die Naturordnung" verstößt, sondern dass das mit dieser Praxis begangene moralische Unrecht auch so schwer wiegt, dass es den Staat zur Etablierung einer entsprechenden Strafnorm ermächtigt. Ein besonders krasses Beispiel für eine derartige Argumentation – und zugleich für die Manipulationsmöglichkeiten, denen das Menschenwürdepostulat ausgesetzt ist – bot der damalige Senatspräsident beim Bundesverfassungsgericht Wilhelm Geiger. Geiger argumentierte für ein strafrechtliches Verbot der künstlichen Zeugung, indem er die „natürliche Ordnung" kurzerhand mit der Unantastbarkeit der Menschenwürde ausstattete und eine Verfassungspflicht des Staates zum Schutz dieser Ordnung konstruierte:

> Die Frau, die sich zur künstlichen Befruchtung entschließt, und der Mann, der bereit ist, Samen für eine künstliche Befruchtung zu produzieren, setzen sich ... in Widerspruch mit dem sittlich Gebotenen, handeln dem, was die Menschenwürde verlangt, zuwider (Geiger 1960: 41).

Anderen an dieser Debatte beteiligten Juristen ging es weniger darum, das eigene Unbehagen über die Durchbrechung einer bisher als selbstverständlich geltenden Schranke menschlicher Naturverfügung durch eine Verbotsnorm objektiviert zu sehen. Ihnen ging es primär um die Verhinderung einer Erschütterung kulturell geprägter und für sich genommen nicht rational rechtfertigbarer, ja offen als „irrational" qualifizierter Einstellungen. Was vermieden werden sollte, war, „dass jedermann die schicksalhafte Bestimmung abwenden und damit irrationale Werte beeinträchtigen darf, die unserer Kultur das Gepräge gegeben haben und weiterhin geben sollten" (Schwalm 1959: 202). Für sie war das durch die Strafnorm zu schützende Schutzgut also nicht – wie für die Vertreter eines „harten" Rechtsmoralismus – die durch die neuartigen menschlichen Eingriffe gefährdet gesehene „natürliche Ordnung", sondern die befürchtete Verunsicherung und Desorientierung der breiten Bevölkerung (vgl. Brockhage 2006: 18).

Ob diese Befürchtungen realistisch und mehr als projektive Übertragungen des jeweils eigenen Unbehagens auf die „breite Bevölkerung" waren, ist rückblickend schwer zu beurteilen. Wie immer das sein mag – die Unvereinbarkeit einer Innovation mit einem etablierten „Menschenbild" kann allenfalls ein temporäres und vorläufiges Argument gegen diese Innovation sein. Es ist ein Argument dafür, im Sinne eines „Gefühlsschutzes" Innovationen nicht zu überstürzen und die Anpassungsfähigkeit des Menschen nicht zu überfordern. Sie ist aber kein akzeptables Argument gegen die Innovation als solche. Es ist eine Sache, bestimmte Vorbehalte und Unbehaglichkeiten zu *respektieren*, es ist eine andere, sie zu *rechtfertigen* und durch problematische Konstruktionen mit einer Rationalität auszustatten, die ihnen nicht zukommt.

Genau hierin liegt die Schwäche einiger der neueren Versuche, vorrationale Reaktionen in den Rang von Argumenten zu erheben und den „Yuk-Faktor", die spontane und unreflektierte Abscheu, zu einem Ausweis moralischer Urteilskraft zu stilisieren. So fordert uns Mary Midgley auf, auf die innere Stimme, die uns zur Zurückhaltung treibt, zu hören und uns nicht vom Elan technologischer Zukunftsvisionen mitreißen lassen. Reaktionen wie Abscheu, Ekel, Gruseln gegenüber hochfliegenden technischen Projekten seien keine bloßen Bewegungen der Abwehr dunkler und nicht klar benennbarer Gefahren, sondern hinter ihnen stünden „solid thoughts" (Midgley 2000: 15). Die Tatsache, dass es sich um emotionale Reaktionen handle, mache sie deshalb nicht irrational. Im Gegensatz zu Leon Kass' Auffassung, nach der „repugnance is the emotional expression of deep wisdom, beyond reason's power fully to articulate it" (Kass 1997: 20), ist Midgley der Meinung, dass sich diese „solid thoughts" durchaus artikulieren lassen.

7.5 Menschenbilder als intrinsische Werte?

Wie sehen diese „solid thoughts" aus? Midgley nennt zwei: Erstens besage die Behauptung, dass eine bestimmte Veränderung „unnatürlich" sei, mehr als dass sie bloß unvertraut sei. Sie sei „unnatürlich" auch in dem Sinne, dass sie uns zwingt, unsere Vorstellung von der Natur insgesamt radikal zu ändern.

Aber hier liegt der Einwand nahe, dass Vorstellungen von der Natur, die sich infolge neuartiger künstlicher Eingriffsmöglichkeiten als überholt erwiesen haben, durch adäquatere ersetzt werden sollten. Selbstverständlich hat die Reproduktionsmedizin unser Bild von der menschlichen Ontogenese und die Gentechnik unser Bild von der molekularen Struktur des Lebendigen verändert. Aber diese Veränderung war vor allem eine Bereicherung. Die Natur ist durchschaubarer, aber zugleich – da jede Antwort neue Fragen aufwirft – auch mysteriöser geworden. Warum sollten aufgrund neuer Erfahrungen geänderte Vorstellungen – eine Voraussetzung für jeden fruchtbaren Lernprozess – ein Übel sein?

Der zweite „solid thought" hinter dem Yuk-Faktor sei der, dass wir uns als verwundbarer und abhängiger betrachten müssen, als es sich das technologische Denken von Bacon bis Henry Ford vorgestellt hat. Diese Lektion hätten uns vor allem die Umweltgefahren gelehrt. Angesagt sei Zurückhaltung und nicht Vorwärtspreschen. Die warnende Rede von „Hybris" und „Gott spielen" sei nicht grundsätzlich verfehlt. In pragmatischer Absicht sei sie immer dann gerechtfertigt, wenn wir dazu neigten, uns selbst zu überschätzen – sowohl hinsichtlich unseres Wissens als auch unseres Könnens.

Dem ist wenig hinzuzufügen. Allerdings wäre danach der Vorwurf des „Gott Spielens" nur so weit berechtigt, als künstliche Eingriffe in die menschliche Natur infolge bloß *angemaßten* Wissens und Könnens scheitern. Eine solche – berechtigte – Kritik ist aber mit der Redeweise vom „Gott spielen" in der Regel gerade nicht intendiert. Gegenstand dieses Vorwurfs ist gemeinhin nicht die erfolglose, sondern die erfolgreiche Manipulation der Natur. Nicht die Unvollkommenheiten des menschlichen Wissens und Könnens rechtfertigen die Analogie zur göttlichen Allmacht und den Vorwurf der Hybris, sondern gerade umgekehrt deren Perfektionierung. Auch dieser Gedanke ist bei genauerem Hinsehen alles andere als solide.

Einer, der versucht hat, den nicht ganz transparenten Gefühlslagen, die sich in der Redeweise von „Gott spielen" manifestieren, auf den Grund zu gehen, ist Ronald Dworkin. Seiner Meinung nach signalisiert der damit ausgedrückte Vorbehalt die Verschiebung einer Grenze zwischen Zufall und freier Entscheidung, zwischen Natur und Kultur, zwischen der Sphäre des Schicksals und der Sphäre der Verantwortung. Eine solche Verschiebung bedeute „eine schwere Erschütterung", auf die wir mit einer Art ethischer Panikreaktion antworten:

7. Natürlichkeit als Grenze der Umgestaltung der menschlichen Natur

Der Schrecken, den viele von uns bei dem Gedanken an genetische Manipulation empfinden, beruhe nicht auf der Angst vor dem Falschen oder Gefährlichen, sondern auf der Angst, die Gewissheit zu verlieren, genau zu wissen, was falsch und gefährlich ist:

> Wir fürchten, dass unsere festen Überzeugungen untergraben werden, dass wir in eine Art moralisch freien Fall geraten; dass wir den unverrückbaren Hintergrund neu erdenken müssen – mit ungewissem Ergebnis. Gott zu spielen heißt mit dem Feuer zu spielen (Dworkin 1999: 15).

Daraus folgt für Dworkin jedoch nicht, dass wir dieses Feuer ängstlich vermeiden müssen. Es folge vielmehr, dass wir uns der Herausforderung der neuen technischen Möglichkeiten stellen müssen: „Wir spielen mit dem Feuer und akzeptieren die Folgen, denn die Alternative wäre unverantwortliche Feigheit vor dem Unbekannten." Eine liberale Gesellschaft ist vor allem aufgerufen zu vermeiden, dass diese „unverantwortliche Feigheit" der Vielen zur Freiheitsbeschränkung des Einzelnen wird.

7.6 Schlussfolgerungen

„Gattungsethische" Vorbehalte können in einer der persönlichen Freiheit verpflichteten Gesellschaft nur von sehr begrenzter Durchschlagskraft sein. Eingriffe in die menschliche Natur, die *ausschließlich* wegen ihrer „Unnatürlichkeit" und nicht (auch) wegen anderweitiger Risiken und Gefahrendimensionen auf Ablehnung stoßen, rechtfertigen keine Zwangsmittel. Diejenigen, die diese Ablehnungsreaktionen nicht empfinden und von den betreffenden Verfahren aus guten Gründen Gebrauch machen möchten, sollten auch die Chance dazu haben. Freiheitsbeschränkungen des Einzelnen im Sinne einer Gattungsethik müssen, wie Kurt Bayertz (2005: 21) argumentiert hat, als noch ein gutes Stück problematischer gelten als Freiheitsbeschränkungen des Einzelnen im Umgang mit der eigenen individuellen Naturbeschaffenheit. Sie lassen sich nicht mehr als Akte paternalistischer Vorsorge interpretieren, durch die der Einzelne vor sich selbst geschützt werden soll. Vielmehr bergen sie eine nicht unbeträchtliche Gefahr, die Freiheit des Einzelnen einem nicht nur seiner Form nach hochgradig abstrakten, sondern auch seinem Inhalt nach hochgradig problematischen Prinzip zu opfern.

Literatur

Altner, Günter (1991), *Naturvergessenheit. Grundlagen einer umfassenden Bioethik*, Darmstadt: Wissenschaftliche Buchgesellschaft.
Ashby, Eric (1980), „The search for an environmental ethic", in: Sterling M. McMurrin (Hrsg.), *The Tanner lectures on human values*. Bd. I, Salt Lake City: University of Utah Press/Cambridge: Cambridge University Press, S. 1–47.
Attfield, Robin (1994), „Rehabilitating nature and making Nature habitable", in: Robin Attfield/Andrew Belsey (Hrsg.), *Philosophy and the natural environment*, Cambridge: Cambridge University Press, S. 45–58.
Attfield, Robin (1997), „Biozentrismus, moralischer Status und moralische Signifikanz", in: Dieter Birnbacher (Hrsg.), *Ökophilosophie*, Stuttgart: Reclam, S. 117–134.
Bacon, Francis (1960), „Neu-Atlantis", in: Klaus J. Heinisch (Hrsg.), *Der utopische Staat*, Reinbek: Rowohlt 1960, S. 171–215.
Bacon, Francis (1966), *Über die Würde und den Fortgang der Wissenschaften*, Darmstadt: Wissenschaftliche Buchgesellschaft.
Bacon, Francis (1971), *Neues Organ der Wissenschaften. Übersetzt und herausgegeben von Anton Theobald Brück*, Darmstadt: Wissenschaftliche Buchgesellschaft.
Balzer, Philipp/Klaus Peter Rippe/Peter Schaber (1998), *Menschenwürde vs. Würde der Kreatur. Begriffsbestimmung, Gentechnik, Ethikkommissionen*, Freiburg/München: Alber.
Baudelaire, Charles (1967), *Tableaux Parisiens*. Deutsch von Walter Benjamin, Frankfurt am Main: Suhrkamp.
Bayertz, Kurt (1987), *GenEthik. Probleme der Technisierung menschlicher Fortpflanzung*, Reinbek: Rowohlt.
Bayertz, Kurt (2003), „Human nature: How normative might it be?", in: *Journal of Medicine and Philosophy*, 28, S. 131–150.
Bayertz, Kurt (2005), „Die menschliche Natur und ihr moralischer Status", in: Kurt Bayertz (Hrsg.), *Die menschliche Natur. Welchen und wie viel Wert hat sie?*, Paderborn: Mentis, S. 9–31.
Beck, Ulrich (1988), *Gegengifte. Die organisierte Unverantwortlichkeit*, Frankfurt am Main: Suhrkamp.
Benda, Ernst (1985), „Erprobung der Menschenwürde am Beispiel der Humangenetik", in: Rainer Flöhl (Hrsg.), *Genforschung – Fluch oder Segen? Interdisziplinäre Stellungnahmen*, München: J. Schweitzer, S. 205–231.
Benjamin, Walter (1950), *Berliner Kindheit um Neunzehnhundert*, Frankfurt am Main: Suhrkamp.
Bernat, Erwin (2004), Gibt es ein „Recht auf Kreatürlichkeit?", in: *Juridikum 1*, S. 4–10.
Berndorff, Jan (2005), „Was wir von Insekten lernen", in: *Natur und Kosmos* 4/2005, S. 20–25.
Beyleveld, Deryck/Roger Brownsword (2001), *Human dignity in bioethics and biolaw*, Oxford: Oxford University Press.
Birnbacher, Dieter (1991a), „Mensch und Natur. Grundzüge der ökologischen Ethik", in: Kurt Bayertz (Hrsg.), *Praktische Philosophie. Grundorientierungen angewandter Ethik*, Reinbek, S. 278–321.

Birnbacher, Dieter (1991b), "'Natur' als Maßstab menschlichen Handelns", in: *Zeitschrift für philosophische Forschung* 45, S. 60–76.
Birnbacher, Dieter (1995), "Künstliches Bewusstsein", in: Thomas Metzinger (Hrsg.), *Bewußtsein. Beiträge aus der Gegenwartsphilosophie*, Paderborn 1995, S. 713–729.
Birnbacher, Dieter (2002), "Der künstliche Mensch – ein Angriff auf die menschliche Würde?", in: Karl R. Kegler/Max Kerner (Hrsg.), *Der künstliche Mensch. Körper und Intelligenz im Zeitalter ihrer technischen Reproduzierbarkeit*, Köln: Böhlau, S. 165–189.
Birnbacher, Dieter (2004), "Menschenwürde – abwägbar oder unabwägbar?", in: Matthias Kettner (Hrsg.), *Biomedizin und Menschenwürde*, Frankfurt am Main: Suhrkamp, S. 249–271.
Bloch, Ernst (1959), *Das Prinzip Hoffnung*, Frankfurt am Main: Suhrkamp.
Bloch, Ernst (1965), "Die Angst des Ingenieurs", in: *Literarische Aufsätze*, Gesamtausgabe Bd. 9, Frankfurt am Main: Suhrkamp, S. 347–358.
Blume, Angelika (1984), *Sterilisation. Entscheidungshilfen für Männer und Frauen*, Reinbek: Rowohlt.
Blumer, Karin (1999), *Tierversuche zum Wohle des Menschen? Ethische Aspekte des Tierversuchs unter besonderer Berücksichtigung transgener Tiere*, München: Utz.
Bockenheimer-Lucius, Gisela (2002), "Zwischen 'natürlicher Geburt' und 'Wunschsectio' – Zum Problem der Selbstbestimmtheit in der Geburtshilfe", in: *Ethik in der Medizin* 14, S. 186–200.
Böhme, Gernot (1989), *Für eine ökologische Naturästhetik*, Frankfurt am Main: Suhrkamp.
Böhme, Gernot (2001), "Die Vernunft und der Schrecken. Welche Bedeutung hat das genetische Wissen: Naturphilosophische Konsequenzen", in: Ludger Honnefelder/Peter Propping (Hrsg.), *Was wissen wir, wenn wir das menschliche Genom kennen?*, Köln: DuMont, S. 189–195.
Bostrom, Nick (2005), "In defense of posthuman dignity", in: *Bioethics* 19, S. 202–214.
Bothe, Hans-Werner/Michael Engel (1993), *Die Evolution entläßt den Geist des Menschen. Neurobionik – Eine medizinische Disziplin im Werden*, Frankfurt am Main: Umschau.
Boyd, Richard (1999), "Homeostasis, species and higher taxa", in: Robert A. Wilson (Hrsg.), *Species. New interdisciplinary essays*, Cambridge, Mass.: MIT Press, S. 141–186.
Bräunlein, Jürgen (2000), "Lara, mach mir die Greta...! Über synthetische Stars und virtuelle Helden", in: Bernd Flessner (Hrsg.), *Nach dem Menschen. Der Mythos einer zweiten Schöpfung und das Entstehen einer posthumanen Kultur*, Freiburg: Rombach, S. 115–132.
Brock, Dan W. (1998): "Enhancement of human function: some distinctions for policymakers", in: Erik Parens (Hrsg.): *Enhancing human traits: ethical and social implications*, Washington D. C.: Georgetown University Press, S. 48–69.
Brockhage, Dorothee (2006), *Die "Naturalisierung" der Menschenwürde in der deutschen bioethischen Debatte nach 1945*, Diss. Düsseldorf.
Brooks, R. (2002), *Menschmaschinen. Wie uns die Zukunftstechnologien neu erschaffen*, Frankfurt am Main/New York: Campus.
Buchanan. Allen u. a. (2000), *From chance to choice. Genetics and justice*, Cambridge: Cambridge University Press.
Buderath, Bernhard/Henry Makowski (1986), *Die Natur dem Menschen untertan. Ökologie im Spiegel der Landschaftsmalerei*, München: dtv.
Bund-Länder-Arbeitsgruppe "Fortpflanzungsmedizin" (1989), Abschlussbericht der Bund-Länder-Arbeitsgruppe "Fortpflanzungsmedizin", *Bundesanzeiger* 41, Nr. 4a, 6. 1. 1989.

Literatur

Bundesverfassungsgericht (1975), *Entscheidungen*, Bd. 39, Karlsruhe.
Burke, Edmund (1910), *Reflections on the Revolution in France*, London: Dent, New York: Dutton.
Butler, Octavia E. (1999), *Die Genhändler*, München: Heyne.

Callicott, J. Baird (1989), *In defense of the land ethic. Essays in environmental philosophy*, Albany, N. Y.: State University of New York Press.
Caysa, Volker (2001), „Vom Recht des Leibes", in: Renate Reschke (Hrsg.), *Zeitenwende – Wertewende*, Berlin: Akademie-Verlag, S. 217–222.
Caysa, Volker (2003), *Körperutopien. Eine philosophische Anthropologie des Sports*, Frankfurt am Main: Campus.
Caysa, Volker (2004), „Was ist ein fairer Umgang mit dem Körper", in: Claudia Pawlenka (Hrsg.), *Sportethik. Regeln – Fairneß – Doping*, Paderborn: Mentis, S. 149–162.
Commoner, Barry (1971), *The closing circle: Nature, man and technology*, New York: Knopf.

Davis, Kathy (1995), *Reshaping the female body. The dilemma of cosmetic sugery*, New York: Routledge.
Davis, Kathy (1998), „The rhetoric of cosmetic surgery: luxury or welfare?", in: Erik Parens (Hrsg.), *Enhancing human traits: ethical and social implications*, Washington D. C.: Georgetown University Press, S. 124–134.
DeGrazia, David (2000), „Prozac, enhancement, and self-creation", in: *Hastings Center Report* 30, Nr. 2, S. 34–40.
Descartes, René (1960), *Discours de la méthode/Von der Methode*, Hamburg: Meiner.
Dessauer, Friedrich (1956), *Streit um die Technik*, Frankfurt am Main: Josef Knecht.
De Wachter, Frans (2004): „Dopingregel als Spielregel?", in: Claudia Pawlenka (Hrsg.): *Sportethik. Regeln – Fairneß – Doping*, Paderborn: Mentis, S. 259–267.
Diemer, Matthias/Martin Held/Sabine Hofmeister (2004), „Stadtwildnis – Konzepte, Projekte und Perspektiven", in: *GAIA* 13, Nr. 4, S. 262–270.
Diogenes Laertius (1967), *Leben und Meinungen berühmter Philosophen*, Hamburg: Meiner.
Douglas, Mary (1988), *Reinheit und Gefährdung*, Frankfurt am Main: Suhrkamp.
Dubos, René (1974), „Franciscan conservation versus benedictine stewardship", in: David Spring/Eileen Spring (Hrsg.), *Ecology and religion in history*, New York: Harper, S. 114–136.
Dworkin, Ronald (1999), „Die falsche Angst, Gott zu spielen", in: *DIE ZEIT*, 16. 9. 1999, S. 15.

Ehrenfeld, David (1978), *The arrogance of humanism*, New York: Oxford University Press.
Elliot, Robert (1982), „Faking Nature", in: *Inquiry* 25, S. 81–93.
Elliot, Robert (1985), „Meta-ethics and environmental ethics", in: *Metaphilosophy* 16, S. 103–117.
Elliot, Robert (1997), *Faking nature. The ethics of environmental restoration*, London: Routledge.
Elliott, Carl (2003), *Better than well. American medicine meets the American dream*, New York: Norton.
Engelhardt, H. Tristram (2005), „Die menschliche Natur – Kann sie Leitfaden menschlichen Handelns sein? Reflexionen über die gentechnische Veränderung des Menschen", in: Kurt Bayertz (Hrsg.), *Die menschliche Natur. Welchen und wie viel Wert hat sie?*, Paderborn: Mentis, S. 32–51.

Engels, Eve-Marie (1993), „Herbert Spencers Moralwissenschaft – Ethik oder Sozialtechnologie? Zur Frage des naturalistischen Fehlschlusses bei Herbert Spencer", in: Kurt Bayertz (Hrsg.), *Evolution und Ethik*, Stuttgart: Reclam, S. 243–287.
Eser, Albin u. a. (1998), „Klonierung beim Menschen. Biologische Grundlagen und ethische Bewertung", in: Johann Ach/Gerd Brudermüller/Christa Runtenberg (Hrsg.), *Hello Dolly?*, Frankfurt am Main: Suhrkamp, S. 223–247.

Festinger, Leon (1957), *A theory of cognitive dissonance*, Stanford: Stanford University Press.
Fletcher, Joseph (1974), *The ethics of genetic control. Ending reproductive roulette*, Garden City, N. Y.: Anchor Books.
Forschner, Maximilian (1986), „Natur als sittliche Norm in der griechischen Antike", in: Willigis Eckermann/Joachim Kuropka (Hrsg.), *Der Mensch und die Natur*, Vechta: Vechtaer Druckerei und Verlag.
Frankena, William K. (1979), „ Ethics and the environment", in: Kenneth E. Goodpaster/Kenneth M. Sayre (Hrsg.), *Ethics and problems of the 21st century*, Notre Dame, Ind.: University of Notre Dame Press, S. 3–20.
Frisch, Karl von (1974), *Tiere als Baumeister*, Frankfurt am Main/Berlin/Wien: Ullstein.
Fukuyama, Francis (2002), *Das Ende des Menschen*, München: dtv.

Gaier, Ulrich (1989), „Garten als inszenierte Natur", in: Heinz-Dieter Weber (Hrsg.), *Vom Wandel des neuzeitlichen Naturbegriffs*, Konstanz: Universitätsverlag, S. 133–159.
Gehlen, Arnold (1969), *Moral und Hypermoral. Eine pluralistische Ethik*, Frankfurt am Main/Bonn: Athenäum.
Geiger, Wilhelm (1960), „Rechtsfragen der Insemination", in: Alan F. Guttmacher et al., *Die künstliche Befruchtung beim Menschen. Diskussionsbeiträge aus medizinischer, juristischer und theologischer Sicht*, Köln/Marienburg: Schmidt, S. 37–73.
Gerdes, Jürgen (2005), „Mit der Natur reden – statt über sie", in: *GAIA* 14, S. 90–95.
Gezondheidsraad (1995), *Beraadsgroep Gezondheidsethiek en Gezondheidsrecht. Geslachtskeuze om niet-medische redenen*, Den Haag: Gezondheidsraad.
Glover, Jonathan (1984), *What sort of people should there be? Genetic engineering, birth control and their impact on our future world*, Harmondsworth: Penguin.
Gräfrath, Bernd (1997), *Evolutionäre Ethik? Philosophische Programme, Probleme und Perspekiven der Soziobiologie*, Berlin/New York: de Gruyter.
Grober, Ulrich (2005), „100 Jahre Rotgrün", in: *DIE ZEIT*, 4. 8. 2005, S. 76.
Großklaus, Götz/Ernst Oldemeyer (Hrsg.) (1983), *Natur als Gegenwelt. Beiträge zur Kulturgeschichte der Natur*, Karlsruhe: von Loeper .
Guckes, Barbara (1997), *Das Argument der schiefen Ebene. Schwangerschaftsabbruch, die Tötung Neugeborener und Sterbehilfe in der medizinethischen Diskussion*, Stuttgart u. a.: Gustav Fischer.
Gutmann, Thomas (2001), „Auf der Suche nach einem Rechtsgut: Zur Strafbarkeit des Klonens von Menschen", in: Claus Roxin/Ulrich Schroth (Hrsg.), *Medizinstrafrecht*, 2. Aufl. Stuttgart: Boorberg, S. 353–379.

Habermas, Jürgen (2001), *Die Zukunft der menschlichen Natur. Auf dem Weg zu einer liberalen Eugenik?*, Frankfurt am Main: Suhrkamp.
Hansson, Sven Ove (2003), „Are natural risks less dangerous than technological risks?", in: *Philosophia naturalis* 40, S. 43–54.
Hardin, Garrett (1976), „The rational foundation of conservation", in: *North American Review* 259, S. 14–17.

Hargrove, Eugene C. (1989), *Foundations of environmental ethics*, Englewood-Cliffs, N. J.: Prentice-Hall.
Hargrove, Eugene C. (Hrsg.) (1992), *The animal rights/environmental ethics debate*, Albany, N. Y.: State University of New York Press.
Hawkes, Kristen et al. (2000), „The grandmother hypothesis and human evolution", in: Lee Cronk/Napoleon Chagnon/William Irons (Hrsg.), *Adaptation and human behavior. An anthropological perspective*, New York: Aldine de Gruyter, S. 237-258.
Hegel, Georg Wilhelm Friedrich (1970), „Grundlinien der Philosphie des Rechts", in: *Werke in zwanzig Bänden*, Bd. 7, Frankfurt am Main: Suhrkamp.
Heinrichs, Jan-Hendrik (2003), „Ethische Aspekte der Neurobionik", in: *Jahrbuch für Wissenschaft und Ethik* 8, S. 201–225.
Hellmers, Claudia (2005), *Geburtsmodus und Wohlbefinden. Eine prospektive Untersuchung an Erstgebärenden unter besonderer Berücksichtigung des (Wunsch-) Kaiserschnittes*, Aachen: Shaker.
Heyd, David (2005), „Die menschliche Natur: Ein Oxymoron?", in: Kurt Bayertz (Hrsg.), *Die menschliche Natur. Welchen und wie viel Wert hat sie?*, Paderborn: Mentis, S. 52–72.
Hilgendorf, Eric (2002), „Biostrafrecht als neue Disziplin? Reflexionen zur Humanbiotechnik und ihrer strafrechtlichen Begrenzung am Beispiel der Ektogenese", in: Carl-Eugen Eberle/Martin Ibler/Dieter Lorenz (Hrsg.), *Der Wandel des Staates vor den Herausforderungen der Gegenwart*, Festschrift für Winfried Brohm, München: Beck, S. 387–404.
Hoberman, John M. (1994), *Sterbliche Maschinen. Doping und die Unmenschlichkeit des Hochleistungssports*, Aachen: Meyer & Meyer.
d'Holbach, Paul Thiry (1978), *System der Natur oder von den Gesetzen der physischen und der moralischen Welt*, Frankfurt am Main: Suhrkamp.
Huxley, Julian (1957), *New bottles for new wine*, London: Chatto & Windus.
Huxley, Thomas H. (1993), „Evoution und Ethik", in: Kurt Bayertz (Hrsg.), *Evolution und Ethik*, Stuttgart: Reclam, S. 67–74.

Irrgang, Bernhard (2005): *Posthumanes Menschsein? Künstliche Intelligenz, Cyberspace, Roboter, Cyborgs und Designer-Menschen – Anthropologie des künstlichen Menschen im 21. Jahrhundert*, Stuttgart: Franz Steiner.

James, William (1968), „The moral equivalent of war", in: William James, *Memories and studies*, New York: Greenwood Press, S. 265–296.
Jonas, Hans (1979), *Das Prinzip Verantwortung. Versuch einer Ethik für die technische Zivilisation*, Frankfurt am Main: Insel.
Jonas, Hans (1985), *Technik, Medizin und Ethik. Zur Praxis des Prinzips Verantwortung*, Frankfurt am Main: Insel.
Jungblut, Christian (2001), *Meinen Kopf auf deinen Hals. Die neuen Pläne des Dr. Frankenstein alias Robert White*, Stuttgart/Leipzig: Hirzel.
Jungermann, Helmut/Paul Slovic (1993), „Charakteristika individueller Risikowahrnehmung", in: Wolfgang Krohn/Georg Krücken (Hrsg.), *Riskante Technologien: Reflexion und Regulation*, Frankfurt/Main: Suhrkamp, S. 79–100.

Kant, Immanuel (1968a), „Grundlegung zur Metaphysik der Sitten", in: *Kants Werke. Akademie Textausgabe*, Bd. 4, Berlin/New York: de Gruyter, S. 385–464.
Kant, Immanuel (1968b), „Kritik der Urteilskraft", in: *Kants Werke. Akademie Textausgabe*, Bd. 5, Berlin/New York: de Gruyter, S. 165–486.
Kant, Immanuel (1968c), „Die Metaphysik der Sitten", in: *Kants Werke. Akademie Textausgabe*, Bd. 6, Berlin/New York: de Gruyter, S. 203–494.

Kant, Immanuel (1990), *Eine Vorlesung über Ethik*, Hrsg. von Gerd Gerhardt, Frankfurt am Main: Fischer.
Karafyllis, Nicole C. (Hrsg.) (2003), *Biofakte. Versuch über den Menschen zwischen Artefakt und Lebewesen*, Paderborn: Mentis.
Kass, Leon R. (1997), „The wisdom of repugnance", in: *The New Republic*, 2.6.1997, S. 17–26.
Katz, Eric (1985), „Organism, community, and the substitution problem", in: *Environmental Ethics* 7, S. 241–256.
Kaufmann, Matthias /Lucas Sosoe (Hrsg.)(2005), *Gattungsethik – Schutz für das Menschengeschlecht?*, Frankfurt am Main: Lang.
Keil, Geert (2004), „Anthropologischer und ethischer Naturalismus", in: Bernd Goebel/Anna Maria Hauk/Gerhard Kruip (Hrsg.), *Probleme des Naturalismus. Philosophische Beiträge*, Paderborn: Mentis, S. 65–100.
Keller, Rolf/Hans-Ludwig Günther/ Peter Kaiser (1992), *Embryonenschutzgesetz. Kommentar zum Embryonenschutzgesetz*, Stuttgart/Berlin/Köln: Kohlhammer.
Kitcher, Philip, *Genetik und Ethik. Die Revolution der Humangenetik und ihre Folgen*, München: Luchterhand 1998.
Klaver, Irene u.a., „Born to be wild: a pluralistic ethics concerning introduced large herbivores in the Netherlands", in: *Environmental Ethics* 24 (2002), S. 3–22.
Koch, Hans-Georg (2003), „Vom Embryonenschutzgesetz zum Stammzellgesetz: Überlegungen zum Status des Embryos in vitro aus rechtlicher und rechtsvergleichender Sicht", in: Giovanni Maio/Hanjörg Just (Hrsg.), *Die Forschung an embryonalen Stammzellen in ethischer und rechtlicher Perspektive*, Baden-Baden: Nomos, 97–118.
Kramer, Peter D. (1995), *Glück auf Rezept. Der unheimliche Erfolg der Glückspille Fluctin*, München: Kösel.
Kropotkin, Peter (1975), *Gegenseitige Hilfe in der Tier- und Menschenwelt*, Frankfurt am Main: Ullstein.

Lanzerath, Dirk (2002), „Enhancement: Form der Vervollkommnung des Menschen durch Medikalisierung der Lebenswelt? – Ein Werkstattbericht", in: *Jahrbuch für Wissenschaft und Ethik* 7, S. 319–336.
Lauritzen, Paul (2005), „Stem cells, biotechnology, and human rights. Implications for a posthuman future", *Hastings Center Report* 35, Nr. 2, S. 25–33.
Leist, Anton (2003), „Was könnte gut an Drogen sein?", in: Matthias Kaufmann (Hrsg.), *Recht auf Rausch und Selbstverlust durch Sucht. Vom Umgang mit Drogen in der liberalen Gesellschaft*, Frankfurt am Main: Lang, S. 265–288.
Lem, S. (1981), *Summa technologiae*, Frankfurt am Main: Suhrkamp.
Lenk, Hans (2002), *Erfolg oder Fairness? Leistungssport zwischen Ethik und Technik*, Münster: LIT.
Leon, Christian D./Ortwin Renn (2005), „Mit handelbaren Flächenzertifikaten die Flächeninanspruchnahme für Siedlung und Verkehr begrenzen", in: *GAIA* 14, S. 135–138.
Lerner, Melvin J. (1980), *The belief in a just world: A fundamental delusion*, New York: Plenum Press.
Lewis, C. S. (1943), *The abolition of man*, Oxford: Collins.
Little, Margaret Olivia (1988), „Cosmetic surgery, suspect norms, and the ethics of complicity", in: Erik Parens (Hrsg.), *Enhancing human traits: ethical and social implications*, Washington D. C.: Georgetown University Press, S. 162–176.
Locke, John (1976), *Über den menschlichen Verstand*, Hamburg: Meiner.
Lorz, Albert (1987), *Tierschutzgesetz. Kommentar*, 3. Auflage, München: Beck.

Lorz, Albert (1992), *Tierschutzgesetz. Kommentar,* 4. Auflage, München: Beck.
Lübbe, Weyma (2003), „Das Problem der Behindertenselektion bei der pränatalen Diagnostik und der Präimplantationsdiagnostik", in: *Ethik in der Medizin* 15, S. 203–220.
Maar, Christa/Ernst Pöppel/Thomas Christaller (Hrsg.) (1996), *Die Technik auf dem Weg zur Seele. Forschungen an der Schnittstelle Gehirn/Computer,* Reinbek: Rowohlt.
Mackie, John L. (1981), *Ethik. Auf der Suche nach dem Richtigen und Falschen,* Stuttgart: Reclam.
Mainländer, Philipp (1989), *Philosophie der Erlösung.* Ausgewählt und mit einem Vorwort versehen von Ulrich Horstmann, Frankfurt am Main: Insel.
Markl, Hubert (1986), *Natur als Kulturaufgabe. Über die Beziehung des Menschen zur lebendigen Natur,* Stuttgart: DVA.
McCloskey, H. J. (1983), *Ecological ethics and politics,* Totowa, N. J.: Rowman & Littlefield.
Meyer-Abich, Klaus Michael (1990), *Aufstand für die Natur,* München: Beck.
Meyer-Abich, Klaus Michael (1997), *Praktische Naturphilosophie,* München: Beck
Miah, Andy (2004), *Genetically modified athletes: Biomedical ethics, gene doping and sport,* London/New York: Routledge.
Midgley, Mary (2000), „Biotechnology and monstrosity. Why we should give attention to the ‚Yuk Factor'", in: *Hastings Center Report* 30, Nr. 5, S. 7–15.
Mill, John Stuart (1984a), „Natur", in: John Stuart Mill, *Drei Essays über Religion,* Stuttgart: Reclam, S. 9–62.
Mill, John Stuart (1984b), „Theismus", in: John Stuart Mill, *Drei Essays über Religion,* Stuttgart: Reclam, S. 109–216.
Mill, John Stuart/Harriet Taylor Mill/Helen Taylor (1976), „Die Hörigkeit der Frau", in: John Stuart Mill/Harriet Taylor Mill/Helen Taylor, *Die Hörigkeit der Frau. Texte zur Frauenemanzipation,* Frankfurt am Main: Syndikat, S. 125–278.
Moore, George E. (1996), *Principia Ethica,* Erweiterte Ausgabe, Stuttgart: Reclam.

Nachtigall, Werner (1997), *Vorbild Natur. Bionik-Design für funktionelles Gestalten,* Berlin: Springer.
Nash, Roderick (1973), *Wilderness and the American mind,* 2. Aufl., New Haven/London: Yale University Press.
Needham, Joseph (1977), „Der chinesische Beitrag zu Wissenschaft und Technik", in: Tilman Spengler (Hrsg.), *Wissenschaftlicher Universalismus,* Frankfurt am Main: Suhrkamp, S. 106–119.
Neumann, Ulfried (2004), „Die Menschenwürde als Menschenbürde – oder wie man ein Recht gegen den Berechtigten wendet", in: Matthias Kettner (Hrsg.), *Medizin und Menschenwürde,* Frankfurt am Main: Suhrkamp, S. 42–62.
Nietzsche, Friedrich (1980), „Jenseits von Gut und Böse", in: *Sämtliche Werke, Kritische Studienausgabe,* Bd. 5, Giorgio Colli/Mazzino Montinari (Hrsg.), München: dtv/Berlin/New York: de Gruyter. S. 9–243.
Norman, Richard (1996), „Interfering with nature", in: *Journal of Applied Philosophy* 13, S. 1–11.
Nozick, Robert (o. J.), *Anarchie, Staat, Utopie,* München: Moderne Verlags GmbH.
Nuland, Sherwin B. (1994), *Wie wir sterben. Ein Ende in Würde?,* München: Kindler.

Parens, Erik (2005), „Authenticity and ambivalence: Toward understanding the enhancement debate", in: *Hastings Center Report* 35, Nr. 3, S. 34–41.
Passmore, John (1975), *Der vollkommene Mensch. Eine Idee im Wandel von drei Jahrtausenden,* Stuttgart: Reclam.

Pawlenka, Claudia (2004), „Doping im Sport im Spannungsfeld von Natürlichkeit und Künstlichkeit", in: Claudia Pawlenka (Hrsg.), *Sportethik. Regeln – Fairneß – Doping*, Paderborn: Mentis, S. 293–308.

Pennings, Guido (1996), „Ethics of sex selection for family balancing", in: *Human Reproduction* 11, S. 2339–2345.

Pico della Mirandola, Giovanni (1990), *De hominis dignitate/Über die Würde des Menschen*, Hamburg: Meiner.

Pius XII. (1949), „Über das Problem der künstlichen Befruchtung", in: *Herder-Korrespondenz* 4, S. 113–114.

Plessner, Helmuth (1975), *Die Stufen des Organischen und der Mensch. Einleitung in die philosophische Anthropologie*, 3. Aufl. Berlin/New York: de Gruyter.

President's Council on Bioethics (2003), *Beyond therapy: Biotechnology and the pursuit of happiness*, Washington D. C: Dana Press.

Rachels, James (1998), „The principle of agency", in: *Bioethics* 12, S. 150–161.

Ramsey, Paul (1970), *Fabricated man. The ethics of genetic control*, New Haven/London: Yale University Press.

Rathenau Instituut (1996), *Geslachtskeuze om niet-medische redenen. De mening van de Nederlandse bevolking. Onderzoek in opdracht van het Rathenau Instituut*. Den Haag.

Rehmann-Sutter, Christoph (1998), „DNA-Horoskope", in: Marcus Düwell/Dietmar Mieth (Hrsg.), *Ethik in der Humangenetik*, Tübingen: Attempto, S. 415–443.

Richards, Robert J. (1987), *Darwin and the emergence of evolutionary theories of mind and behavior*, Chicago/London: University of Chicago Press.

Rilke, Rainer Maria (1955), Gedichte Erster Teil, in: *Sämtliche Werke*, Bd. 1, Ernst Zinn (Hrsg.), Frankfurt am Main: Insel.

Rilke, Rainer Maria (1956), Gedichte Zweiter Teil, in: *Sämtliche Werke*, Bd. 2, Ernst Zinn (Hrsg.), Frankfurt am Main: Insel.

Robert, Jason Scott/Françoise Baylis (2003), „Crossing species boundaries", in: *American Journal of Bioethics* 3, S. 1–12.

Rolston, Holmes (1997), „Können und sollen wir der Natur folgen?", in: Dieter Birnbacher (Hrsg.), *Ökophilosophie*, Stuttgart: Reclam, S. 242–285.

Rosenau, Henning (2004), „Der Streit um das Klonen und das deutsche Stammzellgesetz", in: Hans-Ludwig Schreiber u. a. (Hrsg.), *Recht und Ethik im Zeitalter der Gentechnik. Deutsche und japanische Beiträge zu Biorecht und Bioethik*, Göttingen: Vandenhoeck & Ruprecht, S. 135–168.

Roughley, Neil (2005), „Was heißt ‚menschliche Natur'? Begriffliche Differenzierungen und normative Ansatzpunkte" in: Kurt Bayertz (Hrsg.), *Die menschliche Natur. Welchen und wie viel Wert hat sie?*, Paderborn: Mentis, S. 133–156.

Ruse, Michael (1993), „Noch einmal. Die Ethik der Evolution", in: Kurt Bayertz (Hrsg.), *Evolution und Ethik,* Stuttgart: Reclam, S. 153–167.

Savulescu, John/Edgar Dahl (2000), „Junge oder Mädchen: Sollten sich Eltern das Geschlecht ihrer Kinder aussuchen dürfen?", in: *Reproduktionsmedizin* 16, S. 274–278.

Schopenhauer, Arthur (1988a), Die Welt als Wille und Vorstellung I, in: *Sämtliche Werke*, Bd. 2, Arthur Hübscher (Hrsg.), Mannheim: Brockhaus.

Schopenhauer, Arthur (1988b), Preisschrift über die Grundlage der Moral, in: *Sämtliche Werke*, Bd. 4, Arthur Hübscher (Hrsg.), Mannheim: Brockhaus, S. 103–276.

Schramme, Thomas (2002), „Natürlichkeit als Wert", in: *Analyse und Kritik* 24, S. 249–271.

Schwalm, Georg (1959), „Strafrechtliche Probleme der künstlichen Samenübertragung beim Menschen. Ein Auszug aus den Beratungen der Großen Strafrechtskommission", in: *Goldammers Archiv* 1, S. 1–16.

Schweitzer, Albert (1966), „Die Ehrfurcht vor dem Leben", in: Albert Schweitzer, *Die Lehre von der Ehrfurcht vor dem Leben. Grundtexte aus fünf Jahrzehnten*, Hans Walter Bähr (Hrsg.), München: Beck, S. 32–37.
Seneca (1965), *Briefe an Lucilius*, Gesamtausgabe, Bd. 2, Reinbek: Rowohlt.
Siep, Ludwig (2004), *Konkrete Ethik. Grundlagen der Natur- und Kulturethik*, Frankfurt am Main: Suhrkamp.
Siep, Ludwig (2005), „Normative Aspekte des menschlichen Körpers", in: Kurt Bayertz (Hrsg.), *Die menschliche Natur. Welchen und wie viel Wert hat sie?*, Paderborn: Mentis, S. 157–173.
Silver, Lee M. (1998), *Das geklonte Paradies. Künstliche Zeugung und Lebensdesign im neuen Jahrtausend*, München: Droemer.
Sitter-Liver, Beat (1984), „Aspekte der Menschenwürde. Zur Würde der Natur als Prüfstein der Würde des Menschen", in: *Manuskripte* 23, S. 93–96.
Sitter-Liver, Beat (2002), „Plädoyer für das Naturrechtsdenken: Zur Anerkennung von Eigenrechten der Natur", in: Beat Sitter-Liver, *Der Einspruch der Geisteswissenschaften. Ausgewählte Schriften*, Freiburg/Schweiz: Universitätsverlag Freiburg/Schweiz, S. 323–384.
Solter, Davor u. a. (2003), *Embryo research in pluralistic Europe*, Berlin: Springer.
Spaemann, Robert (1987), „Das Natürliche und das Vernünftige", in: Oswald Schwemmer (Hrsg.), *Über Natur. Philosophische Beiträge zum Naturverständnis*, Frankfurt am Main: Klostermann, S. 149–164.
Spaemann, Robert (1996), *Personen. Versuche über den Unterschied zwischen ‚etwas' und ‚jemand'*, Stuttgart: Klett-Cotta.
Starck, Christan (1986), „Gutachten A", in: *Verhandlungen des 56. Deutschen Juristentags Berlin, Bd. 1: Gutachten*, München: Beck, A1– A58.
Strasser, Peter (2002), „Kategorien des Unantastbaren. Würde, Autonomie, Kreatürlichkeit", in: Michael Fleischhacker (Hrsg.), *Der Schutz des Menschen vor sich selbst. Eine Ethik zum Leben*, Köln/Graz: Styria, S. 49–88.
Sturma, Dieter (2005), „Jenseits der Natürlichkeit", in: Kurt Bayertz (Hrsg.), *Die menschliche Natur. Welchen und wie viel Wert hat sie?*, Paderborn: Mentis, S. 174–191.

Taylor, Charles (1994), *Quellen des Selbst. Die Entstehung der neuzeitlichen Identität*, Frankfurt am Main: Suhrkamp.
Taylor, Paul W. (1986), *Respect for nature. A theory of environmental ethics*, Princeton, N. J.: Princeton University Press.
Teutsch, Gotthard M. (1983), *Tierversuche und Tierschutz*, München: Beck.
Teutsch, Gotthard M. (1995), *Die „Würde der Kreatur". Erläuterungen zu einem neuen Verfassungsbegriff am Beispiel des Tieres*, Bern: Haupt.
Thoreau, Henry David (1979), *Walden oder Leben in den Wäldern*, Zürich: Diogenes.
Tille, Alexander (1993), „Charles Darwin und die Ethik", in: Kurt Bayertz (Hrsg.), *Evolution und Ethik*, Stuttgart: Reclam, S. 49–66.
Toelichting op Besluit (1998), in: *Wetgeving Gezondheidszorg*, Suppl. 198 (September 1998), 4.4.2., S. 1–3.
Trepl, Ludwig (1988), „Leitwissenschaft Ökologie?", in: Hans Werner Ingensiep/ Kurt Jax (Hrsg.), *Mensch, Umwelt und Philosophie, Interdisziplinäre Beiträge*, Bonn: Wissenschaftsladen Bonn, S. 163–173.

Van den Daele (2005), „Einleitung: Soziologische Aufklärung zur Biopolitik", in: *Leviathan*, Sonderheft 23, S. 7–41.
Vieth, Andreas/Michael Quante (2005), „Chimäre Mensch? Die Bedeutung der menschlichen *Natur* in Zeiten der Xenotransplantation", in: Kurt Bayertz

(Hrsg.), *Die menschliche Natur. Welchen und wie viel Wert hat sie?*, Paderborn: Mentis, S. 192–218.

Vogel, Christian (1993), „Soziobiologie und die moderne Reproduktionsbiologie", in: Kurt Bayertz (Hrsg.), *Evolution und Ethik*, Stuttgart: Reclam, S. 199–219.

Vogtmann, Hartmut (2005), „Elch und Bär stehen vor der Tür", in: *DIE ZEIT* 20. 1. 2005, S. 32.

de Waal, Frans (1997), *Der gute Affe. Der Ursprung von Recht und Unrecht bei Menschen und anderen Tieren*, München: Hanser.

Wagner, Friedrich (Hrsg.) (1969), *Menschenzüchtung. Das Problem der genetischen Manipulation des Menschen*, München: Beck.

Warren, Mary Anne (1999), „Sex selection: Individual choice or cultural coercion?", in: Helga Kuhse/Peter Singer (Hrsg.), *Bioethics. An anthology*, Oxford: Blackwell, S. 137–142.

Wehling, Peter (2003), „Schneller, höher, stärker – mit künstlichen Muskelpaketen. Doping im Sport als Entgrenzung von ‚Natur' und ‚Gesellschaft'", in: Nicole C. Karafyllis (Hrsg.), *Biofakte. Versuch über den Menschen zwischen Artefakt und Lebewesen*, Paderborn: Mentis, S. 85–100.

Weingart, Peter/Jürgen Kroll/Kurt Bayertz (1988), *Rasse, Blut und Gene. Geschichte der Eugenik und Rassehygiene in Deutschland*, Frankfurt am Main: Suhrkamp.

Wells, H. G. (1982), *Die Zeitmaschine*, Frankfurt am Main/Berlin/Wien: Ullstein.

Wittgenstein, Ludwig (1984), „Philosophische Untersuchungen", in: Ludwig Wittgenstein, *Tractatus Logico-philosophicus. Tagebücher 1914–1916. Philosophische Untersuchungen (Werkausgabe Bd. 1)*, Frankfurt am Main: Suhrkamp, S. 225–580.

Wolf, Ursula (1988), „Haben wir moralische Verpflichtungen gegen Tiere?", in: *Zeitschrift für philosophische Forschung* 42, S. 222–246.

Woopen, Christiane (2002), „Fortpflanzung zwischen Natürlichkeit und Künstlichkeit. Zur ethischen und anthropologischen Bedeutung individueller Anfangsbedingungen", in: *Reproduktionsmedizin* 18, S. 233–240.

World Health Organisation (1999), *Cloning in human health. Report by the Secretariat, 1 April 1999*, http://www.who.int/entity/ethics/en/A52_12pdf (Stand 1. 6. 2002).

Namenregister

Adorno 18
Altner 29
Ashby 38
Attfield 29, 74

Bacon 6, 18, 51, 101, 107, 108, 185, 189
Balzer 91
Baudelaire 5
Bayertz 142, 164, 171, 182, 190
Baylis 164, 175, 178
Beck 173
Beethoven 83, 113
Benda 139
Benjamin 77
Bernat 146, 165
Berndorff 62
Beyleveld 163
Birnbacher 8, 47, 66, 130, 156
Bloch 15, 60, 87
Blume 142
Blumer 89
Bockenheimer-Lucius 143
Böhme 34, 87, 185
Bostrom 170
Bothe 130
Bräunlein 14
Brecht 136
Brock 121
Brockhage 188
Brooks 130
Brownsword 163
Buchanan 136
Buderath 11
Burke 18
Bush 30
Butler 175

Callicott 96
Caysa 112, 120, 133, 134
Christaller 130
Chrysipp 43, 58
Claude Lorrain 11
Commoner 59
Comte 185

Dahl 150
Darwin 48, 50, 56
Davis 117
DeGrazia 127
Descartes 107
Dessauer 87
De Wachter 119, 120
Diemer 75, 77
Diogenes Laertius 43, 58, 59
Douglas 34
Dubos 94
Dworkin 190

Ehrenfeld 84
Elliot 74, 81–84, 96, 97
Elliott 72, 109, 116, 117, 127
Emerson 75
Engelhardt 102
Engel 130
Engels 47
Eser 166

Festinger 37
Fichte 3
Fletcher 140
Ford 189
Forschner 33
Frankena 94
Frisch 173
Fukuyama 30, 107, 173, 174, 182, 184

Gaier 7, 11
Galton 47, 185
Gehlen 172
Geiger 187
Gerdes 72
Glover 187
Gräfrath 63
Grober 37
Großklaus 69
Guckes 143
Günther 196
Gutmann 161, 166

Namenregister

Habermas 5, 147, 159, 169, 184
Haeckel 53
Hansson 23
Hardin 19
Hargrove 28, 74, 79
Hawkes 54
Hawking 127
Hegel 132
Heinrichs 137
Hellmers 142
Heyd 55, 135, 184
Hilgendorf 134
Hirschfeld 7
Hoberman 118
d'Holbach 18, 42
Horkheimer 18
Huxley, A. 90, 173, 174
Huxley, J. 173, 174
Huxley, T. H. 50, 51

Irrgang 175

Jackson 14
James 20, 51, 52
Jonas 24, 146
Jungermann 23

Kaiser 142
Kant 55, 67, 80–82, 96, 132–134, 157
Karafyllis 4, 5
Kass 30, 92, 170, 174, 188
Katz 81
Kaufmann 170
Keil 30
Keller 153
Kitcher 55, 136
Klaver 78, 79
Koch 154
Kramer 112, 126, 128
Kroll 200
Kropotkin 56

Lanzerath 123
Lauritzen 131
Leibniz 53
Leist 112
Lem 63, 130
Lenk 120
Leon 73
Leonardo da Vinci 61
Lerner 37
Lewis 18, 174, 185
Little 115

Locke 176–178
Löns 74
Lorz 90
Lübbe 153

Maar 130
Mackie 96
Macpherson 20
Mainländer 54
Makowski 11
Markl 85
McCloskey 94
Meyer-Abich 29, 34
Miah 13
Midgley 92, 188 f.
Mill 20, 36, 37, 49–51, 54, 99–101, 170, 183, 185
Moore 45–47
Morris 127

Nachtigall 61, 62, 80, 82
Nash 29
Needham 60
Neumann 134
Nietzsche 17, 48, 59, 72, 174
Norman 2
Nozick 114
Nuland 27

Oldemeyer 69

Parens 122, 123
Passmore 170
Pawlenka 119
Pennings 152
Pico della Mirandola 132, 184
Pius XII. 140
Plessner 172
Pöppel 130
Poussin 11
Pückler-Muskau 11

Quante 16

Rachels 143, 144
Ramsey 139
Rehmann-Sutter 147
Renn 73
Richards 47
Rilke 3, 52
Robert 164, 175, 178
Rolston 38, 72, 94
Rosenau 160

Namenregister

Roughley 12, 175, 176
Rousseau 20, 33, 43, 172
Ruse 48

Sartre 3
Savulescu 150
Schmiedl 37
Schopenhauer 3, 19, 36, 51, 54, 57, 72, 185
Schramme 70
Schwalm 188
Schweitzer 20, 51, 52, 54, 56
Seneca 58
Shaftesbury 20
Siep 29, 65, 121, 122, 136, 185
Silver 174, 175
Sitter-Liver 29, 32, 66, 67
Skinner 169
Slovic 23
Solter 27, 141
Sosoe 196
Spaemann 131, 177
Spencer 47
Staël 183
Starck 164
Strasser 146
Sturma 127, 133

Taylor, C. 35, 72
Taylor, H. 29
Taylor, P. W. 29, 74, 91
Taylor Mill 183
Teilhard de Chardin 53
Teutsch 90, 91
Thoreau 75
Tille 48
Trepl 61

Van den Daele 165
Vieth 16
Vogel 173
Vogtmann 75
Voltaire 36, 49

de Waal 52
Warren 149
Warwick 130
Wehling 13
Weingart 48
Wells 177
White 106
Wittgenstein 56, 85, 176
Wolf 79
Woopen 142
Wright 60

Sachregister

Ästhetische Chirurgie 111, 115–117, 121
Allianztechnik 60, 87
Anthropozentrismus 93–97
Apotemnophilie 109
Auswahl von Nachkommen 27
Authentizität 40, 79–86, 123–128
Auswilderung 12

Biofakte 4, 7
Biokonservativismus 92, 100, 131, 170f., 174, 180, 184
Bionik 15, 61

Christentum 35, 100–102

Dankbarkeit 123
Depression 22, 104, 117, 128
Dissonanztheorie 37
Doping 13, 105, 110, 118–120, 174
Drogen 103f., 107, 114, 136, 174

Englischer Garten 7, 11, 87f.
Enhancement 101, 111–131
Entdomestizierung 78f.
Eugenik 47f.
Evolutionäre Ethik 50f.

Faking nature 40, 74–85
Französischer Garten 11, 87f.

Gattungsethik 169–190
Geburtenkontrolle 99
Gefühlsschutz 187f.
Gender Clinic 150f.
Gendoping 13, 129
Genetische vs. Qualitative Natürlichkeit 8f., 39f.,
Gentechnik 5, 28, 140, 179, 185, 188
Geschlechtsumwandlung 127
Geschlechtswahl 148–153, 167

Hirtendichtung 20
Hybris 23, 185, 189

Inter-Spezies-Hybride 1, 163f., 169, 177

Kleinwüchsigkeit 128
Klonen 154–168, 174, 179
Komplizität 115f.
Künstliche Insemination 186

Lebensschutz 141, 146–148, 167

Mensch-Maschine-System 130, 176
Menschenbild 187–190
Menschenwürde 132–137, 141, 154–166, 187
Menschliche Natur 171–190
Monstrosität 165f.

Natürlichkeitsargumente 38–40
Natürlichkeitsnormen 42
Natur als Gegenwelt 69–73
Natura naturans 8
Natura naturata 8
Naturalismus, ethischer 42–59
Naturalistischer Fehlschluss 18, 44–48
Naturdenkmal 76f.
Naturidentisch 7f., 104
Naturschutz 65f., 85f.
Normalität 103, 128, 182–184

Objektivismus, metaethischer 95–97
Ökozentrismus 93–97
Orientierung 1, 19, 31, 164f., 170, 186

Panpsychismus 53
Pessimismus 57f.
Platonismus 35
Posthumanismus 170–178, 180
Primitivismus 20, 33
Principle of agency 143f.
Projektives Naturverständnis 19–21, 56–59
Prozac 126, 128
Prozessschutz 77–85
Prothesen 105f., 127, 130
Psychotherapie 109, 111, 126

Sachregister

Rechtsmoralismus 187
Reproduktionsmedizin 138, 188
Risiko 22–26
Roboter 15

Sozialdarwinismus 47
Sprache 30–34
Sterbehilfe 27
Stoiker 20, 58f.
Stolz 124f.
Subjektivismus, metaethischer 95–97

Technizität 15
Transhumanismus 170–173, 178, 181, 184

Ursprünglichkeit 29, 73–86, 94
Urwald 12

Würde 89–92, 174
Wunschesectio 142f.

Xenotransplantation 4

Yuk-Faktor 82, 188

Züchtung 88–93
Zweck 53–56

www.ingramcontent.com/pod-product-compliance
Lightning Source LLC
Chambersburg PA
CBHW030441300426
44112CB00009B/1107